高等学校教学用书

建筑工程定额与概预算

赵　平　主编

中国建筑工业出版社

图书在版编目（CIP）数据

建筑工程定额与概预算/赵平主编．—北京：中国建筑工业出版社，2001
高等学校教学用书
ISBN 978-7-112-04848-9

Ⅰ．建…Ⅱ．赵…Ⅲ．①建筑经济定额—高等学校—教材②建筑概算定额—高等学校—教材③建筑预算定额—高等学校—教材 Ⅳ．TU723．3

中国版本图书馆 CIP 数据核字（2001）第 068463 号

《建筑工程定额与概预算》是根据我国高等教育21世纪改革与发展的总体思想，按照土木工程专业的培养目标、培养计划及本课程基本要求编写而成。在编写过程中，并参考了陕西省高等教育自学考试指导委员会制订的《建筑工程定额与概预算》自学考试大纲及其规定和要求。

本书分绪论、第一篇建筑工程定额原理及第二篇建筑安装概预算三部分。主要内容分九章：建筑工程定额概述、施工定额、预算定额、概算定额与概算指标、建筑安装工程概（预）算概论、一般土建工程施工图预算的编制、建筑工程设计概算的编制、施工预算和“两算”对比及工程竣工结算和竣工决算等。

该书可作为高等院校土木工程专业和建筑管理、建筑经济相关专业的本科（专科）教材，也是陕西省高等教育自学考试指导委员会指定自学考试教材，同时也可作为工程概预算人员、建筑管理人员的专业参考书。

高等学校教学用书
建筑工程定额与概预算
赵 平 主编
*
中国建筑工业出版社出版、发行(北京西郊百万庄)
各地新华书店、建筑书店经销
北京永峥排版公司制版
北京市铁成印刷厂印刷
*
开本：787×1092毫米 1/16 印张：14¾ 字数：358千字
2001年10月第一版 2012年 2月第十三次印刷
定价：**20.00** 元
ISBN 978-7-112-04848-9
(10327)

前　　言

《建筑工程定额与概预算》是根据我国高等教育21世纪改革与发展的总体思想，按照土木工程专业的培养目标、培养计划及本课程教学基本要求，结合编者多年来从事建筑工程定额与概预算方面教学和实践的经验，在教学讲义的基础上，经整理、修改而写成的。本书编写过程中，也参考了陕西省高等教育自学考试指导委员会制订的《建筑工程定额与概预算》自学考试大纲，在内容编排上对大纲中的规定和要求都给予了充分的体现。本书可作为高等院校土木工程专业和建筑管理、建筑经济相关类专业的本科（专科）教材，也是陕西省高等教育自学考试指导委员会指定的《建筑工程定额与概预算》自学考试教材，同时也可作为工程概预算人员、建筑管理人员的专业参考书。

本书以现行的国家和陕西省有关定额的政策和文件为依据，在潜心研究和不断实践的基础上，对建筑工程定额与概预算中所使用的概念、定义和原理作了明确的解释和系统的阐述；对建筑工程概预算的分类，各种费用的分类、组成，计算的方法、步骤等都作了全面、详细的介绍。本书的特点是注重能力的培养，突出实际应用，书中所选择例子，都来源于工程实际问题，具有很高的参考价值。

本书由赵平主编，赵仲琪主审。参加本书编写工作的同志是：第1、2、3、5、6章由赵平编写；第4、7章由胡长明编写；第8章由李会民编写；第9章由蒋红妍编写。

本书在编写过程中得到了西安建筑科技大学成教学院、土木工程学院各级领导及同仁的支持和帮助，撰稿中作者参考了许多专家的著作、文献和教材，在此向他们表示衷心的感谢。由于我国社会主义市场经济体制尚在不断完善之中，建筑工程定额与工程造价方面的新情况、新问题也在不断地出现，加上我们的理论水平有限，书中难免有不少错误和疏漏之处，敬请广大读者批评指正。

目　录

第一篇　建筑工程定额原理

第二篇　建筑安装工程概预算

绪　论

第一节　课程研究对象和任务

一、课程研究对象和任务

本课程是土木工程专业的一门专业课，是建筑企业进行现代科学管理的基础。它主要研究建筑产品生产过程中生产成果和资源消耗量之间的关系。从研究完成一定建筑产品计划消耗数量的规律着手，合理地确定单位建筑产品的消耗数量标准（定额）和建筑产品计划价格（预算）。通过这种研究，以求达到减少资源消耗、降低工程成本、提高经济效益的目的。

建筑产品生产过程就是物质资料的生产活动，必然也是生产的消耗过程。一个工程项目的建成，要消耗大量的人力、物力和资金。原材料作为劳动对象，在工程建设中改变了性质和形态，或者发生了位移。工具或机器在原材料加工的过程中受到磨损，而生产者则消耗了自己的体力、精力和时间。

建筑产品生产和生产的消耗之间，存在着客观的、必然的联系，它们关系的确定，主要取决于生产力发展的水平。在一定生产力水平条件下，生产一定质量合格的建筑产品与所消耗的人力、物力和财力之间，存在着一种必然的以质量为基础的定量关系，即建筑工程定额。例如砌筑 $10m^3$ 砖基础，需 5236 块普通粘土砖，这里产品（砖基础）和材料（标准砖）之间的关系是客观的，也是特定的。定额中关于生产 $10m^3$ 砖基础，消耗 5236 块砖的规定，则是一种数量关系的规定。显然，在这个特定的关系中，砖基础和普通粘土砖都是不可替代的。因此，建筑工程定额应正确地反映工程建设和各种资源消耗之间的客观规律。

利用定额从宏观和微观上对工程建设中的资金和资源消耗进行预测、计划、调配和控制，以便一方面保证必要的资金和各项资源的供应，适应工程建设的需要；一方面保证资金和各项资源的合理分配及有效利用。

建筑工程概算和预算是建设项目概算和预算文件的组成内容之一，也是根据不同阶段设计文件的具体内容和地方主管部门制定的定额、指标及各项投资费用取费标准，预先计算和确定建设项目投资中建筑工程部分所需要全部投资额的文件。

建筑工程定额与建筑工程概（预）算有着密切的联系，也有很大区别。

建筑工程定额与概（预）算的密切联系主要体现在：施工定额、预算定额、概算定额、间接费定额、其他工程和费用定额等建筑工程定额，是编制施工预算、施工图预算和设计概算的主要依据；而建筑工程概（预）算的编制和执行情况，又能检查建筑上程定额的编制质量、定额水平以及简明适用性等问题，并为修订定额提供必要的资料。

建筑工程定额一般是以建筑工程中的分项工程和各种构配件等组成部分为研究对象，

通过一定的形式规定出人工、材料和机械台班消耗的数量标准。建筑工程概（预）算则是以某个建设项目、单项工程或单位工程为研究对象，以货币形式确定其概（预）算价格。

二、课程研究内容

本课程研究的内容主要包括建筑工程定额和建筑工程概（预）算两部分。

第一部分着重阐述建筑工程定额的基本理论，定额的编制水平、编制原则、编制程序和编制方法，以及建筑工程定额的应用。

主要讲述预算定额的编制原则、方法以及人工、材料和机械台班预算价格的确定，使学生初步掌握制定预算定额的方法步骤。在预算定额的应用方面，主要讲述定额的套用、调整和换算方法。

施工定额是以劳动定额的应用为重点，使学生初步掌握国家现行统一劳动定额的内容。

概算定额主要讲述概算定额的概念、作用及应用。概算指标做一般介绍。

从定额水平和定额项目的划分，讲述预算定额与施工定额、概算定额与预算定额的内在联系及它们之间的共性和特性。

第二部分阐述建筑工程概（预）算。

这一部分以一般土建工程施工图预算的编制为重点，讲述建筑安装工程费用构成，编制单位工程施工图预算的一般原则、方法和步骤，研究运用统筹法原理计算工程量的方法。施工图预算的审查方法。

编制施工预算的一般原则、方法和步骤，“两算”对比的概念、方法。

设计概算主要讲述用概算定额编制单位工程设计概算的方法；了解综合概算书的内容、编制方法以及总概算书的编制，设计概算的审查方法。

工程竣工结算与竣工决算，主要讲述工程竣工结算的内容、编制方法。竣工决算只做一般介绍。

三、本课程与其他学科的关系和学习方法

《建筑工程定额与概预算》是一门技术性、专业性和综合性很强的专业课程。它要综合运用建筑材料、建筑结构、房屋建筑学、建筑施工、建筑识图、系统工程等学科的知识来解决编制概预算中的有关问题。此外，本课程和我国现行的造价管理的政策以及人工、建材价格的变化有密切的关系，因此，必须随时掌握有关信息，以利于工程造价的动态管理。

本课程的内容具有很强的地区性，学生必须了解本地区各种建筑工程定额、费用定额，编制建筑安装工程概（预）算时，应按本地区的规定执行。

自学者在逐章学习掌握定额与概预算基本原理与基本方法的基础上，找一、二个小型工程的施工图，结合现行的定额进行编制施工图预算的实际操作，才能达到本课程的基本要求。

第二节　基本建设及其工作程序

一、基本建设的概念与内容

基本建设是指以固定资产扩大再生产为目的，而进行的各种新建、改建、扩建和恢复工程，以及与之有关的各项建设工作。

从性质上看，基本建设是建立和形成固定资产的一种综合性经济活动。

根据新的财务制度，企业的资产划分为固定资产、流动资产、无形资产、递延资产、其他资产等五大类。固定资产是指在社会再生产过程中，可供生产或生活较长时间使用，在使用过程中基本保持原有实物形态的劳动资料和其他物质资料。如建筑物、机电设备、运输设备、工具器具等。

新增固定资产价值的内容包括：

(1) 已经投入生产或交付使用的建安工程造价；

(2) 达到固定资产标准的设备工器具的购置费用；

1) 使用期限超过一年；

2) 单位价值在规定标准以上（如：1000元或1500元或2000元）。

不同时具备1)、2) 两个条件的资产为低值易耗品。

(3) 增加固定资产价值的其他费用，如建设单位管理费、施工机构转移费、报废工程损失、项目可行性研究费、勘察设计费、土地征用及迁移补偿费、联合试运转费、建设期利息及固定资产调节税等。

形成固定资产的广义的生产过程即基本建设，基本建设是以建筑业为主体，横跨国民经济的很多行业，由国民经济的许多部门共同完成的一种综合性建设活动。

二、基本建设的分类

基本建设是由一个一个的建设项目组成的。所谓建设项目，简单地说，就是一个总体设计的工程。按照不同的标准，从不同的角度可将基本建设项目大致分为以下几类：

(1) 按照基本建设项目的用途，可分为生产性建设和非生产性建设两大类。生产性建设项目是指在直接用于物质生产或为满足物质生产需要的建设，包括工业建设，农林、水利、气象建设，邮电运输建设，商业和物资供应设施建设，地质资料勘探建设等。非生产性建设项目是指用于满足人民物质和文化生活需要的建设，包括住宅建设、文教卫生建设、科学实验研究建设、公共事业建设及其他建设等。

(2) 按照基本建设项目的性质，可分为新建、改建、扩建、迁建和恢复项目等五类。

新建项目是指从无到有，新开始建设的工程项目。某些建设项目其原有规模较小，经扩建后如新增固定资产超过原有固定资产三倍以上者也属于新建项目。

扩建项目是指企、事业单位原有规模或生产能力较小，而予以增建的工程项目。

改建项目是指为了提高生产效率，改变产品方向、改善产品质量以及综合利用原标准等，而对原有固定资产进行技术改造的工程项目。

恢复项目是指因自然灾害、战争或人为的灾害等，造成原有固定资产全部或部分报废，而后又按原来规模重建恢复的项目。

迁建项目是指为了改变生产力布局或出于其他因素的考虑，将原有单位迁至异地重建的项目。

(3) 按照建设项目投资来源，可分为国家投资和自筹投资项目。国家投资项目是指国家预算直接安排的投资项目。自筹投资项目是指国家预算直接安排以外的投资项目，自筹投资可分为地方财政自筹和企业自筹。

(4) 按照基本建设工程规模或投资额大小，可分为大型、中型和小型工程三类。划分的标准是：生产单一产品的工业企业按其设计生产能力划分；生产多种产品的工业企业按主要产品的设计生产能力划分；产品种类繁多或不按生产能力划分者则按总投资额划分；对国民经济有特殊意义的某些工程，虽然其生产能力或投资额不够大、中型标准，也可按大、中型项目管理。

三、基本建设项目的划分

基本建设项目按照它的组成内容不同，从大到小，可以划分为建设项目、单项工程、单位工程、分部工程和分项工程等项目。

（一）建设项目

建设项目又称基本建设项目，一般是具有任务书和总体设计，经济上实行独立核算，管理上具有独立组织形式的基本建设单位。它是由一个或几个单项工程组成，在工业建设中，一般是以一座工厂为一个建设项目，如一座汽车厂、钢铁厂、机械制造厂等。在民用建设中，一般是以一个事业单位，如一所学校、一所医院等为一个建设项目。在农业建设中，是以一个拖拉机站、农场等为一个建设项目。在交通运输建设中，是以一条铁路或公路等为一个建设项目。

（二）单项工程

单项工程是建设项目的组成部分。单项工程是指具有独立的设计文件，竣工后可独立发挥生产能力或效益的工程。如一座工厂中的各个主要车间、辅助车间、办公楼和住宅等；一所学校中的教学楼、食堂、图书楼、宿舍楼等。由于单项工程是具有独立存在意义的一个完整工程，也是一个很复杂的综合体，为了便于计算工程造价，单项工程仍需进一步分解为若干单位工程。

（三）单位工程

单位工程是单项工程的组成部分。一般是指具有独立设计文件，可以独立组织施工和单独成为核算对象，但建成后不能独立发挥生产能力和效益的工程项目。如一个大型工业生产车间常包含以下单位工程：一般土建工程、给排水工程、采暖通风工程、机械及电气设备安装工程、工业管道工程等。

（四）分部工程

分部工程是单位工程的组成部分。一般是按单位工程的各个部位、构件性质、使用材料、设备种类、工种和施工方法等的不同而划分的工程。例如，1999 年陕西省颁发的《建筑工程综合概预算定额》划分为十二个分部工程：土石方工程、桩基工程、砖石工程、混凝土及钢筋混凝土工程、金属构件制作及门窗安装工程、构件运输及安装工程、木作工程、楼地面工程、屋面保温、隔热、防水工程、装饰工程、总体工程及耐酸防腐工程。

在分部工程中，影响工料消耗的因素仍然很多。例如同样是砖石工程，由于工程部位不同，则每一计量单位砖石工程所消耗的工料有差别。因此，还必须把分部工程按照不同的施工方法、不同的材料等，进一步划分为若干个分项工程。

（五）分项工程

分项工程是分部工程的组成部分。一般是按选用的施工方法、所使用的材料及结构构件规格的不同等因素划分的，用较为简单的施工过程就能完成的，以适当的计量单位就可以计算工料消耗的最基本构成项目。例如砖石工程，根据施工方法、材料种类及规格等因素的不同进一步划分为：砖基础、内墙、外墙、女儿墙、空心砖墙、砖柱、零星砌体等分项工程。

分项工程是单项工程组成部分中最基本的构成因素。每个分项工程都可以用一定的计量单位计算，并能求出完成相应计量单位分项工程所需消耗的人工、材料、机械台班数量及其预算价值。

四、基本建设程序

基本建设是把投资转化为固定资产的经济活动，是一种多行业、多部门密切配合的综合性比较强的经济活动。完成一项建设项目，要进行多方面的工作，其中有些是需要前后衔接的，有些是横向、纵向密切配合的，还有些是交叉进行的，对这些工作必须遵循一定的程序才能有步骤、有计划地进行。所谓基本建设程序就是指基本建设中各项工作必须遵循的先后顺序，它是人们在长期建设实践中对基本建设规律的科学总结。

我国的基本建设程序，通常可分为十项程序内容。

1. 项目建议书

建设一个项目首先要按照项目的隶属关系，由中央有关部委或地方，根据国家的中长期发展计划，在广泛调查研究的基础上提出建设项目建议书。它是建设项目的轮廓设想和立项的先导。项目建议书经国家计划部门初步审查和挑选后，便可委托有关单位对项目进行可行性研究。

2. 可行性研究

可行性研究是基本建设工作的首要环节，其目的是为了论证项目在技术上是否先进、实用和可靠，在经济上是否合理，在财务上是否盈利，在生产力布局上是否有利，使项目的确立具有可靠的科学依据，以减少项目决策的盲目性，防止失误。开展可行性研究以前首先要进行必要的资源、工程地质及水文地质的勘察，工艺技术试验或论证，以及气象、地震、环境和技术经济资料的收集等工作，尽量使可行性研究建立在科学可靠的基础上。可行性研究一般应作多方案比较，并推荐出最佳方案，作为编制设计任务书的依据。我国当前的可行性研究常委托设计单位完成，今后为了保持可行性研究的客观性，应尽量转移给专门的咨询机构（第三者）承担。

3. 编制设计任务书

设计任务书是根据已批准的可行性研究报告，由项目主管部门组织计划、建设和设计等单位共同编制的；它是可行性研究所提方案的任务化，是编制项目设计文件的基本依据。

设计任务书的内容，各类项目不尽相同，以大、中型工业项目为例，一般应包括以下内容：①建设的目的及依据；②建设规模、产品方案、工艺原则和生产方法；③矿产资源、燃料、水电、运输和市场等外部条件；④资源综合利用及三废治理的要求；⑤建设地点及占用土地的估算；⑥建设工期及建设总投资控制数；⑦生产劳动定员控制数；⑧防洪、抗震及人防等方面的要求。

对于小型项目的设计任务书，根据需要，其内容可适当简化。设计任务书经批准后，将在基本建设中起着重要的桥梁作用：一方面通过它将国民经济计划落实到项目上，另一方面使项目在建设过程中及建成投产后所需的各种资源有可靠的保证，它是基本建设程序的中心环节。

4. 选择建设地点及厂址

根据设计任务书的要求，由勘察、设计及建设等单位协同进一步落实建设地点及厂址。定点选址所考虑的主要因素有：①建厂资源条件是否可靠；②水电和交通运输条件是否具备；③工程地质及水文地质等条件是否有利；④社会条件（如工业布局，社会对产品的需求，当地的技术力量和市政设施，生态环境等）是否合理。选择厂址要求在综合研究及多方案比较的基础上，提出选址报告供主管部门审批。

5. 编制设计文件

建设项目的设计任务书及选址报告批准后，设计单位可按照任务书的要求编制设计文件。我国的建设项目一般多采用两段设计，即扩大初步设计（包括编制设计概算）和施工图设计（包括编制施工图预算）两个阶段。对于技术上复杂而又缺乏设计经验的项目可采用三段设计，即初步设计、技术设计（包括编制修正概算）及施工图设计三个阶段。

初步设计的目的是为了最终确定项目在指定地点和规定期限内进行建设的可能性及合理性，从技术上及经济上对项目作出通盘规划，对建设方案作出基本的技术决定，并通过编制概算确定总的建设费用。

技术设计是对初步设计的补充、修正和深化。在技术设计阶段，需要最终确定项目的生产工艺流程和产品方案，校正设备的选型和数量，以及其他的技术决策。根据技术设计可对大型专用设备进行订货。

施工图设计是初步设计或技术设计的具体化，其内容应详细具体，它是组织建筑安装施工、制造非标准设备以及加工各种构配件的依据。在该阶段通过编制施工图预算可最终确定出工程造价。

6. 建设准备

当建设项目的设计任务书批准后，主管部门可指定一个老企业（老厂或新厂），或者组建一个新机构负责建设准备工作。建设准备包括：组建筹建机构，征地拆迁，委托设计，安排基本建设计划，提报贷款及物资申请，组织大型专用设备及特殊材料的预订货，落实水电及交通运输等外部建设条件，以及提供必要的勘测资料等。

7. 列入年度基本建设计划

建设项目的初步设计及总概算经批准后，即可列入年度基本建设计划。批准的年度基本建设计划是进行基本建设拨款和贷款的依据。根据国家计委规定，大型项目的基本建设计划由国家审批，小型建设项目按照隶属关系由主管部门审批；用自筹资金建设的项目也要在国家控制的指标内纳入统一的计划内安排。对于多年建成的项目，建设单位应合理地安排各年度的实施计划，各年的建设内容应与当年分配的投资、设备及材料等相适应，并保证建设工程的连续性。

8. 建筑安装施工

建设项目的初步设计批准以后，建设单位即可通过招标方式选定一个施工单位，并与之签订承包合同（或协议）。施工单位需进行开工前的施工准备，其中包括编制全场性的施工组织总设计，建立生产基地与生活基地，以及完成建设场地的准备等。

建设项目只有列入年度基本建设计划，并已作好施工准备，具备开工条件，开工报告经主管机关批准以后，才允许正式施工。施工过程中，应加强全面质量管理，加强对施工过程的全面控制。控制包括检查与调节两种职能，检查是为了寻找问题与差距，调节则是针对检查结果提出改进措施。控制的重点是保证工期和质量，降低工程成本。

在施工阶段，建设单位应作好各方面的协调工作，作到计划、设计和施工三者相互衔接，工程内容、资金和物资供应相互配套，为建筑安装施工的顺利进行创造条件。

9. 生产准备

为了保证项目建成后能及时投产，建设单位在建设阶段应积极作好生产准备工作，如培训生产人员，组织生产职工参加设备的安装和调试，制定生产操作规程，开展与生产有关的试验研究，积累生产技术资料等。

10. 竣工验收交付使用

建设项目按照设计文件规定的内容建成，工业项目经负荷试运转能生产出合格产品；非工业项目符合设计要求能正常使用，工程已达到地净、水通、灯亮和暖通设备运转正常；即可根据国家有关规定，评定质量等级，进行交工验收。大型联合企业可以分期分批验收交付使用。验收时应有验收报告及验收资料。验收资料一般应包括：竣工项目一览表、设备清单、工程竣工图、材料及构件的检验合格证明、隐蔽工程验收记录、工程质量事故处理记录、工程定位测量资料等。

工程验收分单项工程验收及整个建设项目验收两种。一个单项工程全部建成可由承发包单位签订交工验收证书，由建设单位报请上级主管部门批准；一个建设项目全部建成达到竣工验收标准，再签署建设项目交工验收证书，报请上级主管部门批准。重点建设项目有时需报请国家验收，并成立专门的交工验收机构。

竣工验收后，建设单位要及时办理工程竣工决算，分析概算的执行情况，考核基本建设投资的经济效益。

第三节　建设工程造价管理概述

一、工程造价管理的含义

工程造价管理有两种。一是建设工程投资费用管理，二是工程价格管理。

作为建设工程的投资费用管理，它属于工程建设投资管理范畴。建设工程投资费用管理的含义是，为了实现投资的预期目标，在拟定的规划、设计方案的条件下，预测、计算、确定和监控工程造价及其变动的系统活动。这一含义既涵盖了微观的项目投资费用的管理，也涵盖了宏观层次的投资费用的管理。

工程价格管理属于价格管理范畴。在社会主义市场经济条件下，价格管理分两个层次。在微观层次上，是生产企业在掌握市场价格信息的基础上，为实现管理目标而进行的成本控制、计价、订价和竞价的系统活动。它反映了微观主体按支配价格运动的经济规律，对商品价格进行能动的计划、预测、监控和调整，并接受价格对生产的调节。在宏观层次上，是政府根据社会经济发展的要求，利用法律手段、经济手段和行政手段对价格进行管理和调控，以及通过市场管理规范市场主体价格行为的系统活动。工程建设关系国计民生，同时政府投资的公共、公益性项目今后仍然会有相当份额。所以国家对工程造价的管理，不仅承担一般商品价格的调控职能，而且在政府投资项目上也承担着微观主体的管理职能。这种双重角色的双重管理职能，是工程造价管理的一大特色。

二、工程造价管理的发展

工程造价管理是随着社会生产力的发展，随着商品经济的发展和现代管理科学的发展而产生和发展的。

从历史发展和发展的连续性来说，在生产规模狭小、技术水平低下的小商品生产条件下，生产者在长期劳动中会积累起生产某种产品所需要的知识和技能，也获得生产一件产品需要投入的劳动时间和材料方面的经验。这种经验，也可以通过从师学艺或从先辈那里得到。这种存在于头脑或书本中的生产和管理经验，也常运用于组织规模宏大的生产活动之中。在古代的土木建筑工程中尤为多见。埃及的金字塔，我国的长城、都江堰和赵州桥等等，不但在技术上使今人为之叹服，就是在管理上也可以想象其中不乏科学方法的采用。

现代工程造价管理是产生于资本主义社会化大生产的出现。最先是产生在现代工业发展最早的英国。16世纪至18世纪，技术发展促使大批工业厂房的兴建；许多农民在失去土地后向城市集中，需要大量住房，从而使建筑业逐渐得到发展，设计和施工逐步分离为独立的专业。工程数量和工程规模的扩大要求有专人对已完工程量进行测量，计算工料和进行估价。从事这些工作的人员逐步专门化，并被称为工料测量师。他们以工匠小组的名义与工程委托人和建筑师洽商，估算和确定工程价款。工程造价管理由此产生。

从19世纪初期开始，资本主义国家在工程建设中开始推行招标承包制，形势要求工料测量师在工程设计以后和开工前就进行测量和估价，根据图纸算出实物工程量，并汇编成工程量清单，为招标者确定标底或为投标者作出报价。从此，工程造价管理逐渐形成了独立的专业。1881年英国皇家测量师学会成立，这个时期完成了工程造价管理的第一次飞跃。至此，工程委托人能够做到在工程开工之前，预先了解到需要支付的投资额，但是他还不能做到在设计阶段就对工程项目所需的投资进行准确预计，并对设计进行有效的监督、控制。因此，往往在招标时或招标后才发现，根据当时完成的设计，工程费用过高，投资不足，不得不中途停工或修改设计。业主为了使投资花得明智和恰当，为了使各种资源得到最有效的利用，迫切要求在设计的早期阶段以至在作投资决策时，就开始进行投资估算，并对设计进行控制。工程造价规划技术和分析方法的应用，使工料测量师在设计过程中有可能相当准确地作出概预算，甚至可在设计之前即作出估算，并可根据工程委托人的要求使工程造价控制在限额以内。这样，从20世纪40年代开始，一个“投资计划和控制制度”就在英国等经济发达的国家应运而生，完成了工程造价管理的第二次飞跃。承包商为适应市场的需要，也强化了自身的造价管理和成本控制。

从上述工程造价管理发展简史中不难看出，工程造价管理是随着工程建设的发展和商品经济的发展而产生，并日臻完善的。这个发展过程归纳起来有以下特点：

(1) 从事后算帐发展到事前算帐。即从最初只是消极地反映已完工程的价格，逐步发展到在开工前进行工程量的计算和估价，进而发展到在初步设计时提出概算，在可行性研究时提出投资估算，成为业主作出投资决定的重要依据。

(2) 从被动地反映设计和施工发展到能动地影响设计和施工。最初负责施工阶段工程造价的确定和结算，以后逐步发展到在设计阶段、投资决策阶段对工程造价作出预测，并对设计和施工过程投资的支出进行监督和控制，进行工程建设全过程的造价控制和管理。

(3) 从依附于施工者或建筑师发展成一个独立的专业。

工程造价管理是一个系统工程，具有整体性、全过程、全方位、动态等性质特征。

三、工程造价管理的基本内容

工程造价管理的基本内容就是合理确定和有效地控制工程造价。

1. 工程造价的合理确定

所谓工程造价的合理确定，就是在建设程序的各个阶段，合理确定投资估算、概算造价、预算造价、承包合同价、结算价、竣工决算价。

(1) 在项目建议书阶段，按照有关规定，应编制初步投资估算。经有关部门批准，作为拟建项目列入国家中长期计划和开展前期工作的控制造价。

(2) 在可行性研究阶段，按照有关规定编制的投资估算，经有关部门批准，即为该项目控制造价。

(3) 在初步设计阶段，按照有关规定编制的初步设计总概算，经有关部门批准，即作为拟建项目工程造价的最高限额。对初步设计阶段，实行建设项目招标承包制签订承包合同协议的，其合同价也应在最高限价（总概算）相应的范围以内。

(4) 在施工图设计阶段，按规定编制施工图预算，用以核实施工图阶段预算造价是否超过批准的初步设计概算。

(5) 对施工图预算为基础招标投标的工程，承包合同价也是以经济合同形式确定的建筑安装工程造价。

(6) 在工程实施阶段要按照承包方实际完成的工程量，以合同价为基础，同时考虑因物价上涨所引起的造价提高，考虑到设计中难以预计的，而在实施阶段实际发生的工程和费用，合理确定结算价。

(7) 在竣工验收阶段，全面汇集在工程建设过程中实际花费的全部费用，编制竣工决算，如实体现该建设工程的实际造价。

建设程序和各阶段造价确定示意图见图绪-1。

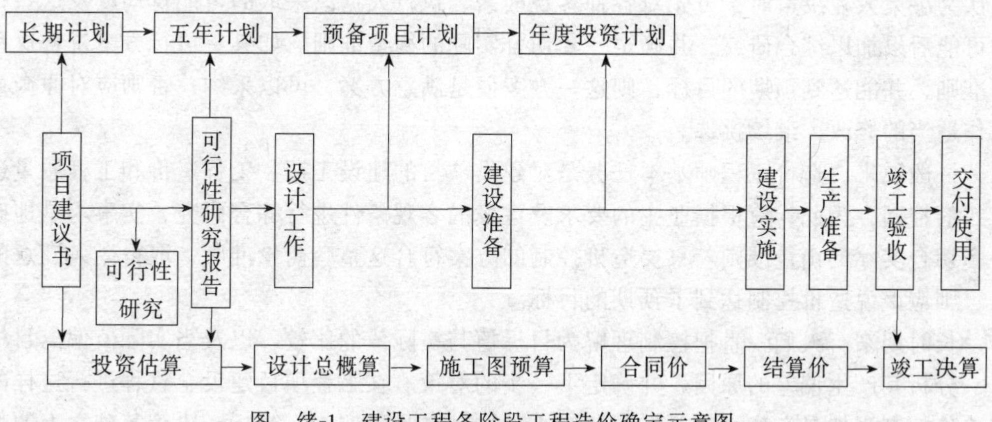

图　绪-1　建设工程各阶段工程造价确定示意图

2. 工程造价的有效控制

所谓工程造价的有效控制，就是在优化建设方案、设计方案的基础上，在建设程序的各个阶段，采用一定的方法和措施，把工程造价的发生控制在合理的范围和核定的造价限额以内。具体说，要用投资估算价控制设计方案的选择和初步设计概算造价；用概算造价控制技术设计和修正概算造价；用概算造价或修正概算造价控制施工图设计和预算造价。

以求合理使用人力、物力和财力，取得较好的投资效益。控制造价在这里强调的是控制项目投资。

有效控制工程造价应体现以下三原则：

(1) 以设计阶段为重点的建设全过程造价控制。工程造价贯穿于项目建设全过程，但是必须重点很突出。很显然，工程造价控制的关键在于施工前的投资决策和设计阶段，而在项目作出投资决策后，控制工程造价的关键应在于设计。建设工程全寿命费用包括工程造价和工程交付使用后的经常开支费用（含经营费用、日常维护修理费用、使用期内大修理和局部更新费用）以及该项目使用期满后的报废拆除费用等。据西方一些国家分析，设计费一般只相当于建设工程全寿命费用的1%以下，但正是这少于1%的费用对工程造价的影响度占75%以上。由此可见，设计质量对整个工程建设的效益是至关重要的。

长期以来，我国普遍忽视工程建设项目前期工作阶段的造价控制，而往往把控制工程造价的主要精力放在施工阶段——审核施工图预算、结算建安工程价款，算细账。这样做尽管也有效果，但毕竟是“亡羊补牢”，事倍功半。要有效地控制建设工程造价，就要坚决地把控制重点转到建设前期阶段上来，当前尤其应抓住设计这个关键阶段，以取得事半功倍的效果。

(2) 主动控制，以取得令人满意的结果。传统决策理论是建立在绝对的逻辑基础理论上的一种封闭式决策模型，它把人看作具有绝对理性的“理性的人”或“经济人”，在决策时，会本能地遵循最优化原则（即取影响目标的各种因素的最有利值）来选择实施方案。而以美国经济学家西蒙首创的现代决策理论的核心则是“令人满意”准则。他认为，由于人的头脑能够思考和解答问题的容量同问题本身规模相比是渺小的，因此在现实世界里，要采取客观合理的举动，哪怕接近客观合理性，也是很困难的。因此，对决策人来说，最优化决策几乎是不可能的。西蒙提出了用“令人满意”这个词来代替“最优化”，他认为决策人在决策时，可先对各种客观因素、执行人据以采取的可能行动以及这些行动的可能后果加以综合研究，并确定一套切合实际的衡量准则。如某一可行方案符合这种衡量准则，并能达到预期的目标，则这一方案便是满意方案，可以采纳；否则应对原衡量准则作适当的修改，继续挑选。

一般说来，造价工程师基本任务是对建设项目的建设工期、工程造价和工程质量进行有效的控制，为此，应根据业主的要求及建设的客观条件进行综合研究，实事求是地确定一套切合实际的衡量准则。只要造价控制的方案符合这整套衡量准则，取得令人满意的结果，则应该说造价控制达到了预期的目标。

长时期来，人们一直把控制理解为目标值与实际值的比较，以及当实际值偏离目标值时，分析其产生偏差的原因，并确定下一步的对策。在工程项目建设全过程进行这样的工程造价控制当然是有意义的。但问题在于，这种立足于调查—分析—决策基础之上的偏离—纠偏—再偏离—再纠偏的控制方法，只能发现偏离，不能使已产生的偏离消失，不能预防可能发生的偏离，因而只能说是被动控制。自20世纪70年代初开始，人们将系统论和控制论研究成果用于项目管理后，将“控制”立足于事先主动地采取决策措施，以尽可能地减少甚至避免目标值与实际值的偏离，这是主动的、积极的控制方法，因此被称为主动控制。也就是说，我们的工程造价控制，不仅要反映投资决策，反映设计、发包和施工，被动地控制工程造价，更要能动地影响投资决策，影响设计、发包和施工，主动地控制工程造价。

(3) 技术与经济相结合是控制工程造价最有效的手段。要有效地控制工程造价，应从组织、技术、经济等多方面采取措施。从组织上采取的措施，包括明确项目组织结构，明确造价控制者及其任务，明确管理职能分工；从技术上采取措施，包括重视设计多方案选择，严格审查监督初步设计、技术设计、施工图设计、施工组织设计，深入技术领域研究节约投资的可能；从经济上采取措施，包括动态地比较造价的计划值和实际值，严格审核各项费用支出，采取对节约投资的有力奖励措施等。

应该看到，技术与经济相结合是控制工程造价最有效的手段。长期以来，在我国工程建设领域，技术与经济相分离。许多国外专家指出，中国工程技术人员的技术水平、工作能力、知识面，跟外国同行相比几乎不分上下，但他们缺少经济观念，设计思想保守，设计规范、施工规范落后。国外的技术人员时刻考虑如何降低工程造价，而中国技术人员则把它看成与已无关的财会人员的职责。而财会、概预算人员的主要责任是根据财务制度办事，他们往往不熟悉工程知识，也较少了解工程进展中的各种关系和问题，往往单纯地从财务制度角度审核费用开支，难以有效地控制工程造价。为此，迫切需要解决以提高工程造价效益为目的，在工程建设过程中把技术与经济有机结合，通过技术比较，经济分析和效果评价，正确处理技术先进与经济合理两者之间的对立统一关系，力求在技术先进条件下的经济合理，在经济合理基础上的技术先进，把控制工程造价观念渗透到各项设计和施工技术措施之中。

在工程造价的确定和控制之间，存在相互依存、相互制约的辩证关系。首先，工程造价的确定是工程造价控制的基础和载体。没有造价的确定，就没有造价的控制；没有造价的合理确定，也就没有造价的有效控制。其次，造价的控制寓于工程造价确定的全过程，造价的确定过程也就是造价的控制过程，只有通过逐项控制、层层控制才能最终合理确定造价。最后，确定造价和控制造价的最终目的是统一的。即合理使用建设资金，提高投资效益，遵守价格运动规律和市场运行机制，维护有关各方合理的经济利益。可见二者相辅相成。

3. 工程造价管理的工作要素

工程造价管理围绕合理确定和有效控制工程造价这个基本内容，采取全过程全方位管理，其具体的工作要素大致归纳为以下各点：

(1) 可行性研究阶段对建设方案认真优选，编好、定好投资估算，考虑风险，打足投资。

(2) 从优选择建设项目的承建单位、咨询（监理）单位、设计单位，搞好相应的招标。

(3) 合理选定工程的建设标准、设计标准，贯彻国家的建设方针。

(4) 按估算对初步设计（含应有的施工组织设计）推行量财设计，积极、合理地采用新技术、新工艺、新材料，优化设计方案，编好、定好概算，打足投资。

(5) 对设备、主材进行择优采购，抓好相应的招标工作。

(6) 择优选定建筑安装施工单位、调试单位，抓好相应的招标工作。

(7) 认真控制施工图设计，推行“限额设计”。

(8) 协调好与各有关方面的关系，合理处理配套工作（包括征地、拆迁、城建等）中的经济关系。

(9) 严格按概算对造价实行静态控制、动态管理。

(10) 用好、管好建设资金，保证资金合理、有效地使用，减少资金利息支出和损失。

(11) 严格合同管理，做好工程索赔价款结算。

(12) 强化项目法人责任制，落实项目法人对工程造价管理的主体地位，在法人组织内建立与造价紧密结合的经济责任制。

(13) 社会咨询（监理）机构要为项目法人积极开展工程造价管理提供全过程、全方位的咨询服务，遵守职业道德，确保服务质量。

(14) 各造价管理部门要强化服务意识，强化基础工作（定额、指标、价格、工程量、造价等信息资料）的建设，为建设工程造价的合理确定提供动态的可靠依据。

(15) 各单位、各部门要组织造价工程师的选拔、培养、培训工作，促进人员素质和工作水平的提高。

四、工程造价管理体制改革

党的十一届三中全会以来，随着经济体制改革的深入，我国基本建设概预算定额管理的模式发生了很大变化，主要表现在：

(1) 重视和加强项目决策阶段的投资估算工作，努力提高可行性研究报告投资额控制数的准确度，切实发挥其控制建设项目总造价的作用。

(2) 明确概预算工作不仅要反映设计、计算工程造价，更要能动地影响设计、优化设计，并发挥控制工程造价、促进合理使用建设资金的作用。工程经济人员与设计人员要密切配合，做好多方案的技术经济比较，通过优化设计来保证设计的技术经济合理性。要明确规定设计单位逐级控制工程造价的责任制，并辅以必要的奖罚制度。

(3) 认识到要从基本建设产品和建筑产品也是商品的认识出发，以价值为基础，确定建设工程的造价和建筑安装工程的造价，使工程造价的构成合理化，逐渐与国际惯例接轨。

(4) 把竞争机制引入工程造价管理体制，打破以行政手段分配建设任务和设计施工单位依附于主管部门吃大锅饭的体制，在相对平等的条件下进行招标承包，择优选择工程承包公司、设计单位、施工企业和设备材料供应单位，以促使这些单位统筹兼顾经营管理，提高应变能力和竞争能力，降低工程造价。

(5) 提出用“动态”方法研究和管理工程造价。研究如何体现项目投资额的时间价值，要求各地区、各部门工程造价管理机构要定期公布各种设备、材料、工资、机械台班的价格指数以及各类工程造价指数，要求尽快建立地区、部门以至全国的工程造价管理信息系统。

(6) 提出要对工程造价的估算、概算、预算、承包合同价、结算价、竣工决算实行“一体化”管理，并研究如何建立一体化的管理制度，改变“铁路警察各管一段”的状况。

(7) 工程造价咨询产生并逐渐发展。作为监理工程师重要组成部分的工程造价监理在全国全面推广，造价工程师执业资格制度正式建立，中国建设工程造价管理协会及其分支机构在各省、直辖市、自治区各部门普遍建立并得到长足发展。

(8) 随着改革的不断深化和社会主义市场经济体制的建立，原有一整套工程造价管理体制已不能适应市场经济发展的需要，要求重新建立一整套工程造价的管理体制。这时的改革不是对原有体系的修修补补，而是要有质的改变。但这种改变需要分阶段，逐步地进行。

工程造价管理体制改革的最终目标是要在统一工程量计算规则和消耗量定额的基础上，遵循商品经济价值规律，建立以市场形成价格为主的价格机制，企业依据政府和社会咨询机构提供的市场价格信息和造价指数，结合企业自身实际状况，自主报价，通过市场价格机制的运行，形成统一、协调、有序的工程造价管理体系，达到合理使用投资、有效地控制工程造价、取得最佳投资效益的目的，逐步建立起适应社会主义市场经济体制、符合中国国情、与国际惯例接轨的工程造价管理体制。

目前，全国已制定了统一的工程量计算规则和消耗量基础定额，各地普遍制定了工程造价价差管理办法，在计划利润基础上，按工程技术要求和施工难易程度划分工程类别，实现差别利润率，各地区、各部门工程造价管理部门定期发布反映市场价格水平的价格信息和调整指数。有些地方已建立了工程造价社会咨询机构，并已开始造价工程师认证工作等等。这些改革措施对促进工程造价管理、合理控制投资起到了积极的作用，向最终的目标迈出了踏实的一步。

下一步是改革中的关键阶段。实现量、价分离，变指导价为市场价格，变指令性的政府主管部门调控取费及其费率为指导性，由企业自主报价，通过市场竞争予以定价。改变计价定额属性，这不是不要定额，而是改变定额作为政府的法定行为，采用企业自行制定定额与政府指导性相结合的方式，并统一项目费用构成，统一定额项目划分，使计价基础统一，有利竞争。要形成完整的工程造价信息系统，充分利用现代化通讯手段与计算机大存储量与高速的特点，实现信息共享，及时为企业提供材料、设备、人工价格信息及造价指数。要确立咨询业公正、负责的社会地位，发挥咨询业的咨询、顾问作用，逐渐代替政府行使造价管理的职能，也同时接受政府工程造价管理部门的管理和监督。这一步也许迈的时间要长些，因为它已经触动了原有造价管理体系的内核，其进程的快慢，取决于人们思想的转变、行业功能的实现和经济的发展水平。

这之后，造价管理将进入完全的市场化阶段，政府行使协调、监督的职能。通过完善招投标制，规范工程承发包和勘察设计招标投标行为，建立统一、开放、有序的建筑市场体系。社会咨询机构将独立成为一个行业，公正地开展咨询业务，实施全过程的咨询服务。建立起在国家宏观调控的前提下，以市场形成价格为主的价格机制。根据物价变动、市场供求变化、工程质量、完成工期等因素，对工程造价依照不同承包方式实行动态管理。最终目的是要建立与国际惯例接轨的工程造价管理体制。

工程造价管理体制改革是改变不适应生产力发展的生产关系的改革，是一项艰苦而又充满希望的事业。相信这样的改革会取得成功，从而更加促进我国经济建设的发展。

第一篇　建筑工程定额原理

第一章　建筑工程定额概述

第一节　建筑工程定额的概念及作用

一、定额的概念

在建筑工程施工中，为了完成某合格建筑产品，就要消耗一定数量的人工、材料、机械台班及资金等资源，这些是随着施工特点、施工方式、施工条件和施工时间的变化而变化的。建筑工程定额，是建设工程诸多定额之一，属于固定资产再生产过程中的生产消耗定额。定额是一种规定的额度，广义地说，也是处理特定事物的界限。在一定的生产条件下，必须有一个合理的数额。因此，在合理的劳动组织和合理地使用材料和机械的条件下，完成单位合格产品所消耗的资源数量标准，就称为定额。建筑工程定额是指在正常的施工条件下，完成单位合格产品所必须消耗的劳动力、材料、机械设备及其资金的数量标准。这种量的规定，反映出完成建筑工程中的某项合格产品与各种生产消耗之间特定的数量关系。

例如，陕西省颁发的《1999年陕西省建筑工程综合概、预算定额》规定，砌砖石的工作内容包括：浇砖、砍砌、筛砂、淋灰、调制砂浆、原材料及砂浆场内运输、墙角及门窗口砖（石）料的选修加工、放木砖、铁件，安装60kg以内的预制钢筋混凝土构件、清扫墙面及清理落地灰。其中砌筑10m^{3}砖基础需要11.97工日，M10水泥砂浆2.36 m^3，机制红砖5.236千块，425＃硅酸盐水泥472.00kg，净砂2.41 m^3，水3.14 m^3，基价为1190.33元/10 m^3。对砖砌体的质量要求是：灰缝横平竖直，灰浆饱满，墙体垂直，墙面平整，错缝搭接，接槎可靠等。

定额水平就是规定完成单位合格产品所需消耗的资源数量的多少。

定额水平是一定时期社会生产力水平的反映，它与操作人员的技术水平、机械化程度、新材料、新工艺、新技术的发展和应用有关，与企业的组织管理水平和全体技术人员的劳动积极性有关。所以定额不是一成不变的，而是随着生产力水平的变化而变化的。建筑工程定额就是反映在一定社会生产力条件下的建筑行业水平。但是，在一定时期内，定额又必须是相对稳定的。

定额必须从实际出发，根据生产条件、质量标准和工人现有的技术水平等经过测算、统计、分析而制定，并随着上述条件的变化进行补充和修订，以适应生产发展的需要。所以定额水平是整个制定定额工作的核心。

二、定额的产生和发展

现代大生产是以高度发展的科学技术和生产的高度社会化为其主要特征的。高度发展的科学技术把社会生产力提高到前所未有的水平。随着生产的发展，定额作为管理的重要环节也不断发展起来。可以说定额是现代大生产的产物。

资本主义社会大生产的发展，使人们共同劳动的规模日益扩大，劳动分工和协作越来越精细和复杂。因此，要使生产能够正常进行，只凭头脑中积累的经验，以及在经验基础上形成的某些规律就不能满足复杂管理的需要了。这就产生了研究生产管理，研究生产消费，并把这种研究奠定在科学基础之上和生产实践之中的宏观必要性。这也是管理科学和定额产生的历史背景。

定额的产生和发展与管理科学的产生与发展有着密切的关系。

19世纪末20世纪初，在技术最发达、资本主义发展最快的美国，形成了系统的经济管理理论。现在被称为“古典管理理论”的代表人物是美国人泰勒、法国人法约尔和英国人厄威克等。而管理成为科学应该说是从泰勒开始的。因而，泰勒在西方赢得“管理之父”的尊称。有名的泰勒制也是以他的名字命名的。泰勒制的产生不是偶然的。

在19世纪末20世纪初，美国的科学技术虽然发展很快，机器设备虽然先进，但在管理上仍然沿用传统的经验方法。当时生产效率低、生产能力得不到充分发挥的严重状况，不但阻碍了社会经济基础进一步发展和繁荣，而且也不利于资本家赚取更多的利润。这样，改善管理就成了生产发展的迫切要求了。泰勒适应了这一客观要求，提倡科学管理，主要着眼于提高劳动生产率，提高工人的劳动效率。他突破了当时传统管理方法的羁绊，通过科学试验，对工作时间的合理利用进行细致的研究，制定出所谓标准的操作方法；通过对工人进行训练，要求工人改变原来习惯的操作方法，取消那些不必要的操作程序，并且在此基础上制定出较高的工时定额；用工时定额评价工人工作的好坏。为了使工人能达到定额，大大提高工作效率，又制定了工具、机器、材料和作业环境的标准化程序；为了鼓励工人努力完成定额，还制定了一种有差别的计件工资制度。如果工人能完成定额，就采用较高的工资率；如果工人完不成定额，就采用较低的工资率，以刺激工人为多拿60%以至更多的工资去努力工作，去适应标准作法的要求。

从泰勒制的标准操作方法、工时定额、工具和材料等要素的标准化，有差别的计件工资制等主要内容来看，工时定额在其中占有十分重要的位置。首先，较高的定额直接体现了泰勒制的主要目标：即提高工人的劳动效率，降低产品成本，增加企业盈利。而其他方面的内容则是为了达到这一主要目标而制定的措施。其次，工时定额作为评价工人工作的尺度，并和有差别的计件工资制度相结合，使其本身也成为提高劳动效率的有力措施。

由此可见，工时定额产生于科学管理，产生于泰勒制，并且构成泰勒制中不可缺少的内容。

泰勒制的产生和推行，在提高劳动生产率方面取得了显著的效果，也给资本主义企业管理带来了根本性的变革和深远的影响。在著名的《在美国国会的证词》中，泰勒说：“科学管理在场院工人中实行三年半之后，我们有机会证明到底它是否值得。当我们去伯利恒钢厂时，我们了解有400~600人在场院中工作。当我们完成了建立科学管理的工作后，只190个工人便承担了过去400~600个工人的工作。——在旧制度下，每吨物料的装卸费用在7~8分之间，——在实行新制度后，每吨物料的装卸费用却由每吨7~8分降到3~4分。我在那边工作三年半的最后半年里，这个场院每年可以节约7.8万元。”这其中，工时定额的作用是明显的。

继泰勒之后，一方面管理科学从操作方法、作业水平的研究向科学组织的研究上扩展，另一方面也利用现代自然科学和技术科学的新成果作为科学管理的手段。20世纪20年代出现的行为科学，从社会学和心理学的角度，对工人在生产中的行为以及这些行为产生的原因进行分析研究，强调重视社会环境、人际关系对人的行为的影响。着重研究人的本性和需要、行为的动机、特别是生产中的人际关系，以便调节人际关系，达到提高生产的目的。行为科学把人的需要分为五个层次：第一层是生理需要；第二层是安全需要；第三层是感情和归属的需要；第四层是地位和受人尊重的需要；第五层是自我实现的需要。行为科学认为工人是社会人，不是单纯追求金钱的经济人；人的行为受动机的支配，只要能给他创造一定条件，他就会希望取得工作成就，努力去达到确定的目标。因此，主张用诱导的办法，鼓励职工发挥主动性和积极性，而不主要是对工人进行管束和强制，以达到提高生产效率的目的。行为科学是在资本主义社会矛盾加剧的情况下出现的，它弥补了泰勒等人科学管理的某些不足，但它并不能取代科学管理，相反，在后期发展中，二者有了调和的倾向。和不能代替科学管理一样，行为科学的产生也不能取消定额。因为，就工时定额来说，它不仅是一种强制力量，而且也是一种引导和激励的力量。同时，定额产生的信息，对于计划、组织、指挥、协调、控制等管理活动，以至决策过程都是不可缺少的。即使数学方法和电子计算机普遍运用于管理也是如此。所以，定额虽然是管理科学发展初期的产物，但是随着管理科学的发展，定额也有了进一步的发展。工作方法的研究有了新的发展，也得到了更加普遍的重视；一些新的技术在制定定额中得到运用；制定定额的范围的扩大，大大突破了工时定额的内容。尤其是1945年出现的事前工时定额制定标准更具有特点。它以新工艺投产之前就已经选择好的工艺设计和最有效的操作方法为制定基础，或者以改进原有的作业方法和操作技术为制定基础，编制出工时定额。目的是控制和降低单位产品的工时消耗。这样就把工时定额的制定提前到工艺和操作方法的设计过程之中，以加强预先控制。

综上所述，定额伴随着管理科学的产生而产生，伴随着管理科学的发展而发展。定额是企业管理科学化的产物，也是科学管理企业的基础和必备条件，在西方企业的现代化管理中一直占有重要地位。

三、我国定额工作的发展过程

我国建筑工程定额，经历了一个从无到有，从建立发展到削弱破坏，然后又整顿发展和改革完善的曲折过程。从新中国成立以后的发展过程来看，大体上可以分为四个阶段。

（一）工程建设定额的建立（1950~1957年）

1950~1952年，国民经济三年恢复时期，全国的工程建设项目虽然不多，但在解放较早的东北地区，已经着手一些工厂的恢复、扩建和少量新建工程。在1951年制定了东北地区统一劳动定额。1952年前后，华东、华北等地也相继编制劳动定额或工料消耗定额。第一个五年计划时期，为节约使用有限的建设资金和人力、物力，充分提高投资效果，在总结恢复时期经验的基础上，引进了前苏联一套概预算定额管理制度，同时也为新组建的国营建筑施工企业建立了企业管理制度。1957年颁布的《关于编制工业与民用建设预算的若干规定》规定各不同设计阶段都应编制概算和预算，明确了概预算的作用。在这之前劳动部和建筑工程部于1953年联合编制了《全国统一建筑安装工程劳动定额》，1956年编制了全国统一施工定额。

（二）工程建设定额的弱化时期（1958～1966年）

1958年开始，“左”的错误指导思想统治了国家政治、经济生活。在中央放权的背景下，建筑工程劳动定额的编制和管理工作下放给省（市）负责，造成定额项目过粗，工作内容口径不一，定额水平不平衡，地区之间、企业之间失去了统一衡量的尺度，不利于贯彻执行。同时，各地编制定额的力量不足，定额中技术错误也不少。为此，1959年，国务院有关部委联合作出决定，定额管理权限回收中央，由建筑工程部统一编制管理。因此，1962年正式修订颁发了全国建筑安装工程统一劳动定额。

（三）工程建设定额的倒退（1966～1976年）

十年动乱时期，国民经济走到崩溃的边缘，也把基本建设引入钻山进洞的歧途。概预算和定额管理机构被“砸烂”，为数不多的专业骨干调出、改行，大量基础资料销毁。定额被说成是管、卡、压的工具，是资本主义复辟的基础。

1967年，建工部直属企业实行经常费制度。工程完工后向建设单位实报实销，从而使施工企业变成了行政事业单位。施工企业内部则是劳动无定额、生产无成本、工效无考核。建设单位花多少就向国家要多少。造成基本建设人力、物力、资金的严重浪费，投资效益下降，劳动生产率下降，给我国建筑业造成了不可弥补的损失。

（四）工程建设定额的恢复和发展

1976年10月十年动乱结束之后，国家立即着手把全部经济工作转移到以提高经济效益为中心的轨道上来，工程定额在建筑业的作用逐步得到恢复和发展。国家建工总局为恢复和加强定额工作，1979年编制并颁发了《建筑安装工程统一劳动定额》。之后，各省、直辖市、自治区相继设立了定额管理机构，并编制了本地区的《建筑工程施工定额》。1985年，城乡建设环境保护部在此基础上，颁发了《全国建筑安装工程统一劳动定额》。1995年底，建设部按照量价分离的原则发布了《全国统一建筑工程基础定额》（土建工程），同时颁布了《全国统一建筑工程预算工程量计算规则》。在此之前，建设部和建设银行颁布了《关于调整建筑安装工程费用项目组成的若干规定》（建标［1993］894号文）。这一期间，各主管部和各省、市相继编制了投资估算指标，概预算定额，以及费用定额。所有这些，预示着工程建设定额管理将进入一个新的发展时期。

四、定额的特性

建筑工程定额作为工程项目建设过程中的生产消耗定额，具有以下特性：

（一）定额的科学性

定额的科学性包括两重含义。一重含义是定额必须和生产力发展水平相适应，另一重含义，是指定额管理在理论、方法和手段上必须科学化，以适应现代科学技术和信息社会发展的需要。

定额的科学性，首先表现在用科学的态度制定定额。在认真研究客观规律的基础上，尊重客观实际，力求定额水平合理；其次表现在制定定额的技术方法上，利用现代科学管理手段，综合分析，研究形成一套系统的、完整的、在实践中行之有效的方法。制定为执行和控制提供科学依据，而执行和控制为实现定额的既定目标提供组织保证，也是对定额的信息反馈。因此，定额具有一定的科学性。

(二) 定额的法令性

定额是由国家各级主管部门通过一定程序审批颁发的，具有很大权威，这种权威性还在一些情况下具有经济法规性质和执行的强制性。在执行范围内任何单位必须按定额的规定执行。定额的法令性不仅是定额作用得以发挥的有力保证，而且有利于理顺工程建设有关各方的经济利益关系。

(三) 定额的群众性

定额既来源于群众的生产经营活动，又成为群众参加生产经营活动的准则。所以定额具有广泛的群众性。定额的制定，是在大量测定、综合、分析、研究实际生产中的有关数据和资料的基础上，反映建筑安装工人的实际水平，并保持一定的先进性制定出来的。定额颁发后，要依靠群众去贯彻执行。

(四) 定额的稳定性和时效性

建筑工程定额中的任何一种定额，在一段时期内表现出稳定的状态。根据具体情况不同，稳定的时间有长有短，一般在5~10年之间。

但是建筑工程定额的稳定性是相对的。任何一种建筑工程定额，只能反映一定时期的生产力水平，当生产力向前发展了，定额就会变得陈旧了。所以，建筑工程定额在具有稳定性特点的同时，也具有显著的时效性。当定额不再能起到促进生产力发展的作用时，就要重新编制或修订了。

从一段时期来看，定额是稳定的；从长时期看，定额是变动的。

五、定额的作用

建筑工程定额具有以下几方面作用

(一) 定额是编制计划的基础

在市场经济条件下，国家和企业的生产和经济活动都要有计划地进行。在编制计划时，直接或间接地要以各种定额作为计算人力、物力和资金需用量的依据。

(二) 定额是确定工程项目造价的依据，是比较设计方案经济合理性的尺度

根据设计文件规定的工程规模、工程数量及所选用的施工方案，依据相应定额所规定的人工、材料、机械台班消耗量，单位预算价格和各种费用标准来确定工程项目造价。同一建筑工程项目可采用不同的设计方案，它们的经济效果是不同的，需进行技术经济比较，选择最优方案。所以，定额又是选择经济合理的设计方案的主要依据。

(三) 定额是企业加强管理、搞好经济核算的依据

企业为了加强管理，搞好经济核算，以定额作为计算标准，促使工人节约社会劳动和提高劳动效率，把社会劳动的消耗控制在合理的限度内。

(四) 定额是投资决策的依据，又是价格决策的依据

对于投资者来说，可以利用定额权衡自己的财务状况和支付能力，预测资金投入和预期回报，还可以充分利用有关定额的大量信息，有效地提高其项目决策的科学性，优化其投资行为。对于建筑企业来说，企业在投标报价时，只有充分考虑定额的要求，作出正确的价格决策，才能占有市场竞争优势，才能获得更多的工程合同。

第二节 建筑工程定额的分类

建筑工程定额是建筑工程中各类定额的总称。它包括许多种类定额。可以按照不同的原则和方法对它进行科学的分类。

一、按生产因素分

建筑工程定额按其生产因素分类，可分为劳动消耗定额、材料消耗定额和机械台班使用定额，如图 1-1 所示。

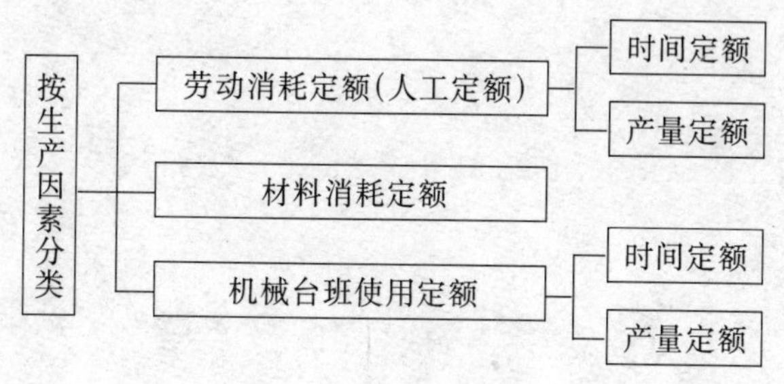

图 1-1 按生产因素分类

二、按编制程序和用途分类

建筑工程定额按编制程序和用途分类，可分为施工定额、预算定额及概算定额及概算指标等，如图 1-2 所示。

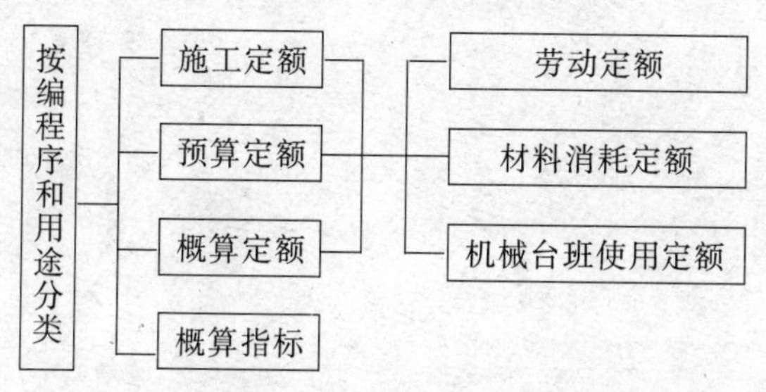

图 1-2 按编制程序和用途分类

三、按编制单位和执行范围分类

建筑工程定额按其编制单位和执行范围分类，可分为全国统一定额、行业统一定额、地方定额、企业定额和补充定额。

四、按费用性质分类

建筑工程定额按其费用性质分类，可分为直接费定额、间接费定额等。

五、按专业不同划分

建筑工程，一般理解为房屋和构筑物工程。具体包括一般土建工程、电气照明工程、卫生技术（水、暖、通风）工程、工业管道工程、特殊构筑物工程等。广义上它也被理解为除房屋和构筑物外还包含其他各类工程，如道路、铁路桥梁、隧道、机场等工程，建筑工程定额的总范围包括以上各工程的定额。建筑工程定额在整个工程定额中是一种非常重要的定额，在定额管理中占有突出的地位。

设备安装工程一般包括机械设备安装工程和电气设备安装工程。设备安装工程定额是工程定额中不可缺少的一部分。

设备安装工程和建筑工程在工艺上有很大差别，施工方法也不相同，所完成的是不同类型的施工产品。所以设备安装工程定额和建筑工程定额是两种不同类型的定额。一般都要分别编制。但它们是一项工程的两个组成部分，通常把建筑和安装工程作为一个施工过程来看待，即建筑安装工程。所以，在工程定额中把建筑工程定额和安装工程定额合在一起，称为建筑安装工程定额。

第二章 施 工 定 额

第一节 概 述

施工定额，是指在正常的施工条件下，以施工过程为标定对象而规定的单位合格产品所需消耗的劳动力、材料和机械台班的数量标准。施工定额是施工企业组织生产和加强管理，在企业内部使用的一种定额。施工定额是计算工人劳动报酬的根据，是编制单位工程施工预算，进行两算对比，加强企业成本管理的依据，是编制施工组织设计，人工、材料、机械台班需用量计划的依据，是施工队向工人班组签发施工任务书和限额领料单的依据，是编制预算定额和企业补充定额的基础资料。

施工定额不同于预算定额和综合预算定额，它是制定预算定额的基础。

一、施工定额的编制原则

（一）平均先进性原则

施工定额的水平应直接反映劳动生产率水平，也反映劳动和物质消耗水平。确定施工定额水平，必须贯彻平均先进性原则。也就是说，在正常的施工条件下，大多数施工队组和大多数生产者经过努力能够达到和超过的水平。一般说，它应低于先进水平，而略高于平均水平。定额水平既要反映先进，反映已经成熟并得到推广的先进技术和先进经验，又要从实际出发，认真分析各种有利和不利因素，做到合理可行。

（二）简明适用性原则

施工定额的内容和形式要方便于定额的贯彻和执行，要有多方面的适应性。既要满足组织施工生产和计算工人劳动报酬等不同用途的需要，又要简单明了，容易为工人所掌握。要做到定额项目设置齐全，项目划分合理，定额步距要适当。

所谓定额步距，是指同类一组定额相互之间的间隔。如砌筑砖墙的一组定额，其步距可以按砖墙厚度分为1/4砖墙、1/2砖墙、3/4砖墙、1砖墙、$1\frac{1}{2}$砖墙及2砖墙等。这样，步距就保持在1/4~1/2墙厚之间。但也可以将步距适当扩大，将步距保持在1/2~1砖墙厚之间。显然，步距小定额细，步距大则定额粗。定额细，精确度较高，而定额粗，综合程度大，精确度就会降低。

为了使定额项目划分和步距合理，对于主要工种，常用的工程项目，定额要划分细一些，步距小一些；对于不常用的、次要项目，定额可以划分粗一些，步距大一些。

在贯彻简明适用性原则时，应正确选择产品和材料的计量单位，定额手册中章、节的编排，应尽可能同施工过程一致，做到便于组织施工，便于计算工程量，便于施工企业的使用。

（三）以专家为主编制定额的原则

施工定额编制工作量大，工作周期长，编制工作具有很强的技术性和政策性。这就要求有一支经验丰富、技术与管理知识全面、有一定政策水平的稳定的专家队伍，负责组织协调、掌握政策、制定编排定额工作方案，系统地积累和分析整理定额资料，还要有工人群众相配合。广大建筑安装工人是施工生产的实践者，又是定额的执行者，最了解施工生产实际和定额的执行情况及存在问题。

二、施工定额的种类

(1) 根据工程的性质不同，施工定额的分类如图 2-1 所示。

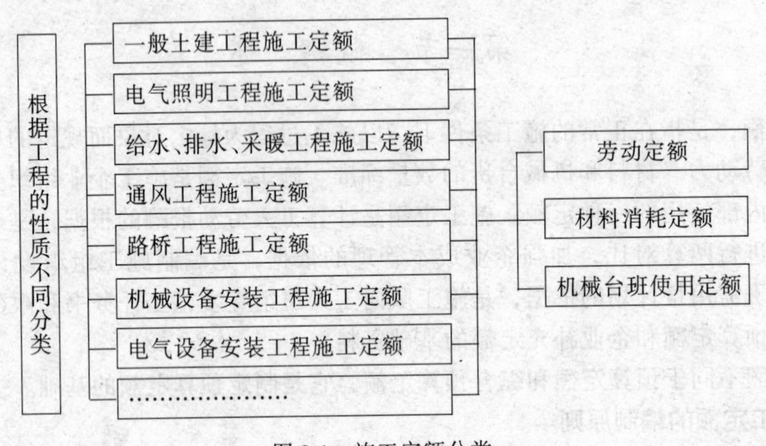

图 2-1　施工定额分类

(2) 根据物质内容划分为劳动定额、材料消耗定额、机械台班使用定额。劳动定额和机械台班使用定额，又有时间定额和产量定额两种表达形式。

第二节　工作时间的研究分析

一、工作时间研究的概念

工作时间研究，原称动作与时间研究，也有称之为工时学。它就是将劳动者在整个生产过程中所消耗的工作时间，根据性质、范围和具体情况，予以科学的划分、归纳，明确哪些属于定额时间，哪些属于非定额时间，找出造成非定额时间的原因，以便采取技术和组织措施，消除产生非定额时间的因素，以充分利用工作时间，提高劳动效率。

所谓工作时间，就是工作班的延续时间。

二、工人工作时间的分类

工人在工作班内消耗的工作时间，按其消耗的性质，基本可以分为两大类，必需消耗的时间（定额时间）和损失时间（非定额时间）。

必需消耗的时间是工人在正常施工条件下，为完成一定产品（工作任务）所消耗的时间。它是制定定额的主要根据。

损失时间，是和产品生产无关，而和施工组织和技术上的缺点有关，与工人在施工过程的个人过失或某些偶然因素有关的时间消耗，

工人工作时间的分类一般如图 2-2 所示。

(一) 定额时间

从图 2-2 中可以看出，在必需消耗的工作时间里，包括有效工作时间、休息时间、不

可避免的中断时间。

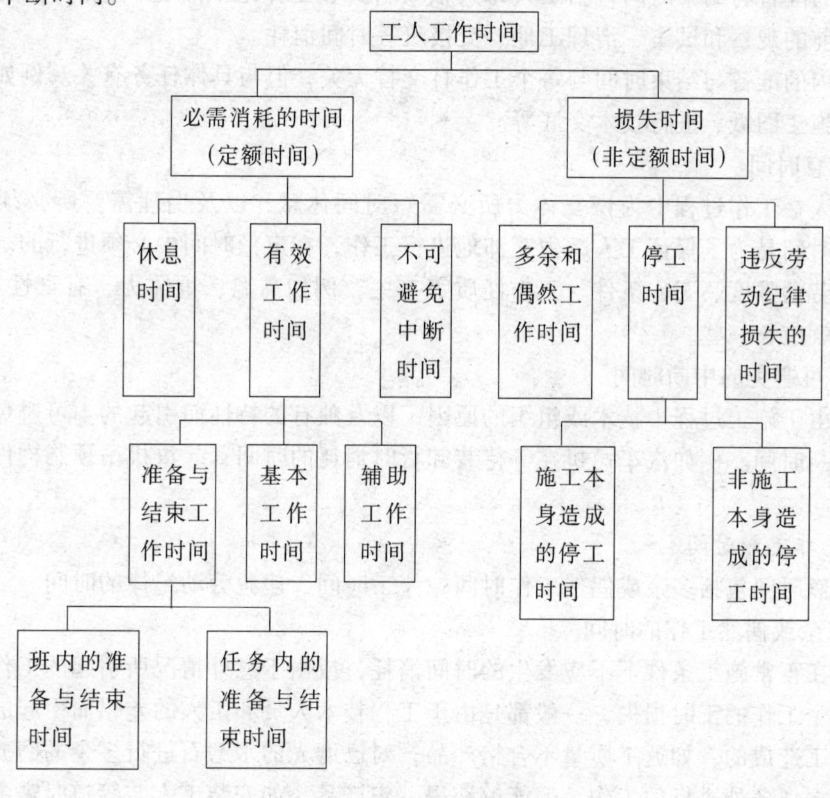

图 2-2　工人工作时间分类图

1. 有效工作时间

有效工作时间是从生产效果来看与产品生产直接有关的时间消耗。其中包括基本工作时间、辅助工作时间、准备与结束工作时间的消耗。

（1）基本工作时间。是指直接与施工过程的技术作业发生关系的时间消耗。例如砌砖工作中，从选砖开始直至将砖铺放到砌体上的全部时间消耗。通过基本工作，使劳动对象直接发生变化；可以使材料改变外形，如钢筋煨弯等；可以改变材料的结构和性质，如混凝土制品的生产；可以改变产品的位置，如预制混凝土或金属构配件的安装；可以改变产品外部及表面的性质，如粉刷、油漆等。基本工作时间的消耗与生产工艺、操作方法、工人的技术熟练程度有关，并与任务的大小成正比。

（2）辅助工作时间。是为保证基本工作能顺利完成所做的辅助性工作所消耗的时间，它与施工过程的技术作业没有直接关系。在辅助工作时间里，不能使产品的形状大小、性质或位置发生变化。例如，工作过程中工具的校正和小修、机械的调整、机械上油、移动人字梯等所消耗的工作时间。辅助工作时间的结束，往往是基本工作时间的开始。辅助工作时间长短与工作量大小有关。

（3）准备与结束时间。是执行任务前或任务完成后所消耗的工作时间。如工作地点、劳动工具和劳动对象的准备工作时间；工作结束后的整理工作时间等。准备与结束工作时间的长短与所担负的工作量的大小无关，但往往和工作内容有关。所以，准备与结束时间一般分为班内的准备与结束时间和任务内的准备与结束时间两种。

班内的准备与结束时间包括工人每天领取料具、工作地点布置、检查安全技术措施、机器开动前的观察和试车、清理工地、交接班等时间消耗。

任务内的准备与结束时间与每个工作日交替无关，但与具体任务有关。例如接受任务书、熟悉施工图纸、进行技术交底等。

2. 休息时间

是工人在工作过程中为恢复体力所必需短时间休息，以及生理需要所必须消耗的时间。这种时间是为了保证工人精力充沛地进行工作，在定额时间中必须进行的。休息时间的长短与劳动强度、工作条件、工作性质等有关，例如高温、重体力、有毒性等条件下，休息时间就应长一些。

3. 不可避免的中断时间

是指由于施工过程中技术或组织的原因，以及独有的特性而引起的不可避免的或难以避免的中断时间。例如汽车司机在等待装卸货时消耗的时间；起重机吊预制构件时安装工等待的时间。

（二）非定额时间

非定额时间包括多余或偶然工作时间、停工时间、违犯劳动纪律的时间。

1. 多余或偶然工作的时间

是指在正常施工条件下不应发生的时间消耗，或由于意外情况所引起的工作所消耗的时间。多余工作的工时损失，一般都是由于工程技术人员和工人的差错而引起的修补废品和多余加工造成的，如返工质量不合格产品，对已磨光的水磨石进行多余的磨光等。偶然工作也是在任务外进行的工作，但能够获得一定产品。如安装工安装管道时需要临时在墙上开洞，抹灰工不得不补上遗留的墙洞等。

2. 停工时间

停工时间按其性质可分为施工本身造成的停工时间和非施工本身造成的停工时间。施工本身造成的停工，是由于施工组织不善、材料供应不及时、施工准备工作做得不好等而引起的停工。非施工本身造成的停工，是由于气候条件、施工图不能及时到达、水电中断等所造成的停工损失时间，这都是由于外部原因的影响、非施工单位的责任而引起的停工。

3. 违犯劳动纪律的时间

是指工人不遵守劳动纪律而造成的时间损失，如迟到、早退、擅自离开工作岗位、工作时间聊天、个别工人违背劳动纪律而影响其他工人无法工作的时间损失。

上述非定额时间，在确定定额水平时，均不予考虑。

三、机械工作时间的分类

机械工作时间的消耗和工人工作时间的消耗有许多相同处，但也具有其特点。

机械工作时间的消耗，按其性质可作如下分类，如图 2-3 所示。

从图 2-3 可以看到，机械工作时间可以分为必需消耗的时间（定额时间）和损失时间（非定额时间）。

（一）定额时间

定额时间包括有效工作时间、不可避免的中断时间、不可避免的无负荷工作时间。

1. 有效工作时间

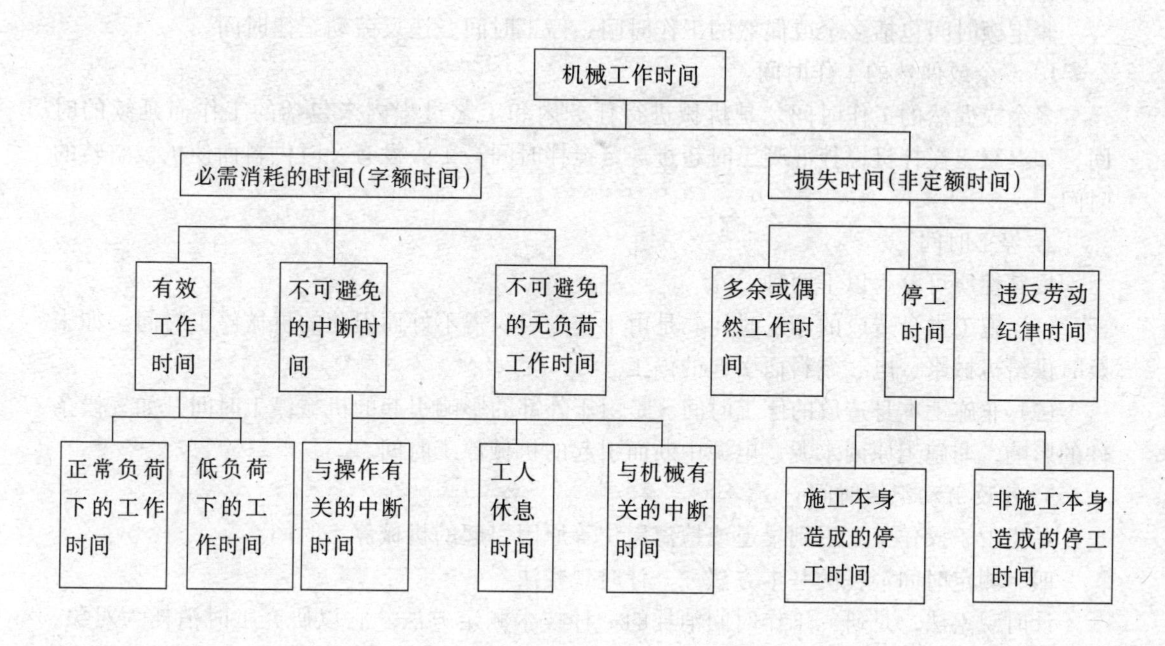

图 2-3　机械工作时间分类图

包括正常负荷下两种工作时间消耗：

(1) 正常负荷下的工作时间。是指机械在与机械说明书规定的负荷相等的情况下进行工作的时间。

在个别情况下由于技术上的原因，机械在低于规定负荷下的工作时间。如汽车载运重量轻而体积大的货物时，不能充分利用汽车的载重吨位；起重机吊装薄大构件时，不能充分利用其起重能力，因而不得不降低负荷工作，此种情况也视为正常负荷下工作。

(2) 低负荷下的工作时间。是指由于工人或技术人员的过错，以及机械陈旧或发生故障等原因，使机械在低负荷下进行工作的时间。

2. 不可避免的无负荷工作时间

是指由于施工过程的特点和机械结构的特点造成的机械无负荷工作时间。例如，铲运机返回铲土地点、载重汽车在工作班时间运土返回时的空行等。

3. 不可避免的中断时间

是由于施工过程的技术和组织的特性造成的机械工作中断时间。

(1) 与操作有关的不可避免中断时间。通常有循环的和定时的两种。循环的不可避免的中断时间是指在机械工作的每一个循环中重复一次，如汽车装载、卸载的停歇时间。定时的不可避免的中断时间，是指经过一定时间重复一次。如把喷浆器、锯木机由一个工作地点转移到另一工作地点时的中断时间。

(2) 与机械有关的不可避免中断时间。是指由于工人进行准备与结束工作或辅助工作时使机械暂停的中断时间。它是与机械的使用与保养有关的不可避免中断时间。

(3) 工人休息时间。是指工人必需的休息时间。

（二）非定额时间

非定额时间包括多余或偶然的工作时间、停工时间、违反劳动纪律时间。

1. 多余或偶然的工作时间

多余或偶然的工作时间，是机械进行任务内和工艺过程内未包括的工作而延续的时间，如混凝土搅拌机搅拌混凝土时超过规定搅拌时间；工人没有及时供料而使机械空转的时间。

2. 停工时间

按其性质可分为以下两种：

(1) 施工本身造成的停工时间。是由于施工组织得不好而引起的机械停工时间。如未及时供给机械水、电、燃料而引起的停工。

(2) 非施工本身造成的停工时间。是由于外部的影响引起的机械停工时间，如气候条件的影响，非施工原因水源、电源中断而引起的机械停工时间。

3. 违反劳动纪律时间

是指由于操作工人迟到早退或擅离岗位等原因引起的机械停工时间。

四、测定时间消耗的基本方法——计时观察法

计时观察法，是研究工作时间消耗的一种技术测定方法。它以研究工时消耗为对象，以观察测时为手段，通过密集抽样和粗放抽样等技术进行直接的时间研究。在机械水平不太高的建筑施工中得到较为广泛的采用。

对施工过程中进行观察、测时，计算实物和劳务产量，记录施工过程所处的施工条件和确定影响工时消耗的因素，是计时观察法的三项主要内容和要求。计时观察法种类很多，其中最主要的有三种。

（一）测时法

测时法主要适用于测定那些定时重复的循环工作的工时消耗，是精确度比较高的一种计时观察法。测时法按记录时间的方法的不同，分为选择测时法和连续测时法两种。

1. 选择测时法

采用选择法测时，当被观察的某一循环工作的组成部分开始，观察者立即开动秒表，到预定的定时点时，即停止秒表。此刻显示的时间，即为所测组成部分的延续时间。当下一组成部分开始时，再开动秒表，如此循环测定。

这种方法比较容易掌握，使用比较广泛。它的缺点是测定起始和结束点的时刻时，容易发生读数的偏差。

2. 连续测时法

连续测时法又叫接续测时法。它较选择法测时准确、完善，但观察技术也较之复杂。连续测时法所测定的时间包括了施工过程中的全部循环时间，是在各组成部分相互联系中求出每一组成部分的延续时间，这样，各组成部分延续时间之间的误差可以相互抵销。它的特点是，在工作进行中和非循环组成部分出现之前一直不停止秒表，秒针走动过程中，观察者根据各组成部分之间的定时点，记录它的终止时间。由于这个特点，在观察时，要使用双针秒表，以便使其辅助针停止在某一组成部分的结束时间上。

（二）写实记录法

写实记录法可用以研究所有种类的工作时间消耗。通过写实记录可以获得分析工作时

间消耗和制定定额时所必需的全部资料，精确程度能达到0.5～1min。

写实记录法的观察对象，可以是一个工人，也可以是一个工人小组。测时用普通表进行。写实记录按记录时间的方法不同分为数示法、图示法和混合法三种。

1. 数示法写实记录

数示法写实记录，是三种写实记录法中精确度较高的一种，技术上比较复杂，使用也较少。它可以同时对两个工人进行观察，但不能超过二人。观察的工时消耗，记录在专门的数示法写实记录表中。数示法用来对整个工作班或半个工作班进行长时间观察。因此能反映工人或机械工作日全部情况。

2. 图示法写实记录

图示法写实记录用图表的形式记录时间。记录时间的精确度可达0.5～1min。适用于观察3个以内的工人共同完成某一产品的施工过程，此种方法记录时间与数示法比较有许多优点，主要是记录技术简单，时间记录一目了然，原始记录整理方便。因此，在实际工作中，图示法较数示法的使用更为普遍。

3. 混合法写实记录

混合法写实记录吸取了图示法和数示法的优点。记录观察资料的表格采用图示法写实记录表。填写表格时，各组成部分延续时间用图示法填写，完成每一组成部分的工人人数，则用数字填写在该组成部分线段的上面。这种方法适用于同时观察3个以上二人工作时的集体写实记录。它的优点是比较经济，这一点是数示法和图示法都不能作到的。

（三）工作日写实法

工作日写实法是对工人在整个工作日中的工时利用情况，按照时间消耗的顺序进行实地观察、记录和分析研究的一种测定方法。它侧重于研究工作日的工时利用情况，总结推广先进生产者或先进班组的工时利用经验，同时还可以为制定劳动定额提供必需的准备和结束时间、休息时间和不可避免的中断时间的资料。

工作日写实法和测时法、写实记录法比较，具有技术简便、费力不多、应用面广和资料全面的优点。在我国是一种采用较广的编制定额的方法。

工作日写实法，利用写实记录表记录观察资料，记录方法同图示法或混合法。记录时间时不需要将有效工作时间分为各个组成部分，只需划分适合于技术水平和不适合于技术水平两类。但是工时消耗还需要按性质分类记录。

上述计时观察的主要方法，在实际工作中，有时为了减少测时工作量，往往采取某些简化的方法。这在制定一些次要的、补充的和一次性定额时，是很可取的。在查明大幅度超额和完不成定额的原因时，采用简化方法也比较经济。简化的最主要途径是合并组成部分的项目。

第三节　劳　动　定　额

一、劳动定额的概念

劳动定额也称人工定额。它是在正常的施工技术组织条件下，完成单位合格产品所必需的劳动消耗标准。这个标准是国家和企业对工人在单位时间内完成产品的数量和质量的综合要求。

劳动定额表示建筑安装工人劳动生产率的一个先进合理的指标，反映的是建筑安装工人劳动生产率的社会平均先进水平，是施工定额的重要组成部分。

劳动定额根据表达方式分为时间定额和产量定额两种。

(一) 时间定额

时间定额是指某工种、某种技术等级的工人班组或个人，在合理的劳动组织、合理的使用材料以及施工机械同时配合的条件下，完成单位合格产品所必需消耗的工作时间。

时间定额一般采用工日为计量单位，即工日/m^3、工日/m^2、工日/t、工日/根……等，每个工日工作时间按法定制度规定为8小时。其计算方法如下：

$$单位产品的时间定额（工日）=\frac{1}{每工产量} \tag{2-1}$$

或

$$单位产品的时间定额（工日）=\frac{小组成员工日数总和}{小组台班产量} \tag{2-2}$$

例如，某砌筑小组由6人组成，砌一砖基础，2天内砌完28m^3，则由式（2—2）可得：

$$时间定额=\frac{6\times2}{28}=0.429（工日/m^3）$$

即砌筑1m^3合格的砖基础约需0.429工日。

(二) 产量定额

产量定额是指某工种、某种技术等级的工人班组或个人，在合理的劳动组织、合理的使用材料以及施工机械同时配合的条件下，在单位时间（工日）内所完成合格产品的数量。

产量定额的计量单位通常是以一个工日完成合格产品数量来表示。即以m/工日，m^2/工日，m^3/工日，t/工日，根/工日……等。其计算方法如下：

$$每工产量=\frac{1}{单位产品时间定额} \tag{2-3}$$

或

$$台班产量=\frac{小组成员工日数总和}{单位产品时间定额} \tag{2-4}$$

(三) 时间定额和产量定额的关系

从时间定额和产量定额的概念和计算公式可以看出，时间定额和产量定额两者之间互为倒数关系。即：

$$时间定额=\frac{1}{产量定额}$$

$$时间定额\times产量定额=1 \tag{2-5}$$

例如表2-1所示的定额规定了砌1砖厚墙（双面清水），每砌1m^3需要1.2工日，而每一工日产量为0.833m^3。即

$$1.2/m^3\times0.833m^3/工日=1$$

$$时间定额=1/0.833=1.2（工日/m^3）$$

$$产量定额=1/1.2=0.833（m^3/工日）$$

定额表 2-1 采用复式表达法，其横线上面数字表示单位产品时间定额，横线下方数字表示单位时间产量定额。

砖　墙　　表 2-1

工作内容：包括砌墙面艺术形式、墙垛、平碹及安装平碹模板、梁板头砌砖、梁板下塞砖、楼梯间砌砖、留楼梯踏步斜槽、留孔洞、砌各种凹进处和山墙冷水槽、安放木砖铁件、安放 60kg 以内的预制混凝土门窗过梁、隔板、垫块以及调整立好后的门窗框等。

每 1 m^3 砌体的劳动定额

项目		双面清水				序号
		0.5 砖	1 砖	1.5 砖	2 砖及 2 砖以上	
综合	塔吊	$\frac{1.49}{0.671}$	$\frac{1.2}{0.833}$	$\frac{1.14}{0.377}$	$\frac{1.06}{0.943}$	一
	机吊	$\frac{1.69}{0.592}$	$\frac{1.41}{0.709}$	$\frac{1.34}{0.746}$	$\frac{1.26}{0.794}$	二
砌砖		$\frac{0.996}{1}$	$\frac{0.69}{1.45}$	$\frac{0.62}{1.62}$	$\frac{0.54}{1.85}$	三
运输	搭吊	$\frac{0.412}{2.43}$	$\frac{0.418}{2.39}$	$\frac{0.418}{2.39}$	$\frac{0.418}{2.39}$	四
	机吊	$\frac{0.61}{1.641}$	$\frac{0.619}{1.62}$	$\frac{0.619}{1.62}$	$\frac{0.619}{1.62}$	五
调制砂浆		$\frac{0.081}{12.3}$	$\frac{0.096}{10.4}$	$\frac{0.101}{9.9}$	$\frac{0.102}{9.8}$	六
编号		4	5	6	7	

从时间定额和产量定额的关系表达式中可知：当时间定额减少时，产量定额就相应地增加；当时间定额增加时，产量定额就相应地减少，但它们增减的百分比并不相同。例如，当时间定额减少 10%时，产量定额则增加 11.1%。其计算如下：

$$产量定额 = \frac{1}{时间定额}$$

时间定额减少 10%后相应的产量定额为：

$$产量定额 = \frac{1}{(1-10\%)\ 时间定额}$$

故，

$$产量定额增量 = \frac{1}{(1-10\%)\ 时间定额} - \frac{1}{时间定额}$$

$$= \frac{0.1}{(1-0.1)\ 时间定额}$$

$$= \frac{11.1\%}{时间定额}$$

二、劳动定额的确定办法

时间定额和产量定额是劳动定额的两种表现形式。拟定出时间定额，也就可以计算出产量定额。

时间定额是在拟定基本工作时间、辅助工作时间、不可避免中断时间、准备与结束的工作时间以及休息时间的基础上制定的。

基本工作时间在必需消耗的工作时间中占的比重最大。在确定基本工作时间时，必须细致、精确。基本工作时间消耗一般应根据计时观察资料来确定。其做法是，首先确定工作过程每一组成部分的工时消耗，然后再综合出工作过程的工时消耗。如果组成部分的产品计量单位和工作过程的产品计量单位不符，就需先求出不同计量单位的换算系数，进行产品计量单位的换算，然后再相加，求得工作过程的工时消耗。

辅助工作和准备与结束工作时间的确定方法与基本工作时间相同。但是，如果这两项工作时间在整个工作班工作时间消耗中所占比重不超过5%～6%，则可归纳为一项，以工作过程计量单位表示，确定出工作过程的工时消耗。如果在计时观察时不能取得足够的资料，也可采用工时规范或经验数据来确定。如具有现行的工时规范，可以直接利用工时规范中规定的辅助和准备与结束工作时间的百分比来计算。

利用工时规范计算时间定额用下列公式：

$$工序作业时间 = 基本工作时间 \times (1 + 辅助时间\%) \tag{2-6}$$

在确定不可避免中断时间时，必须注意由工艺特点所引起的不可避免中断才可列入工作过程的时间定额。

不可避免中断时间也需要根据测时资料通过整理分析获得，也可以根据经验数据或工时规范，以占工作日的百分比表示此项工时消耗的时间定额。

休息时间应根据工作班作息制度、经验资料、计时观察资料以及对工作的疲劳程度作全面分析来确定。同时，应考虑尽可能利用不可避免中断时间作为休息时间。

从事不同工种、不同工作的工人，疲劳程度有很大差别。为了合理确定休息时间，往往要对从事各种工作的工人进行观察、测定以及进行生理和心理方面的测试，以便确定其疲劳程度。国内外往往按工作轻重和工作条件好坏，将各种工作划分为不同的级别。有的划分成四类：轻便工作、中等工作、沉重工作、极重工作。也有的划分成六类：最沉重、沉重、较重、中等、较轻和轻便的体力劳动。划分出疲劳程度的等级，就可以合理规定休息需要的时间。

确定的基本工作时间、辅助工作时间、准备与结束工作时间、不可避免中断时间和休息时间之和，就是劳动定额的时间定额。

【例2-1】 某外墙挂贴花岗石工程。测定资料表明，挂贴$1m^2$需消耗基本工作时间80min，辅助工作时间占工作延续时间的3%，准备与结束时间占工作延续时间的2%，不可避免中断时间占2%，休息时间占13%。试计算出时间定额和产量定额。

【解】 各项时间之和即时间定额为：$\dfrac{80}{1-(3\%+2\%+2\%+13\%)} = 100\ (\text{min}/m^2)$

$100 \div 60 \div 8 = 0.208$（工日/$m^2$）

产量定额：$1/0.208 = 4.8$（m^2/工日）

三、劳动定额的作用

(一) 劳动定额是计划管理的基础

劳动定额不仅是编制计划的依据，而且在计划实施中，又是合理、均衡地调配和使用劳动力，确保计划实现的基础。例如，编制施工进度计划时，首先是根据施工图计算出分部分项工程的工程量，然后根据劳动定额计算出劳动量，再据此按计划工期合理安排施工进度，组织生产劳动。

(二) 劳动定额是贯彻按劳分配和推行经济责任制的依据

贯彻按劳分配原则，应以劳动定额为依据，按劳动者劳动的数量和质量来进行分配，这体现了多劳多得的分配原则。推行经济责任制，明确了各部门的职责范围，使计划、生产、成果和分配统一起来，使每一个劳动者的物质利益与企业的经济效益挂钩，从而调动了广大劳动者的积极性，促进劳动者努力提高劳动生产率。

（三）劳动定额是衡量劳动生产率的标准

劳动定额可用以衡量劳动生产率的高低，从中发现问题，找出影响定额水平的因素，使其随着施工工艺、技术、工具、设备以及操作方法的改进和劳动生产率的提高作相应地调整，以显示建筑业的发展。

（四）劳动定额是确定定员标准和合理组织生产的依据

劳动定额为各工种和各类人员的配备比例提供了比较科学的数据。只有依据劳动定额，合理地确定定员，组织生产，从而保证每一施工生产过程连续地、均衡地、有节奏地进行。

（五）劳动定额是企业经济核算的依据

建筑企业以劳动定额为依据进行人工消耗量的核算，对人工消耗进行有效地控制，尽可能减少单位产品的工时消耗，对实行经济核算，降低工程成本，增加积累具有十分重要的意义。

四、制定劳动定额的主要依据

制定劳动定额的主要依据，按性质可分为两大类：

（一）党和国家的经济政策和劳动制度

党和国家的经济政策和劳动制度主要有《建筑安装工人技术等级标准》和工资标准，工资奖励制度、八小时工作日制度、劳动保护制度等。

（二）技术资料

技术资料分为两类，即规范类和技术测定及统计资料类。

1. 规范类

如施工及验收规范、建筑安装工程安全操作规程、机械设备说明书、国家建筑材料标准等。

各类规范、规程、标准和制度，必须是国家颁发实行（或试行）的现行文件。

国家没有颁发这一方面的统一标准时，可以采用部颁标准。对同一性质的规定只能选用 一种部颁标准，不得同时选用几种部颁标准。

定额规定的产品（工程）质量要求，应以完全符合国家颁发的施工及验收规范中所规定的允许偏差为准。施工中如有特殊要求，应作为新的影响因素考虑，不能混同。

2. 技术测定及统计资料类

主要是指现场技术测定数据和工时消耗单项和综合统计资料。

第四节　材料消耗定额

一、材料消耗定额的概念

（一）定义

材料消耗定额是指在合理使用和节约材料的条件下，生产单位质量合格的建筑产品所必需消耗一定品种、规格的建筑材料、构配件、半成品、燃料及不可避免的损耗量等的数量标准。它是企业核算材料消耗、考核材料节约或浪费的指标。

在我国建筑产品的成本中，材料费约占 70%左右，材料消耗量的多少直接影响着产品价格和工程成本。合理地编制材料消耗定额，不仅能促进企业降低材料消耗，降低施工成本，而且对于合理利用有限资源也有很大意义。

(二) 材料消耗定额的组成

单位合格产品所必需消耗的材料数量，由两部分组成。

(1) 材料净用量：是指直接构成工程实体所消耗的材料数量。

(2) 材料的损耗量：是指在施工过程中，出现不可避免的废料和损耗，不能直接构成工程实体的材料消耗量。它包括场内运输的合理损耗、加工制作的合理损耗和施工操作的合理损耗等。

所以单位合格产品中某种材料的消耗量等于该材料的净用量和损耗量之和。即：

$$材料消耗量 = 净用量 + 损耗量 \tag{2-7}$$

材料损耗量用材料损耗率来表示，即：

$$材料损耗率 = \frac{损耗量}{消耗量} \times 100\% \tag{2-8}$$

式中消耗量为计算简单，用净用量替代消耗量。

$$材料消耗量 = 净用量 \times (1 + 材料损耗率) \tag{2-9}$$

(三) 材料消耗定额的作用

(1) 材料消耗定额是企业确定材料需要量和储备量的依据；

(2) 是企业签发限额领料单，考核、分析材料利用情况的依据；

(3) 是编制预算定额的依据；

(4) 是实行经济核算，推行经济责任制，保证合理使用和节约材料的有力措施。

二、材料消耗定额的编制方法

根据材料使用次数的不同，建筑材料分为非周转性材料和周转性材料两类。

(一) 非周转性材料消耗量的制定

非周转性材料也称为直接性材料。它是指在建筑工程施工中，为了直接构成工程实体，一次性消耗的材料。这种材料的消耗量由两部分组成，一部分是构成工程实体的消耗量，另一部分是不可避免的废料和损耗消耗量。

确定材料净用量和材料损耗量的计算数据，是通过现场技术测定，实验室模似试验，现场统计和理论计算等方法获得的。

1. 观察法

它是指在合理与节约使用材料的条件下，对施工中实际完成的建筑产品数量与所消耗的各种材料数量，进行现场观察测定的方法。

采用这种方法，首先要选择观察对象。观察对象应符合下列条件：

(1) 工程项目是典型的；

(2) 施工符合技术规范要求；

(3) 材料品种、型号和质量符合设计要求；

(4) 被测工人能合理地节约地使用材料和保证产品质量。

其次要做好观察前的准备工作。如准备好标准运输工具、称量设备，并采取减少材料损耗的必要措施。

观察法主要适用于制定材料损耗定额。

2. 试验法

试验法是指在实验室，通过试验深入、详细地研究各种因素对材料消耗的影响，给编制材料消耗定额提供有技术根据的、比较精确的计算数据。但由于不在施工现场，无法估计在施工中某些因素对材料消耗的影响。

3. 统计法

统计法是对现场积累的分部分项工程拨付材料数量，完工后剩余的材料量以及总共完成产品的数量，进行统计分析，以此为基础计算出材料消耗定额的方法。这种方法简单易行，不需组织专人测定或试验。但有时因统计资料缺少真实性和系统性，使得定额的精确度偏低。

4. 计算法

计算法是根据施工图纸和有关的技术资料，运用一定的数学公式计算材料消耗定额。这种方法主要适用于计算板块、卷筒状产品的材料净用量。其损耗量则由国家有关部门通过观测和统计确定出材料的损耗率。例如：

(1) 每立方米砖砌体材料消耗量的计算

$$\text{砖净用量（块）}=\frac{\text{墙厚砖数}\times 2}{\text{墙厚}\times(\text{砖长}+\text{灰缝})\times(\text{砖厚}+\text{灰缝})} \tag{2-10}$$

$$\text{砖消耗量}=\text{砖净用量}\times(1+\text{损耗率})$$

$$\text{砂浆消耗量}(m^3)=(1-\text{砖净用量}\times\text{每块砖体积})\times(1+\text{损耗率})$$

【例 2-2】 计算1/4标准砖外墙每立方米砌体砖和砂浆的消耗量。砖与砂浆损耗率均为1%。

【解】

$$\text{砖净用量}=\frac{1/4\times 2}{0.053\times(0.24+0.01)\times(0.053+0.01)}=599\text{（块）}$$

$$\text{砖消耗量}=599\times(1+0.01)=605\text{（块）}$$

$$\text{砂浆消耗量}=(1-599\times0.24\times0.115\times0.053)\times(1+0.01)=0.125\ (m^3)$$

【例 2-3】 计算 $1\frac{1}{2}$ 标准砖外墙每立方米砌体砖和砂浆的消耗量．砖与砂浆损耗率均为 1%。

【解】 $$\text{砖净用量}=\frac{1.5\times 2}{0.365\times(0.24+0.01)\times(0.053+0.01)}=522\text{（块）}$$

$$\text{砖消耗量}=522\times(1+0.01)=527\text{（块）}$$

$$\text{砂浆消耗量}=(1-522\times0.24\times0.115\times0.053)\times(1+0.01)=0.238\ (m^3)$$

其他几种常见厚度砖墙，每立方米砌体需要的标准砖和砂浆的净用量见表 2-2，标准砖墙体厚度，按表 2-3 规定计算。

常见厚度砖墙的砖、砂浆净用量 表 2-2

墙厚		1/4 砖	1/2 砖	1 砖	$1\frac{1}{2}$砖	2 砖	$2\frac{1}{2}$砖
净用量	砖（块）	599	552	529	522	518	516
	砂浆（m^3）	0.124	0.193	0.226	0.237	0.242	0.245

标准砖墙体厚度　　表 2-3

墙　　厚	1/4 砖	1/2 砖	3/4 砖	1 砖	$1\frac{1}{2}$砖	2 砖	$2\frac{1}{2}$砖	3 砖
计算厚度（mm）	53	115	180	240	365	490	615	740

（2）100 m^2块料面层材料消耗量计算。块料面层一般指瓷砖、锦砖、预制水磨石、大理石、地板砖等。通常以 100 m^2 为计量单位，其计算公式如下：

$$面层用量=\frac{100}{(块料长+灰缝)\times(块料宽+灰缝)}\times(1+损耗率)\tag{2-11}$$

【例 2-4】　墙面瓷砖规格为 150mm×150mm×5mm，灰缝 1mm，结合层厚度为 10mm，瓷砖损耗率为 1.5%，砂浆损耗率为 1%，试计算 100 m^2 墙面瓷砖和砂浆的消耗量。

【解】　$瓷砖净用量=\frac{100}{(0.15+0.001)\times(0.15+0.001)}=4386（块）$

$瓷砖消耗量=4386\times(1+0.015)=4452（块）$

$砂浆净用量=结合层砂浆净用量+灰缝砂浆净用量$

$=100\times0.01+(100-4386\times0.15\times0.15)\times0.005$

$=1+0.0066$

$=1.0066（m^3）$

$砂浆消耗量=1.0066\times(1+1\%)=1.0166（m^3）$

（3）每 100 m^3 卷材防潮、防水层卷材净用量的计算。

$$卷材净用量=\frac{100}{(卷材宽-顺向搭接宽)\times(每卷卷材长-横向搭接宽)}\times每卷卷材面积\times层数\tag{2-12}$$

【例 2-5】　若采用 350 号石油沥青油毡，按规定油毡搭接长度，长边搭接宽为 80mm，短边宽为 125mm，求每 100 m^2 两毡三油卷材屋面油毡的净用量。其中，油毡规格宽为 915mm，长为 21.86m。

【解】　$每100m^2卷材净用量=\frac{100}{(0.915-0.08)\times(21.86-0.125)}\times20\times2=220.40m^2$

（二）周转性材料消耗量的制定

周转性材料是指在施工过程中，能多次使用，逐渐消耗的材料。如脚手架、挡土板、临时支撑、混凝土工程的模板等。这类材料在施工中不是一次消耗完，而是每次使用有些消耗，经过修补，反复周转使用的工具性材料。

周转性材料使用一次，在单位产品上的消耗量，称为摊销量。下面以模板为例，介绍其计算方法。

1. 现浇钢筋混凝土结构模板摊销量计算

按建筑安装工程定额，其计算公式如下：

$$摊销量=周转使用量-\frac{回收量\times回收折价率}{1+施工管理费率}\tag{2-13}$$

（上式用于施工图预算定额）

$$摊销量=周转使用量-回收量\tag{2-14}$$

（上式用于施工定额）

说明：用于施工图预算定额计算模板摊销量式（2-13），因为定额模板的摊销量乘材料预算单价计入工程直接费，取间接费；摊销量中包括回收量，而回收量折价后仍在继续投入使用，该部分施工管理费有重复，因此在计算模板摊销量用于施工图预算定额时要扣除。用于施工定额，不计算施工管理费，不存在取费重复问题。

（1）周转使用量

是指周转性材料在周转使用和补充消耗的条件下，每周转一次平均所消耗的材料量。

$$\text{周转使用量}=\frac{\text{一次使用量}+\text{一次使用量}\times(\text{周转次数}-1)\times\text{损耗率}}{\text{周转次数}}$$

$$=\text{一次使用量}\times\frac{1+(\text{周转次数}-1)\times\text{损耗率}}{\text{周转次数}}$$

$$=\text{一次使用量}\times K_1 \tag{2-15}$$

$$K_1=\frac{1+(\text{周转次数}-1)\times\text{损耗率}}{\text{周转次数}}$$

K_1——周转使用系数

（2）回收量

回收量是指周转性材料每周转一次后，可以平均回收的量。

$$\text{回收量}=\frac{\text{一次使用量}-(\text{一次使用量}\times\text{损耗率})}{\text{周转次数}}$$

$$=\text{一次使用量}\times\frac{1-\text{损耗率}}{\text{周转次数}} \tag{2-16}$$

（3）一次使用量

一次使用量是指周转性材料为完成产品每一次生产时所需用的材料数量。

$$\text{一次使用量}=\begin{pmatrix}\text{根据施工图计算的每完成}\\ \text{定额计量单位钢筋混凝土}\\ \text{构件与模板的接触面积}\end{pmatrix}\times\begin{pmatrix}\text{每平方米接触}\\ \text{面积模板用量}\end{pmatrix}\times(1+\text{损耗率}) \tag{2-17}$$

（4）损耗率

是指周转性材料使用一次后因损坏不能重复使用的数量占一次使用量的百分比。

$$\text{损耗率}=\frac{\text{损耗量}}{\text{一次使用量}}\times100\% \tag{2-18}$$

（5）周转次数

周转次数是指新的周转材料从第一次使用起，到材料不能再使用时的使用次数。

将式（2-15）和式（2-16）代入式（2-13），可得

$$\text{摊销量}=\text{一次使用量}\times K_1-\text{一次使用量}\times\frac{(1-\text{损耗率})\times\text{回收折价率}}{\text{周转次数}\times(1+\text{施工管理费率})}$$

$$=\text{一次使用量}\times\left[K_1-\frac{(1-\text{损耗率})\times\text{回收折价率}}{\text{周转次数}\times(1+\text{施工管理费率})}\right]$$

$$=\text{一次使用量}\times K_2 \tag{2-19}$$

$$K_2=K_1-\frac{(1-\text{损耗率})\times\text{回收折价率}}{\text{周转次数}\times(1+\text{施工管理费率})}$$

K_2——摊销量系数

K_1，K_2 系数详见表 2-3。

K_1，K_2 系数表 表 2-3

模板周转次数	每次损耗率（%）	K_1	K_2
3	15	0.4333	0.3135
4	15	0.3625	0.2726
5	10	0.2800	0.2039
5	15	0.3200	0.2481
6	10	0.2500	0.1866
6	15	0.2917	0.2318
8	10	0.2125	0.1649
8	15	0.2563	0.2114
9	15	0.2444	0.2044
10	10	0.1900	0.1519

注：表中系数的回收折价率按 50%计算，施工管理费率按 18.2%计算。

【例 2-6】 某工程现浇钢筋混凝土大梁，查施工材料消耗定额得知需一次使用模板料 1.775m^3。周转 6 次，每次周转损耗 15%，计算施工定额摊销量是多少。

【解】 模板周转使用量 $= 1.775 \times \left[\dfrac{1+(6-1)\times 15\%}{6}\right] = 0.5178m^3$

回收量 $= 1.775 \times \dfrac{1-15\%}{6} = 0.2515m^3$

摊销量 $= 0.5178 - 0.2515 = 0.2663m^3$

2. 预制钢筋混凝土构件模板摊销量的计算

预制钢筋混凝土构件模板虽然也是多次使用，反复周转，但与现浇构件计算方法不同，预制钢筋混凝土构件是按多次使用平均摊销的计算方法，不计算每次周转损耗率（即补充损耗率）。因此根据一次使用量及周转次数计算摊销量。计算公式如下：

$$摊销量 = \frac{一次使用量}{周转次数} \tag{2-20}$$

【例 2-7】 预制 6.5 m^3 钢筋混凝土桩，每 10 m^3 混凝土模板一次使用量为 13.20 m^3，周转次数 20 次，计算摊销量．

【解】 摊销量 = 13.20/20 = 0.66 m^3

每预制 10 m^3 的 6.5 m^3 钢筋混凝土桩模板摊销量为 0.66 m^3。

第五节 机械台班使用定额

一、机械台班使用定额的概念

（一）定义

机械台班使用定额也称为机械台班消耗定额。它是指在合理劳动组织和合理使用机械的条件下，完成单位合格产品所必需消耗时间的数量标准。

所谓”台班”，就是一台机械工作一个工作班（即8h）称为一个台班。如两台机械共同工作一个工作班，或者一台机械工作两个工作班，则称为二个台班。

（二）机械台班使用定额的表示形式

机械台班使用定额按其表现形式，可分为机械时间定额和机械产量定额。

1. 机械时间定额

就是在正常的施工条件和劳动组织的条件下，使用某种规定的机械，完成单位合格产品所必须消耗的台班数量。即：

$$\text{机械时间定额} = \frac{1}{\text{机械台班产量定额（台班）}} \tag{2-21}$$

由于机械必须由工人小组操作，所以完成单位合格产品的时间定额，须列出人工时间定额。

$$\text{人工时间定额} = \frac{\text{机械台班内工人的工日数}}{\text{机械台班产量}} \tag{2-22}$$

2. 机械台班产量定额

就是在正常的施工条件和劳动组织条件下，某种机械在一个台班时间内必须完成的单位合格产品的数量。即：

$$\text{机械台班产量定额} = \frac{1}{\text{机械时间定额}}\text{（台班）} \tag{2-23}$$

$$\text{机械台班产量定额} = \frac{\text{机械台班内工人的工日数}}{\text{时间定额}}\text{（工日）} \tag{2-24}$$

【例 2-8】 斗容量为 1 m^3 的正铲挖土机挖二类土，深度在 2m 以内，装车小组成员二人，已知台班产量为 5（定额单位 100 m^3）。计算其人工时间定额和机械时间定额。

【解】 挖 100 m^3 土的人工时间定额 = 2/5 = 0.4（工日）

挖 100 m^3 土的机械时间定额 = 1/5 = 0.2（台班）

机械台班使用定额在《全国建筑安装工程统一劳动定额》中通常有两种表达形式：

$\frac{\text{时间定额}}{\text{产量定额}}$ 和 $\frac{\text{时间定额}}{\text{产量定额}}$台班车次

表 2-4 摘自《全国建筑安装工程统一劳动定额》第十八分册第四十二节钢筋混凝土楼板梁、连系梁、悬臂梁、过梁安装。

二、机械台班使用定额的编制方法

（一）确定正常的施工条件

拟定机械工作正常条件，主要是拟定工作地点的合理组织和合理的工人编制。

工作地点的合理组织，就是对施工地点机械和材料的放置位置、工人从事操作的场所作出科学合理的平面布置和空间安排。它要求施工机械和操纵机械的工人在最小范围内移动，但又不阻碍机械运转和工人操作；应使机械的开关和操纵装置尽可能集中地装置在操纵工人的近旁，以节省工作时间和减轻劳动强度，应最大限度发挥机械的效能，减少工人的手工操作。

拟定合理的工人编制，就是根据施工机械的性能和设计能力，工人的专业分工和劳动工效，合理确定操作机械的工人和直接参加机械化施工过程的工人的编制人数。

拟定合理的工人编制，应要求保持机械的正常生产率和工人正常的劳动工效。

混凝土楼板梁、连系梁、悬臂梁、过梁安装 **表 2-4**

工作内容：包括15m以内构件移位、绑扎起吊、对正中心线、安装在设计位置上、校正、垫好垫铁。

每 1 台 班 的 劳 动 定 额 单位：根

项目		施工方法	楼板梁（t以内）			连系梁、悬臂梁、过梁（t以内）			序号
			2	4	6	1	2	3	
安装高度（层以内）	三	履带式	$\frac{0.22}{59}\vert 13$	$\frac{0.271}{48}\vert 13$	$\frac{0.317}{41}\vert 13$	$\frac{0.217}{60}\vert 13$	$\frac{0.245}{53}\vert 13$	$\frac{0.277}{47}\vert 13$	一
	三	轮胎式	$\frac{0.26}{50}\vert 13$	$\frac{0.317}{41}\vert 13$	$\frac{0.371}{35}\vert 13$	$\frac{0.255}{51}\vert 13$	$\frac{0.289}{45}\vert 13$	$\frac{0.325}{40}\vert 13$	二
	三	塔　式	$\frac{0.191}{68}\vert 13$	$\frac{0.236}{55}\vert 13$	$\frac{0.277}{47}\vert 13$	$\frac{0.188}{69}\vert 13$	$\frac{0.213}{61}\vert 13$	$\frac{0.241}{54}\vert 13$	三
	六	塔　式	$\frac{0.21}{62}\vert 13$	$\frac{0.25}{52}\vert 13$	$\frac{0.302}{43}\vert 13$	$\frac{0.232}{56}\vert 13$	$\frac{0.26}{50}\vert 13$	$\frac{0.31}{42}\vert 13$	四
	七	塔　式	$\frac{0.232}{56}\vert 13$	$\frac{0.283}{46}\vert 13$	$\frac{0.342}{38}\vert 13$				五
编号			676	677	678	679	680	681	

（二）确定机械一小时纯工作正常生产率

确定机构正常生产率时，必须首先确定出机械纯工作一小时的正常生产效率。

机械纯工作时间，就是指机械的必需消耗时间。机械一小时纯工作正常生产率，就是在正常施工组织条件下，具有必需的知识和技能的技术工人操纵机械一小时的生产率。

根据机械工作特点的不同，机械一小时纯工作正常生产率的确定方法，也有所不同。对于按照同样次序，定期重复着固定的工作与非工作组成部分的循环动作机械，确定机构纯工作一小时正常生产率的计算公式如下：

$$\begin{matrix}\text{机械一次循环的}\\\text{正常延续时间}\end{matrix}=\sum\begin{matrix}\text{循环各组成部分}\\\text{正常延续时间}\end{matrix}-\text{交叠时间} \tag{2-25}$$

$$\text{机械纯工作一小时循环次数}=\frac{60\times 60\text{s}}{\text{一次循环的正常延续时间}} \tag{2-26}$$

$$\begin{matrix}\text{机械纯工作一小时}\\\text{正常生产率}\end{matrix}=\begin{matrix}\text{机械纯工作一小时}\\\text{正常循环次数}\end{matrix}\times\begin{matrix}\text{一次循环生产}\\\text{的产品数量}\end{matrix} \tag{2-27}$$

从公式中可以看到，计算循环机械纯工作一小时正常生产率的步骤是：根据现场观察资料和机械说明书确定各循环组成部分的延续时间；将各循环组成部分的延续时间相加，减去各组成部分之间的交叠时间，求出循环过程的正常延续时间；计算机械纯工作一小时的正常生产率。

对于工作中只做某一动作的连续动作机械，确定机械纯工作一小时正常生产率时，要根据机械的类型和结构特征，以及工作过程的特点来进行。计算公式如下：

$$\begin{matrix}\text{连续动作机械纯工作}\\\text{一小时正常生产率}\end{matrix}=\frac{\text{工作时间内生产的产品数量}}{\text{工作时间（小时）}} \tag{2-28}$$

工作时间内的产品数量和工作时间的消耗，要通过多次现场观察和机械说明书来取得数据。

对于同一机械进行作业属于不同的工作过程，如挖掘机所挖土壤的类别不同，碎石机所破碎的石块硬度和粒径不同，均需分别确定其纯工作一小时的正常生产率。

（三）确定施工机械的正常利用系数

确定施工机械的正常利用系数，是指机械在工作班内对工作时间的利用率。机械的利用系数和机械在工作班内的工作状况有着密切的关系。所以，要确定机械的正常利用系数，首先要拟定机械工作班的正常工作状况。拟定机械工作班正常状况，关键是如何保证合理利用工时问题。

确定机械正常利用系数，要计算工作班正常状况下准备与结束工作，机械启动、机械维护等工作所必需消耗的时间，以及机械有效工作的开始与结束时间。从而进一步计算出机械在工作班内的纯工作时间和机械正常利用系数。

（四）计算施工机械定额

计算施工机械定额是编制机械定额工作的最后一步。在确定了机械工作正常条件，机械一小时纯工作正常生产率和机械正常利用系数之后，采用下列公式计算施工机械的产量定额；

$$\text{施工机械台班产量定额} = \text{机械一小时纯工作正常生产率} \times \text{工作班纯工作时间} \tag{2-29}$$

或

$$\begin{matrix}\text{施工机械台班}\\ \text{产量定额}\end{matrix} = \begin{matrix}\text{机械一小时纯}\\ \text{工作正常生产率}\end{matrix} \times \text{工作班延续时间} \times \begin{matrix}\text{机械正常}\\ \text{利用系数}\end{matrix} \tag{2-30}$$

$$\text{施工机械时间定额} = \frac{1}{\text{机械台班产量定额}} \tag{2-31}$$

【例 2-9】 某沟槽采用斗容量为 $0.5m^3$ 的反铲挖掘机挖土，假设挖掘机的铲斗充盈系数为 1.0，每循环一次时间为 2min，机械时间利用系数为 0.85，所选挖掘机的产量定额和时间定额是多少。

【解】 每小时循环次数：60/2 = 30（次）

每小时生产率：$30 \times 0.5 \times 1 = 15$（$m^3/h$）

台班产量定额：$15 \times 8 \times 0.85 = 102$（$m^3$/台班）

时间定额：$1/102 = 0.0098$（台班/m^3）

第三章 预 算 定 额

第一节 概 述

一、预算定额的概念

建筑安装工程预算定额是确定一定计量单位的分项工程或结构构件的人工、材料和机械台班消耗量的数量标准。它包括建筑工程预算定额和设备安装工程预算定额两大类。

预算定额是工程建设中一项重要的技术经济文件，它的各项指标，反映了完成规定计量单位符合设计标准和验收规范分项工程消耗的数量化劳动和物化劳动的数量限度。这种限度最终决定着单项工程和单位工程成本和造价。

预算定额是一种计价性的定额。与施工定额的性质不同，施工定额是企业内部使用的定额，而预算定额是具有企业定额的性质，它用来确定建筑安装产品的计划价格，并作为对外结算的依据。但从编制程序看，施工定额是预算定额的编制基础，而预算定额则是概算定额或概算指标的编制基础。可以说，预算定额在计价定额中也是基础性定额。

预算定额与施工定额的定额水平不同。预算定额考虑的可变因素和内容范围比施工定额多而广，预算定额是社会平均水平，即现实的在平均中等生产条件、平均劳动熟练程度、平均劳动强度下的多数企业能够达到或超过、少数企业经过努力也能够达到的水平。施工定额是平均先进水平，所以确定预算定额时，水平相对要降低一些。由于预算定额实际考虑的因素比施工定额多，故要考虑一个幅度差，幅度差是预算定额与施工定额的重要区别。

所谓幅度差，是指在正常施工条件下，定额未包括、而在施工过程中又可能发生而增加的附加额。

预算定额是国家及各地区编制和颁发的一种法令性指标。在执行中具有权威性。

二、预算定额的作用

（一）预算定额是编制施工图预算的基本依据

编制施工图预算的依据：一是设计文件决定的工程项目功能、规模、尺寸和文字说明，这些是计算分部分项工程量和结构构件数量的依据；二是预算定额是确定一定计量单位的分项工程人工、材料、机械消耗量的依据，也是计算分项工程单价的基础。依据预算定额编制施工图预算，对确定和控制建筑安装工程造价会起到很好的作用。

（二）预算定额是对设计方案进行技术经济分析和比较的依据

根据预算定额对方案进行技术经济分析和比较，是选择经济合理设计方案的重要方法。对设计方案进行比较，主要是通过定额对不同方案所需人工、材料和机械台班消耗量等进行比较。这种比较可以判明不同方案对工程造价的影响。

（三）预算定额是施工企业加强经济核算和考核工程成本的依据

实行经济核算的根本目的，是用经济的方法促使企业在保证质量和工期的条件下，用较少的劳动消耗取得较大的经济效果。在目前预算定额仍决定着企业的收入，企业故可根据预算定额，对施工中的劳动、材料、机械的消耗情况进行具体的分析，以便找出低工效、高消耗的薄弱环节及其原因，促进企业降低工程成本，提高市场竞争力。

（四）预算定额是建筑工程拨付工程价款和竣工决算的依据

符合预算定额规定工程内容的已完分项工程，是按施工进度预付工程价款的。单位工程竣工验收后，再根据预算定额并在施工图预算的基础上进行结算，以保证国家基本建设投资的合理使用。

（五）预算定额是编制概算定额，概算指标和编制标底、投标报价的基础

概算定额和概算指标是以预算定额为基础，进行综合扩大而编制的。利用预算定额编制概算定额和概算指标，可以节省编制工作中大量的人力、物力和时间，也可以使概算定额和概算指标在水平上与预算定额一致，以避免造成执行中的不一致。

在当今市场经济体制下，预算定额作为编制标底的依据和施工企业报价的基础性作用仍将存在，这是由于它本身的科学性和权威性决定的。

三、预算定额的编制原则及依据

（一）预算定额的编制原则

1. 按社会平均确定预算定额水平的原则

预算定额是用来确定建筑产品的计划价格。任何产品的价格必须遵循价值规律的客观要求，即按生产过程中所消耗的社会必要劳动时间确定定额水平。预算定额的平均水平是在正常的施工条件，合理的施工组织和工艺条件，平均劳动熟练程度和劳动强度下，完成单位分项工程基本构造要素所需的劳动时间。

预算定额的水平以施工定额水平为基础，预算定额是平均水平，施工定额是平均先进水平。所以两者相比预算定额水平要相对低一些。

2. 体现“简明适用，严谨准确”的原则

定额项目的划分、计量单位的选择和工程量计算规则的确定等要作到简明扼要，使用方便。同时要结构严谨，层次清楚。

3. 必须贯彻“技术先进、经济合理”的原则

将已成熟推广的新技术、新材料和先进经验等编进定额，从而促进施工企业采用先进的施工技术，提高施工机械水平，提高劳动生产率，节约开支，降低工程成本。

（二）预算定额的编制依据

(1) 现行的全国通用的设计规范、施工及验收规范、质量评定标准和安全操作规程。

(2) 施工定额，国家过去颁发的预算定额和各地区现行预算定额的编制基础资料。

(3) 有关科学试验，技术测定和经验、统计分析资料。

(4) 新材料、新工艺、新技术和新结构资料。

(5) 地区现行的人工工资标准、材料预算价格和机械台班使用费。

四、预算定额的编制步骤和方法

（一）预算定额的编制步骤

1. 准备工作阶段

(1) 组织编制小组

(2) 收集编制定额的基础资料

(3) 拟定编制方案。它是准备工作阶段的中心任务。其主要内容包括：编制目的和任务，编制原则和依据、水平要求、项目划分和表现形式。确定编制范围、内容、工作规划及时间安排。

2. 编制初稿阶段

(1) 审查、熟悉编制定额的基础资料，并进行深入细致的测算分析。

(2) 确定编制细则。即统一编制表格及编制方法；统一计算口径、计量单位和小数点位数的要求；统一名称、用字、专业用语、符号代码，文字简练明确。

(3) 确定定额的项目划分和工程量计算规则。计算定额人工、材料、机械台班耗用量、单价，编制定额项目表。

3. 定额审定阶段

审定阶段就是测算定额水平和审查、修改所编定额，报送上级主管机关审批，颁发执行。

(1) 审核定稿。审稿工作的人选应由具备经验丰富、责任心强、多年从事定额工作的专业技术人员来承担。审稿主要内容有：文字表达确切通顺、简明易懂；定额的数字准确无误；章节、项目之间有无矛盾。

(2) 预算定额水平测算。在新定额编制成稿向上级机关报告以前，必须与原定额进行对比测算，分析水平升降原因。

4. 定稿报批、整理资料阶段

(1) 征求意见。定额编制初稿完成以后，需要组织征求各有关方面意见，通过反馈意见分析研究，在统一意见基础上整理分类，制定修改的方案。

(2) 修改整理报批。将初稿进行修改后，整理一套完整、字体清楚，并经审核无误后形成报批稿，经批准后交付印刷。

(3) 撰写编制说明并立档、成卷。

（二）预算定额的编制方法

1. 确定定额项目名称及其工作内容

建筑工程预算定额项目的确定，应反映定额编制时期的设计与施工水平，所确定的项目应力求简明，适用和要有广泛的代表性。

2. 确定施工方法

施工方法是确定定额项目各专业工种和相应的用工数量、各种材料和成品的用量、施工机械类型及其台班使用量以及定额基价的主要依据。因此，在编制定额时，必须按正常的施工组织所确定的施工方法，确定定额项目及其所含子项目的定额基价。

3. 确定预算定额的计量单位。

预算定额的计量单位应与工程项目内容相适应，确切地反映分项工程最终产品的实物量。

预算定额的计量单位，主要是根据分部分项工程的形态和结构构件特征及其变化确定。一般来说，结构的长、宽、高三个量度都会发生变化时，采用立方米作为计量单位，如砖石工程、土方工程和混凝土工程；如果结构的长、宽、高三个量度中有两个量度发生变化时，采用平方米作为计量单位，如场地平整、地面、抹灰、屋面工程等；当物件截面形状基本固定或无规律性变化，采用延长米、公里作为计量单位，如管道等；如果工程量主要取决于设备或材料的重量时，以吨，公斤作为计量单位，如钢筋工程等。

预算定额的计量单位按公制或自然计量单位确定。长度：毫米（mm）、厘米（cm）、米（m）、公里（km）；面积：平方毫米（mm^2）、平方厘米（cm^2）、平方米（m^2）；体积或容积：立方米（m^3）、升（L）。重量：吨或千克（t或kg）；以件（个或组）计算的为件（个或组）。预算定额中各项人工、材料和机械台班消耗量的计量单位相对比较固定。人工和机械按“工时”、“台班”计量；各种材料的计量单位应与产品计量单位一致。定额单位扩大时，采用原单位的倍数，如砖砌体、混凝土以10 m^3 为计量单位，场地平整以100 m^2 为计量单位等。

预算定额中的小数位数的确定，一般如下：

(1) 人工：工日，取两位小数。

(2) 主要材料及半成品：木材以立方米为单位，取三位小数；钢筋及钢材以吨为单位，取三位小数；水泥、石灰、以千克为单位，取整数；其余材料一般取两位小数。

(3) 单价、其它材料费、机械费：均以元为单位，取两位小数。

4. 计算工程量

计算工程量的目的，是为了通过分别计算典型设计图纸或资料所包括的施工过程的工程量，以便在编制预算定额时，有可能利用施工定额的劳动力、材料和机械台班消耗指标确定预算定额所含工序的消耗量。

5. 定额消耗量指标的确定

人工、材料和施工机械台班消耗量指标，应根据编制预算定额的编制原则和依据，采取理论与实际相结合、图纸计算和施工现场测算相结合、编制定额的人员与现场工作人员相结合等方法计算。

预算定额是一种综合性的定额，包括了为完成一个分项工程或结构构件所必须的全部工作内容。在编制定额时，根据设计图纸、施工定额的项目和计量单位，计算该分项工程的工程量，若选用多份图纸进行测算时，采用加权平均的方法确定其工程量。求出工程量后，再计算人工、材料和施工机械的消耗量，定额指标乘基价就是该分项工程的人工费、材料费和施工机械使用费的单价。

五、预算定额的组成内容

(一) 预算定额册组成内容

不同时期、不同专业和不同地区的预算定额册，在内容上虽不完全相同，但其基本内容变化不大。主要包括：总说明、分章（分部工程）说明、分项工程表头说明、定额项目表、分章附录和总附录。

有些预算定额册为方便使用，把工程量计算规则编入内容。但工程量计算规则并不是预算定额册必备的内容。

(二) 建筑工程预算定额册的内容实例（土建工程）

为了更详尽了解建筑工程预算定额册组成内容，特摘录建设部1995年颁发的《全国统一建筑工程基础定额》部分内容如下：

总 说 明

一、建筑工程基础定额（以下简称本定额）是完成规定计量单位分项工程计价的人工、材料、施工机械台班消耗量标准。是统一全国建筑工程预算工程量计算规则、项目划分、计量单位的依据；是编制建筑工程（土建部分）地区单位估价表，确定工程造价、编制概算定额及投资估算指标的依据；也可作为制定招标工程标底、企业定额和投标报价的基础。

二、本定额适用于工业与民用建筑的新建、扩建、改建工程。

三、本定额是按照正常的施工条件，目前多数建筑企业的施工机械装备程度，合理的施工工期、施工工艺、劳动组织为基础编制的，反映了社会平均消耗水平。

四、本定额是依据现行有关国家产品标准、设计规范和施工验收规范、质量评定标准、安全操作规程编制的，并参考了行业、地方标准，以及有代表性的工程设计、施工资料和其他资料。

五、人工工日消耗量的确定：

1. 本定额人工工日不分工种、技术等级，一律以综合工日表示。内容包括基本用工、超运距用工、人工幅度差、辅助用工。其中基本用工，参照现行全国建筑安装工程统一劳动定额为基础计算，缺项部分，参考地区现行定额及实际调查资料计算。凡依据劳动定额计算的，均按规定计入人工幅度差；根据施工实际需要计算的，未计人工幅度差。

2. 机械土、石方，桩基础，构件运输及安装等工程，人工随机械产量计算的，人工幅度差按机械幅度差计算。

3. 现行劳动定额允许各省、自治区、直辖市调整的部分，本定额内未予考虑。

六、材料消耗量的确定：

1. 本定额中的材料消耗包括主要材料、辅助材料、零星材料等，凡能计量的材料、成品、半成品均按品种、规格逐一列出数量，并计入了相应损耗，其内容和范围包括：从工地仓库、现场集中堆放地点或现场加工地点至操作或安装地点的运输损耗、施工操作损耗、施工现场堆放损耗。其他材料费以该项目材料费之和的%表示。

2. 混凝土、砌筑砂浆、抹灰砂浆及各种胶泥等均按半成品消耗量以体积（m^3）表示，其配合比是按现行规范规定计算的，各省、自治区、直辖市可按当地材料质量情况调整其配合比和材料用量。

3. 施工措施性消耗部分，周转性材料按不同施工方法、不同材质分别列出一次使用量（在相应章后以附录列出）和一次摊销量。

4. 施工工具用具性消耗材料，归入建筑安装工程费用定额中工具用具使用费项下，不再列入定额消耗量之内。

七、施工机械台班消耗量的确定：

1. 挖掘机械、打桩机械、吊装机械、运输机械（包括推土机、铲运机及构件运输机械等）分别按机械、容量或性能及工作物对象，按单机或者主机与配合辅助机械，分别以台班消耗量表示。

2. 随工人班组配备的中小型机械，其台班消耗量列入相应的定额项目内。

3. 定额中的机械类型、规格是按常用机械类型确定的，各省、自治区、直辖市、国务院有关部门如需重新选用机型、规格时，可按选用的机型、规格调整台班消耗量。

4. 定额中均已包括材料、成品、半成品从工地仓库、现场集中堆放地点或现场加工地点至操作安装地点的水平和垂直运输，所需的人工和机械消耗量。如发生再次搬运的，应在建筑安装工程费用定额中二次搬运费项下列出。预制钢筋混凝土构件和钢构件安装是按机械回转半径15m以内运距考虑的。

八、本定额除脚手架、垂直运输机械台班定额已注明其适用高度外，均按建筑檐口高度20m以下编制的；檐口高度超过20m时，另按本定额建筑物超高增加人工、机械台班定额项目计算。

九、本定额适用海拔高程2000 m以下，地震烈度七度以下地区，超过上述情况时，可结合高原地区的特殊情况和地震烈度要求，由各省、自治区、直辖市或国务院有关部门制定调整办法。

十、各种材料、构件及配件所需的检验试验应在建筑安装工程费用定额中的检验试验费项下列出，不计入本定额。

十一、本定额的工程内容中已说明了主要的施工工序；次要工序虽未说明，均已考虑在定额内。

十二、本定额中注有“以内”或“以下”者均包括本身，“以外”或“以上”者，则不包括本身。

分章说明（以“混凝土及钢筋混凝土工程”为例）

一、模板

1. 现浇混凝土模板按不同构件，分别以组合钢模板、钢支撑、木支撑，复合木模板、钢支撑、木支撑、木模板、木支撑配制，模板不同时，可以编制补充定额。

2. 预制钢筋混凝土模板，按不同构件分别以组合钢模板、复合木模板、木模板、定型钢模、长线台钢拉模，并配制相应的砖地模、砖胎模、长线台混凝土地模编制的，使用其他模板时，可以换算。

3. 本定额中框架轻板项目，只适用于全装西式定型框架轻板住宅工程。

4. 模板工作内容包括：清理、场内运输、安装、刷隔离剂、浇灌混凝土时模板维护、拆模、集中堆放、场外运输。木模板包括制作（预制包括刨光，现浇不刨光），组合钢模板、复合木模板包括装箱。

5. 现浇混凝土梁、板、柱、墙是按支模高度（地面至板底）3.6m编制的，超过3.6m时按超过部分工程量另按超高的项目计算。

6. 用钢滑升模板施工的烟囱、水塔及贮仓是按无井架施工计算的，并综合了操作平台。不再计算脚手架及竖井架。

7. 用钢滑升模板施工的烟囱、水塔、提升模板使用的负爬杆用量是按100%摊销计算的，贮仓是按50%摊销计算的，设计要求不同时，另行换算。

8. 倒锥壳水塔塔身钢滑升模板项目，也适用于一般水塔塔身滑升模板工程。

9. 烟囱钢滑升模板项目均已包括烟囱筒身、牛腿、烟道口；水塔钢滑升模板均已包括直筒、门窗洞口等模板用量。

10. 组合钢模板、复合木模板项目，未包括回库维修费用，应按定额项目中所列摊销量的模板、零星夹具材料价格的8%计入模板预算价格之内。回库维修费内容包括：模板的运输费、维修的人工、机械、材料费用等。

二、钢筋

1. 钢筋工程按钢筋的不同品种、不同规格，按现浇构件钢筋、预制构件钢筋、预应力钢筋及箍筋分别列项。

2. 预应力构件中的非预应力钢筋按预制钢筋相应项目计算。

3. 设计图纸未注明的钢筋接头和施工损耗的，已综合在定额项目内。

4. 绑扎铁丝、成型点焊和接头焊接用的电焊条已综合在定额项目内。

5. 钢筋工程内容包括：制作、绑扎、安装以及浇灌混凝土时维护钢筋用工。

6. 现浇构件钢筋以手工绑扎，预制构件钢筋以手工绑扎、点焊分别列项，实际施工与定额不同时，不再换算。

7. 非预应力钢筋不包括冷加工，如设计要求冷加工时，另行计算。

8. 预应力钢筋如设计要求人工时效处理时，应另行计算。

9. 预制构件钢筋，如用不同直径钢筋点焊在一起时，按直径最小的定额项目计算；如粗细筋直径比在两倍以上时，其人工乘以系数1.25。

10. 后张法钢筋的锚固是按钢筋帮条焊、U型插垫编制的，如采用其他方法锚固时，应另行计算。

11. 下表所列的构件，其钢筋可按表列系数调整人工、机械用量。

项　目	预制钢筋		现浇钢筋		构　筑　物			
系数范围	拱梯型屋架	托架梁	小型构件	小型池槽	烟　囱	水　塔	贮　仓	
							矩　形	圆　形
人工、机械调整系数	1.16	1.05	2	2.25	1.7	1.7	1.25	1.50

三、混凝土

1. 混凝土的工作内容包括：筛砂子、筛洗石子、后台运输、搅拌，前台运输、清理、润湿模板、浇灌、捣固、养护。

2. 毛石混凝土，系按毛石占混凝土体积20%计算的。如设计要求不同时，可以换算。

3. 小型混凝土构件，系指每件体积在0.05m^3以内的未列出定额项目的构件。

4. 预制构件厂生产的构件，在混凝土定额项目中考虑了预制厂内构件运输、堆放、码垛、装车运出等的工作内容。

5. 构筑物混凝土按构件选用相应的定额项目。

6. 轻板框架的混凝土梅花柱按预制异型柱；叠合梁按预制异型梁；楼梯段和整间大楼板按相应预制构件定额项目计算。

7. 现浇钢筋混凝土柱、墙定额项目均按规范规定综合了底部灌注1:2水泥砂浆的用量。

8. 混凝土已按常用列出强度等级，如与设计要求不同时可以换算。

分项工程定额表头说明和表格形式

现浇混凝土模板

基　　础

工作内容：1. 木模板制作。

2. 模板安装、拆除、整理堆放及场内外运输。

3. 清理模板粘结物及模内杂物、刷隔离漆等。

计量单位：100m²

定额编号			5-1	5-2	5-3	5-4
项目		单位	带形基础			
			毛石混凝土			
			组合钢模板		复合木模板	
			钢支撑	木支撑	钢支撑	木支撑
人工	综合工日	工日	27.38	27.38	23.47	23.47
材料	组合钢模板	kg	63.38	63.38	0.92	0.92
	复合木模板	m²	—	—	2.06	2.06
	模板板方材	m³	0.145	0.145	0.145	0.145
	支撑钢管及扣件	kg	19.10	—	19.10	—
	支撑方木	m³	0.185	0.607	0.185	0.607
	零星卡具	kg	30.41	22.70	30.41	21.77
	铁钉	kg	9.61	21.77	9.61	21.77
	镀锌铁丝 8#	kg	36.00	—	36.00	—
	铁件	kg	31.13	—	31.13	—
	尼龙帽	个	139	—	139	—
	草板纸 80#	张	30.00	30.00	30.00	10.00
	隔离剂	kg	10.00	10.00	10.00	10.00
	水泥砂浆 1:2	m³	0.012	0.012	0.012	0.012
	镀锌铁丝 223	kg	0.18	0.18	0.18	0.18
机械	载重汽车 6t	台班	0.25	0.27	0.25	0.27
	汽车式起重机 5t 以内	台班	0.12	0.04	0.12	0.04
	木工圆锯机 500mm 以内	台班	0.03	0.04	0.03	0.04

附 录 部 分

说明：

一、各种配合比是根据现行规范、标准编制的，作为确定定额消耗量的基础。由于材质或已有现行地区标准与定额不同，可以进行调整。

二、配合比制作未包括人工和机械用量。

三、配合比材料用量，均以凝固后的密实体积计算。配置损耗已计入材料用量中。

四、砂取用干燥状态下的净砂。

附录一　混凝土配合比表（略）

附录二　耐酸、防腐及特种砂浆、混凝土配合比表（略）

附录三　抹灰砂浆配合比表（略）

附录四　砌筑砂浆配合比表（略）

六、建筑工程预算定额手册的应用

预算定额是编制施工图预算、确定工程造价的主要依据。因此，预算人员必须熟练而准确地使用预算定额。

（一）预算定额的直接套用

在应用预算定额时，要认真阅读定额总说明，分部工程说明，定额的适用范围，定额已考虑和未考虑的因素以及附注说明等。要根据施工图纸及其作法说明计算分部分项工程量，选相应的定额项目，不漏项、不重项、不错项。项目的工程量计算单位要与定额项目一致。要明确定额中的用语和符号的含义。如定额中，凡注有“以内”、“以下”者，均包括其本身在内，而“以外”、“以上”者，均不包括本身在内。又如定额中，凡有“( )”的均未计算价格，发生时可按本地、市的材料预算价格，列入定额基价中。

（二）预算定额的换算

若设计要求与定额的工程内容、材料规格、施工方法等条件不完全相符时，则不可直接套用定额。定额规定允许换算时，要进行换算。

定额换算，是以某分项定额为基础进行局部调整。如以下几种情况：

1. 混凝土强度和砂浆强度等级的换算

如果设计要求与定额规定的强度等级或配合比不同时，预算定额基价需要经过换算才可套用，其换算公式如下：

$$\begin{matrix}\text{换算后的}\\\text{定额基价}\end{matrix}=\begin{matrix}\text{换算前的}\\\text{定额基价}\end{matrix}\pm\left[\begin{matrix}\text{应换算混凝土（或砂浆）}\\\text{定额用量}\end{matrix}\times\begin{matrix}\text{不同强度等级的混凝土}\\\text{（或砂浆）单价差}\end{matrix}\right]\qquad(3\text{-}1)$$

式中正负号的规定：当设计要求的混凝土（或砂浆）强度等级高于定额子目中取定的混凝土（或砂浆）强度等级时，则取正值；反之取负值。

如果定额基价用不完全价格（即换算前的基价）来表示，其换算方法可用下式表示：

$$\begin{matrix}\text{换算后的}\\\text{定额基价}\end{matrix}=\begin{matrix}\text{定额不完}\\\text{全价格}\end{matrix}+\begin{matrix}\text{应补充混凝土}\\\text{（或砂浆）定额用量}\end{matrix}\times\begin{matrix}\text{相应混凝土（或砂浆）强度}\\\text{等级预算单价}\end{matrix}\qquad(3\text{-}2)$$

【例 3-1】 试求 100m² M2.5 混合砂浆一砖内墙的定额基价（采用 1999 年陕西省建筑工程综合概预算定额）。

【解】 查 1999 年《陕西省建筑工程综合概预算定额》第三章第一节砌砖定额项目表 3-1。

定额编号 3-4，计量单位 100m²

定额不完全价格 = 3195.77 元/100m²

应补充砂浆定额用量 = 5.40m³

M2.5 混合砂浆单价 = 86.82 元/m³（查表 3-2）

则　　3-4 换 = 3195.77 + 5.40 × 86.82 = 3664.60 元/100m²

其中　人工费 = 783.76 元/100m²

材料费 = 2287.39 + 5.40 × 86.82 = 2756.22 元/100m²

机械费 = 124.62 元/100m²

2. 定额按说明的有关规定进行换算

定额总说明及分部说明统一规定中，规定了当设计项目与定额规定内容不符时，定额基价需要换算，如定额乘系数的换算等。

（三）预算定额的补充

当分项工程的设计要求与定额条件完全不相符时或者由于设计采用新结构、新材料及新工艺施工方法，在预算定额中没有这类项目，属于定额缺项时，可编制补充预算定额。

砌砖内墙（单位：$100m^2$）　　**表 3-1**

定额编号			3-2	3-3	3-4	3-5	3-6
项目			砖内墙				
			$\frac{1}{2}$砖	$\frac{3}{4}$砖	1砖	$1\frac{1}{2}$砖	2砖
基价（元）			1647.21	2556.67	3195.77	489.85	6551.55
其中	人工费（元）		470.38	717.96	783.76	1158.48	1538.69
	材料费（元）		1119.59	1746.82	2287.39	3544.98	4751.56
	机械费（元）		57.24	91.89	124.62	193.39	261.30
名称	单位	单价	数量				
人工工日	工日	20.31	23.16	35.35	38.59	57.04	75.76
M5混合砂浆	m^3	—	(2.243)	(3.834)	(5.40)	(8.76)	(12.005)
机制红砖	千块	142.00	6.487	9.918	12.754	19.528	26.014
硅酸盐水泥425#	kg	0.26	449.00	767.00	1080.00	1752.00	2401.00
净砂	m^3	25.00	2.29	3.91	5.51	8.94	12.25
石灰膏	kg	0.09	224.00	383.00	540.00	876.00	1200.00
水	m^3	1.24	3.46	5.50	7.40	11.41	15.37

砌筑混合砂浆单价表　　**表 3-2**

项目	单位	单价	混合砂浆								
			砂浆标号								
			M2.5		M5		M7.5		M10		M15
基价	元		82.22	86.82	83.9	86.82	96.98	87.58	105.1	99.68	114.16
325#水泥	kg	0.24	200		206		266		325		
425#水泥	kg	0.26		200		200		203		249	340
净砂	m^3	25.00	1.02	1.02	1.02	1.02	1.01	1.03	0.98	1.02	0.98
石灰膏	kg	0.09	1.00	100	96	100	84	97	25	101	10
水	m^3	1.24	0.26	0.26	0.26	0.26	0.27	0.26	0.28	0.28	0.29

第二节　消耗量指标的确定

一、人工消耗量指标的确定

预算定额中人工消耗量指标包括完成该分项工程必须的各种用工量。

(一) 人工消耗量指标内容

1. 基本工消耗量

指完成一定计量单位分项工程或结构构件所必须的主要用工量。例如，各种墙体工程中的砌砖，调制砂浆以及运输砖和砂浆的用工量。预算定额是综合性定额，包括的工程内容较多，工效也不一样。例如，在墙体工程中的门窗洞口，墙心烟囱孔等，需要另外增加用工量，这种综合在定额内的各种用工量也属于基本用工，单独计算后加入基本用工中去。其计算方式为：

$$基本工消耗量 = \Sigma（综合取定工程量 \times 时间定额） \quad (3\text{-}3)$$

2. 其它工消耗量

指劳动定额内没有包括而在预算定额内又必须考虑的工时消耗。包括：超运距用工、辅助用工和人工幅度差。

(1) 超运距用工：是指预算定额中取定的材料、半成品等运输距离超过劳动定额所规定的运输距离，而需增加的工日数。一般可按下式计算：

$$超运距用工量 = \Sigma（超运距材料数量 \times 时间定额） \quad (3\text{-}4)$$

其中，$$超运距 = 预算定额规定的运距 - 劳动定额规定的运距 \quad (3\text{-}5)$$

(2) 辅助用工：是指技术工种劳动定额内不包括而在预算定额内又必须考虑的工时。例如，砌砖工程需筛砂、淋石灰膏等增加的用工数量。可按下式计算：

$$辅助用工量 = \Sigma（加工材料数量 \times 时间定额） \quad (3\text{-}6)$$

(3) 人工幅度差：指在劳动定额作业时间之外，在预算定额应考虑的在正常施工条件下所发生的各种工时损失。内容如下：

1) 各工种间的工序搭接及交叉作业互相配合所发生的停歇用工；

2) 施工机械在单位工程之间转移及临时水电线路移动所造成的停工；

3) 质量检查和隐蔽工程验收工作的影响；

4) 工序交接时对前一工序不可避免的修整用工；

5) 细小的难以测定的不可避免的工序和零星用工所需的时间等。

可按下式计算：

$$人工幅度差 = （基本用工 + 超运距用工 + 辅助用工）\times 人工幅度差系数 \quad (3\text{-}7)$$

人工幅度差系数在现行的国家统一建筑安装工程劳动定额规定，一般取值范围为 10% - 15%。

(二) 人工消耗量指标的平均工资等级系数和平均工资等级的确定

工资等级系数就是表示各级工人工资标准的比例关系，通常以一级工工资标准与另一级工人工资标准的比例关系来表示。

在编制预算定额时，人工消耗量指标的工资等级，是按工人平均工资等级表示的。为了准确求出预算定额用工的平均工资等级，必须用加权平均方法计算。

(1) 计算基本工的平均工资等级系数和工资等级总系数。现行全国统一劳动定额对劳动小组的成员、人数、技工和普工的平均技术等级都做了规定。应根据这些数据和工资等级系数表，用加权平均方法计算小组成员的平均工资等级系数和工资等级总系数。计算公式如下：

$$\text{劳动小组成员平均工资等级系数}=\frac{\sum(\text{某技术等级工人数}\times\text{相应等级工资系数})}{\text{劳动小组成员总数}} \tag{3-8}$$

$$\text{基本工工资等级总系数}=\text{基本工用量}\times\text{劳动小组成员平均工资等级系数} \tag{3-9}$$

砖砌体劳动定额规定：

技工　　10 人　　平均等级　　4.4 级

普工　　12 人　　平均等级　　3.3 级

基本用工量　　　8.76

查《工资等级系数表》：

4.4 级工资等级系数　1.800

3.3 级工资等级系数　1.500

砖砌体基本工平均工资等级系数为：$(1.8\times10+1.5\times12)\div22=1.636$

基本工工资等级总系数为：$8.76\times1.636=14.330$

(2) 辅助用工、超运距用工平均工资等级系数和工资等级总系数。计算公式如下：

$$\text{辅助用工等级总系数}=\text{辅助用工量}\times\text{辅助用工平均等级系数} \tag{3-10}$$

$$\text{超运距用工等级总系数}=\text{超运距用工量}\times\text{超运距用工平均等级系数} \tag{3-11}$$

(3) 人工幅度差平均工资等级系数和工资等级总系数。人工幅度差平均工资等级系数是基本工、辅助用工、超运距用工工资等级系数的平均值。

(4) 预算定额人工消耗量指标平均工资等级的确定：

$$\text{平均工资等级系数}=\text{各种用工等级总系数}\div\text{各种用工工日总和} \tag{3-12}$$

二、材料消耗量指标的确定

材料消耗量是指在正常施工条件下，完成单位合格产品所必须消耗的各种材料、成品、半成品的数量标准。材料消耗定额中有主要材料、次要材料和周转性材料，主要材料消耗量计算方法主要有观察法、试验法、统计法和计算法四种。

（一）主要材料消耗量指标的确定

确定预算定额主要材料消耗量指标，应根据各分项工程的特点和相应的方法综合地进行计算，即一个分项工程的主要材料消耗量指标往往要用几种方法同时进行计算。例如，砌筑砖墙工程的主要材料用量，既要用图纸进行现场测算，又要采用理论计算公式。

例如计算每 m^3 一砖外墙用砖量和砂浆量的理论计算值。砖损耗率为 1%，砂浆损耗率为 1%

$$\begin{aligned}\text{砖净用量}&=\frac{\text{墙厚砖数}\times2}{\text{墙厚}\times(\text{砖长}+\text{灰缝})\times(\text{砖长}+\text{灰缝})}\\&=\frac{1\times2}{0.24\times(0.24+0.01)\times(0.053+0.01)}\\&=529\text{ 块}\end{aligned}$$

$$\text{砖消耗量}=529\times(1+1\%)=534\text{ 块}$$

$$\begin{aligned}\text{砂浆消耗量}&=(1-\text{砖数}\times\text{每块砖体积})\times(1+\text{损耗率})\\&=(1-529\times0.24\times0.115\times0.053)\times(1+1\%)\\&=0.226\times1.01\%\\&=0.228m^3\end{aligned}$$

以上计算中，砖和砂浆净用量只是理论计算用量，而材料实际净用量按照预算定额的工程量计算规则，在测算砖砌体时应扣除门窗洞口、过人洞、空圈、嵌入墙身的钢筋混凝土柱、梁、砖平碹、平砌砖过梁和暖气包壁龛，不扣除梁头、板头、檩头、垫木、木楞头、沿椽木、木砖、门窗走头，砖墙内的加固钢筋、木筋、铁件、钢管及每个面积在 $0.3m^2$ 以下的孔洞等所占的体积，突出墙面的窗台虎头砖、压顶线、山墙泛水、烟囱根、门窗套及三皮砖以内的腰线和挑檐等体积亦不增加。因此，测算出的砖和砂浆的实际净用量并不等于理论计算的净用量。预算定额主要材料消耗指标计算公式应该用下式表示：

$$\text{主要材料消耗指标} = \text{材料实际净用量} + \text{材料损耗量} \tag{3-13}$$

$$\text{材料实际净用量} = \text{理论计算材料净用量} - \text{测算工程量时应扣除材料用量} \tag{3-14}$$

例如陕西省建筑工程综合概算定额（1999 年）砖外墙以 $100m^2$ 为计量单位，一砖外墙预算定额用量为：机制红砖 12.754 千块，砂浆 $5.4m^3$。

材料损耗量，指在正常施工条件下不可避免的材料损耗，如现场内材料运输损耗及施工操作过程中的损耗等。其计算公式如下：

$$\text{损耗率} = \frac{\text{损耗量}}{\text{总消耗量}} \times 100\% \tag{3-15}$$

$$\text{总消耗量} = \text{净用量} + \text{损耗量} \tag{3-16}$$

为简化计算，通常以损耗量与净用量的比作为损耗率。即：

$$\text{损耗率} = \frac{\text{损耗量}}{\text{总消耗量}} \times 100\% \tag{3-17}$$

$$\text{总消耗量} = \text{净用量} \times (1 + \text{损耗率}) \tag{3-18}$$

（二）次要材料消耗指标的确定

次要材料是构成工程实体除主要材料外的其他材料。如垫木钉子、铅丝等。而预算定额的材料消耗量，是以主要材料为主列出的，次要材料不一一列出，采用估算等方法计算其使用量，将此类材料综合为其他材料费以“元”为计量单位来表示。计算各定额子目的其他材料费时，应首先列出次要材料的内容和消耗量，然后分别乘以材料的预算单价，其计算式可用下式表示：

$$\text{其他材料费} = \sum [\text{材料净用量} \times (1 + \text{损耗率}) \times \text{材料预算价格}] \tag{3-19}$$

（三）周转性材料消耗量的确定

周转性材料是指施工过程中多次使用周转的工具性材料。如脚手架、模板等。周转性材料多次使用，用摊销的方法计算。因此，周转性材料消耗指标均为多次使用并已扣除回收折价的一次摊销的数量。其消耗量指标有二：一是一次使用量；二是摊销量。

下面以模板为例，介绍其计算式：

1．现浇钢筋混凝土结构模板摊销量

每 m^3 混凝土的模板一次使用量

$= m^3$ 混凝土接触面积（m^2）× 每 m^2 接触面积模板用量 ×（1 + 损耗率）

$$= \text{周转使用量} \times 1/K_1 \tag{3-20}$$

$$\text{摊销量} = \text{一次使用量} \times K_2 \tag{3-21}$$

式中 K_1——周转使用系数

K_2——摊销量系数

$$K_1=\frac{1+（周转次数-1）\times 损耗率}{周转次数}$$

$$K_2=K_1-\frac{（1-损耗率）\times 回收折价率}{周转次数\times（1+施工管理费率）}$$

$$回收量=一次使用量\times\frac{1-损耗率}{周转次数}$$

损耗率（补损率）：周转材料在第二次和以后各次周转中，为了补充难以避免的损耗所需的补充量。其损耗量大小主要取决于材料的拆除、运输和堆放的方法和条件，还随周转次数的增多而加大。在一般情况下，采用平均补损率来表示。

周转次数：周转材料重复使用的次数。可用统计法或观测法来确定。

周转使用量：每周转一次的平均使用量。

回收量：为每周转一次，平均可回收的量。

2. 预制混凝土构件模板用量

预制混凝土构件模板消耗量指标计算时，不考虑损耗率，按多次使用，平均分摊的办法计算。即：

$$摊销量=\frac{一次使用量}{周转次数} \tag{3-22}$$

3. 摊销量的简化计算

模板摊销量不分现浇和预制，损耗率均按一个总损耗率。计算式为：

$$摊销量=\frac{一次使用量\times（1+损耗率）}{周转次数} \tag{3-23}$$

三、机械台班消耗指标的确定

机械台班消耗定额是指合理使用机械和合理施工组织条件下，完成单位合格产品所必须消耗的机械台班数量的标准。预算定额中的机械台班消耗量定额是以台班为单位计算的。

（一）编制依据

定额的机械化水平，应以多数施工企业采用和已推广的先进方法为标准。

确定预算定额中施工机械台班消耗指标，应根据现行全国统一劳动定额中各种机械施工项目所规定的台班产量进行计算。

（二）机械幅度差

机械幅度差是指在劳动定额规定范围内没有包括而机械在合理的施工组织条件下所必须的停歇时间。包括以下内容：

（1）施工中机械转移及配套机械互相影响损失的时间；

（2）机械临时性维修和小修引起的停歇时间；

（3）机械的偶然性停歇，如临时停水、停电所引起的工作间歇；

（4）施工结尾工作量不饱满所损失的时间；

（5）工程质量检查影响机械工作损失的时间；

(6) 配合机械施工的工人，在人工幅度差范围以内的工作间歇影响的机械操作时间。

在计算预算定额机械台班消耗指标时，施工机械幅度差通常以系数表示。例如大型机械的机械幅度差：土方机械为 1.25，吊装机械为 1.3，打桩机械为 1.33 等。

(三) 预算定额中机械台班消耗指标的计算方法

1. 大型机械施工的土石方、打桩、构件吊装及运输等项目。

大型机械台班消耗量是按劳动定额或施工定额中机械台班产量加机械幅度差计算的。即：

$$\frac{\text{预算定额}}{\text{机械耗用台班}} = \frac{\text{劳动定额}}{\text{机械耗用台班}} \times \left(1 + \frac{\text{机械幅}}{\text{度差率}}\right) \tag{3-24}$$

2. 按操作小组配用机械台班消耗指标

混凝土搅拌机、卷扬机等中小型机械由于是按小组配用，应以综合取定的小组产量计算台班消耗量，不考虑机械幅度差。

$$\text{机械台班消耗指标} = \frac{\text{分项定额的计算单位值}}{\text{小组总产量}}$$

$$= \frac{\text{分项定额的计算单位值}}{\text{小组总人数} \times \sum(\text{分项计算取定比重} \times \text{劳动定额每工综合产量})} \tag{3-25}$$

【例 3-2】 一砖外墙假设一台塔吊配合一个砖工小组施工，综合取定双面清水墙占 20%，单面清水墙占 40%，混水墙占 40%，砖工小组由 22 人组成，计算每 $10m^3$ 一砖外墙砌体所需塔吊台班指标。

【解】 查劳动定额综合（塔吊）产量定额分别为 $1.01m^3$/工日，$1.04m^3$/工日，$1.19m^3$/工日。因此

$$\text{小组总产量} = 22 \times (0.2 \times 1.01 + 0.4 \times 1.04 + 0.4 \times 1.19)$$
$$= 22 \times 1.094 = 24.07\ (m^3)$$

$$\text{塔吊台班消耗量} = \frac{10}{24.07} = 0.42\ (\text{台班}/10m^3\ \text{砌体})$$

【例 3-3】 砖基础每 $10m^3$ 砌体需水泥砂浆 $2.36m^3$，砂浆搅拌机台班产量为 $8m^3$，计算每 $10m^3$ 砖基础所需搅拌机的台班消耗量。

【解】 $\text{砂浆搅拌机台班消耗量} = \frac{2.36}{8} = 0.295\ (\text{台班}/10m^3\ \text{砌体})$

有些地区，混凝土搅拌机等中小型机械，不列入预算定额机械台班消耗指标内，而以“中小型机械费”列入预算定额其它直接费用项目内，按建筑面积计算其费用，并入直接工程费。但有的地区，把中小型机械与大型机械台班消耗指标同时列入定额项目表内。

第三节 定额日工资标准的确定

预算定额基价中定额日工资标准，是指一个建筑安装工人一个工作日在预算中应计入的全部人工费用。它基本上反映了建筑安装工人的工资水平和一个工人在一个工作日中可以得到的报酬。

按照现行规定其内容组成见表 3-3。

人工单价组成内容 表3-3

工资	岗位工资
	技能工资
	年工工资
工资性津贴	交通补贴
	流动施工津贴
	房补
	工资附加
	地区津贴
	物价补贴
辅助工资	
劳保福利费	劳动保护
	书报费
	洗理费
	取暖费

一、建筑安装工人工资等级系数

工资等级系数就是表示各级工人基本工资标准的比例关系，通常以一级工基本工资标准。与另一级工人基本工资标准的比例关系来表示。

我国建筑安装企业工人的工资等级，是根据建筑安装工人的操作技术水平确定的。工人岗位工资标准设计8个岗次（见表3-4）。技能工资分初级工、中级工、高级工、技师和高级技师五类工资标准的26档。

全民所有制大中型建筑安装企业工人岗位工资参考标准 表3-4

（六类地区）

岗次	1	2	3	4	5	6	7	8
标准一	119	102	86	71	58	48	39	32
标准二	125	107	90	75	62	51	42	34
标准三	131	113	96	80	66	55	45	36
标准四	144	124	105	88	72	59	48	38
适用岗位								

在编制预算定额时，人工的工资等级是按工人的平均工资等级表示的。这个平均工资等级并不恰好就是1~8级的某一级，而是介于两个等级之间其级差为0.1级的某一等级。为了便于计算人工费和编制单位估计表，需要用插入法计算出级差为0.1级的建筑安装工人工资等级系数表。（见表3-5）。其计算公式如下：

$$B = A + (C - A) \times d \tag{3-36}$$

式中 B——介于两个等级之间级差为0.1级的某工资等级系数；

A——与B相邻而较低的那一级工资等级系数；

C——与 B 相邻而较高的那一级工资等级系数；

d——介于两个工资等级之间的级差为 0.1 级的各种等级，如 0.1、0.2、0.3、0.4、……、0 .9。

【例 3-4】 试计算六类工资区 4.4 级工的工资等级系数 。

【解】 查表 3-5

4 级工工资等级系数为 1.684

5 级工工资等级系数为：

$B = 1.684 + (1.974 - 1.684) \times 0.4 = 1.800$

建筑安装工人工资等级系数表（六类工资区） **表 3-5**

工资等级	1	2		3		4		5		6		7		8
	一	二	三	四	五	六	七	八	九	十	十一	十二	十三	十四	十五
工资等级系数	1.000	1.079	1.184	1.289	1.421	1.553	1.684	1.816	1.974	2.131	2.239	2.447	2.632	2.816	3.000

2．工人技术等级标准

这是反映各种工作所需要的技术要求和熟练程度，是衡量各项工作的技术等级和工人劳动技能的尺度，是考核工人技术等级和确定工资等级的重要依据。是对不同工种、等级的工人所应具备的理论知识和实际操作技能的具体规定。

【例 3-5】 劳动定额砖石工程小组成员技术等级是，技工七级 1 人，六级 1 人，五级 3 人，四级 2 人，三级 2 人，二级 1 人；普工五级 2 人，四级 2 人，三级 6 人，二级 2 人，计算平均技术等级。

【解】 砖石工程小组成员平均技术等级

$$= \frac{7 \times 1 + 6 \times 1 + 5 \times 5 + 4 \times 4 + 3 \times 8 + 2 \times 3}{22} = 3.8\ （等级）$$

二、预算定额日工资标准的计算

预算定额日工资标准，即预算定额中的人工工日单价，它的组成内容，在各部门、各地区并不完全相同，或多或少。但是都执行岗位技能工资制度，以便更好地体现按劳取酬和适应市场经济的需要。例西安地区为八类工资区，根据陕西省的特点，1999 年《陕西省建筑工程综合概预算定额》中，定额日工资标准包括：基本工资、工资性补贴、生产工人辅助工资、职工福利费、生产工人劳动保护费。

1．日基本工资的计算

各级工的月、日基本工资标准可用下式表示：

$$各级工月基本工资标准 = 一级工月基本工资标准 \times 相应工资等级系数$$

$$各级工日基本工资标准 = \frac{各级工月基本工资标准}{平均每月实际工作天数} \tag{3-27}$$

式中

$$平均每月实际工作天数 = \frac{国家规定全年应出勤天数}{12（个月）} \tag{3-28}$$

2．日附加工资和工资性补贴的计算

建筑安装工人附加工资和工资性补贴，均按各地区的现行有关规定和建筑企业的现行标准按月计算。同样，按平均每月实际工作天数计算出日附加工资和工资性补贴。

3. 预算定额人工费的计算

预算定额人工费等于相应人工消耗指标乘以定额日工资标准，可用下式表示

$$人工费 = 人工工日用量 \times 定额日工资标准 \tag{3-29}$$

三、影响人工费的因素

影响建筑安装工人人工费的因素很多，归纳起来有以下方面：

(1) 社会平均工资水平。建筑安装工人人工费必然和社会平均工资水平趋同。社会平均工资水平取决于经济发展水平。由于我国改革开放以来经济迅速增长，社会平均工资也有大幅增长，从而影响人工费的大幅提高。

(2) 生产费指数。生产费指数的提高会影响人工费的提高，以减少生活水平的下降，或维持原来的生活水平。生活消费指数的变动决定于物价的变动，尤其决定于生活消费品物价的变动。

(3) 人工费的组成内容。例如养老保险、失业保险、住房公积金等列入人工费，会使人工费提高。

(4) 劳动力市场供需变化。在劳动力市场如果需求大于供给，人工费就会提高；供给大于需求，市场竞争激烈，人工费就会下降。

(5) 政府推行的社会保障和福利政策也会影响人工费的变动。

第四节　材料预算价格的确定

材料预算价格是指材料由来源地或提货地点到达工地仓库或施工现场存放地点后的出库价格。

一、材料预算价格的组成

材料预算价格由材料原价、供销部门手续费、运输费、运输损耗、包装费、采购及保管费等组成。其计算公式是：

$$\begin{aligned}材料预算价格 = &（材料原价 + 供销部门手续费 + 包装费 + 运输费 + 运输损耗费）\\ &\times（1 + 采购保管费率）- 包装品回收价值\end{aligned} \tag{3-30}$$

二、材料预算价格的确定

（一）材料原价

材料原价是指生产或供应单位的材料销售价格。

同一种材料因来源地、供应单位或生产厂不同时，应根据供应数量比例，采用加权平均方法计算原价。

【例 3-6】　某地区某种材料有两个来源地。甲地供应量为 60%，原价为 1400 元/t；乙地供应量为 40%，原价为 1500 元/t。试计算该种材料的原价。

【解】　该种材料的原价为：

$$1400 \times 60\% + 1500 \times 40\% = 1440（元/t）$$

（二）材料供销部门手续费

基本建设所需要的建筑材料，大致有两种供应渠道，一种是从生产厂家直接采购，另一种是通过物资供销部门供应。材料供销部门手续费是指材料由于不能直接向生产单位采购订货，需经当地供销部门供应而支付的附加手续费。

供销部门手续费标准按物价部门批准的综合管理费标准计算。其计算公式如下：

$$供销部门手续费 = 材料原价 \times 供销部门手续费率 \times 由供应部门供应比重 \qquad (3\text{-}31)$$

不经物资供应部门而直接从生产单位采购的材料，不计算供销部门手续费。

供销部门手续费，各地区均参考国家经委规定的费率制定本地区使用的费率。目前，我国大部分地区执行国家经委规定的费率，金属材料2.5%，机电材料1.8%，木材3%，化工材料2%，轻工产品3%，建筑材料3%。

（三）材料包装费和回收价值

材料包装费，是指为了便于材料的运输或保护材料而进行包装所需要的一切费用。包装费应按照包装材料的出厂价格，包括费用和正常的折旧摊销计算。

凡由生产厂包装的材料，如油漆、玻璃、铁钉和袋装水泥等，其包装费已计入材料原价内，不再另行计算，但应计算包装材料的回收价值，并在材料预算价格中扣除。计算公式如下：

$$包装品回收价值 = \frac{包装品原值 \times 回收率 \times 回收价值率}{包装器材（品）标准容量} \qquad (3\text{-}32)$$

包装品的回收率和回收价值率，按各地区主管部门有关规定计算。地区无规定者，可根据实际情况，参照下列比率自行确定：

(1) 用木材制品包装者，以70%回收量，按包装材料原价的20%回收计算。

(2) 用铁皮、铁丝制品包装者，铁桶以95%、铁皮以50%，铁丝以20%的回收量，按包装材料原价的50%计算。

(3) 用纸皮、纤维品包装者，以50%的回收量，按包装材料原价的50%计算。

(4) 用草绳、草袋制品包装者，不计算回收价值。

【例3-7】 每吨水泥用纤维袋20个，每个纤维袋为0.8元，计算包装品回收价值（假设纤维袋回收率为50%，回收价值率为50%）。

【解】 $$包装品回收价值 = \frac{0.8 \times 50\% \times 50\% \times 20}{1} = 4（元/t）$$

材料由采购单位自备包装品（或容器），如麻袋、木箱、铁桶等，其包装费应按使用次数分摊计算，并计入材料预算价格中。计算公式如下：

$$包装费 = \frac{包装品原值 \times （1 - 回收率 \times 回收价值率）+ 使用期维修费}{周转使用次数 \times 包装品标准容量} \qquad (3\text{-}33)$$

使用期维修费 = 包装品原价 × 使用期维修费率

一般纸质、棉、麻材料不计算维修费，金属材料应计算维修费，其维修费率可按75%计算。周转使用次数可按有关规定计算。

【例3-8】 设圆木用铁路运输，每个车皮可装30m^3，每个车皮包装用立柱10根，每根单价5元，铁丝10kg/车皮，单价为3.4元/kg。而圆木的原价中没有包括包装费，试计算每m^3圆木包括材料原值，立柱和铁丝回收价值和整个包装费。（立柱回收率70%，回收价值率20%，铁丝回收率20%，回收价值率50%）

【解】 $$每立方米圆木包装材料原值 = \frac{10 \times 5 + 10 \times 3.4}{30} = 2.8（元/m^3）$$

$$立柱包装费 = \frac{5 \times 10 \times （1 - 70\% \times 20\%）}{1 \times 30} = 1.43（元/m^3）$$

$$铁丝包装费 = \frac{10 \times 3.4 \times (1 - 20\% \times 50\%)}{1 \times 30} = 1.02（元/m^3）$$

$$立柱回收价值 = \frac{5 \times 10 \times 70\% \times 20\%}{30} = 0.23（元/m^3）$$

$$铁丝回收价值 = \frac{3.4 \times 10 \times 20\% \times 50\%}{30} = 0.11（元/m^3）$$

（四）材料运输费

材料运输费是指材料由来源地或交货地运到施工工地仓库，材料全部运输过程中发生的一切费用。包括车、船运输费、调车费、驳船费、装卸费、入库费以及附加工作费等费用。

材料的运输费通常由外埠运费和市内运费两段分别计算。

1. 外埠运费

外埠运费包括材料由来源地或交货地运至本市材料仓库或提货站的全部费用，包括调车费、驳船费、车船运输费、装卸费以及入库费等。

其运费的计算，一般根据工程材料需用量，参考历年物资实际来源地及材料数量，测算出合理的运输里程，确定出运输方式。再根据铁道、交通等主管部门规定的运价，采用加权平均的方法计算出各种材料的运输费用。

材料平均运费的计算公式：

$$T = \frac{K_1 T_1 + K_2 T_2 + \cdots\cdots + K_n T_n}{K_1 + K_2 + \cdots + K_n} \tag{3-34}$$

式中 T——表示某种材料平均运费

K_1，K_2，……K_n——表示同一种材料不同来源地供应数量

T_1，T_2，……T_n——表示同一种材料不同来源地的运输费

【例 3-9】 保定某建筑工地需一批 425 # 普通硅酸盐水泥，确定出邯郸水泥厂供应 30%，唐山水泥厂供应 50%，琉璃河水泥厂供应 20%，火车运输，铁路运价规定：邯郸 ⟶保定 283km，每吨水泥运费 46 元，唐山⟶保定 370km，每吨水泥运费 60 元，琉璃河⟶保定 130km，每吨水泥运费 22 元，试计算每吨水泥平均运费。

【解】 $$每吨水泥平均运费 = \frac{46 \times 30\% + 60 \times 50\% + 22 \times 20\%}{30\% + 50\% + 20\%} = 43.8（元）$$

2. 市内运费

市内运费是指材料从本市仓库或提货站运至施工工地仓库的全部费用，包括出库费、装卸费和运输费。不包括从工地仓库或堆放场地运到施工地点的运输费和二次搬运费。

市内运费的计算，是根据材料预算价格编制期内施工任务分布状况，以及与其相应的物资来源地点及供应的比例、运输里程、运输方式及货物运价等有关规定，采用加权平均计算。一般可按工程投资额、建筑物面积、建筑材料概算用量三个方面加权平均计算。

中心仓库至建筑群或区域的平均运输距离可按以下公式计算：

$$P = \frac{K_1 P_1 + K_2 P_2 + \cdots + K_n P_n}{K_1 + K_2 + \cdots + K_n} \tag{3-35}$$

式中 P——表示材料平均运输距离；

K_1，K_2，……K_n——表示各建筑群和区域材料的需要量；

P_1，P_2，……P_n——表示不同使用地点相应材料需要量的运输距离（同一运输方式）。

【例 3-10】 某市中心仓库，经测算至甲、乙、丙三个开发区小区中心距离及各小区建筑材料及物资需要量比例如下：甲区 5km，物资需要量为 40%，乙区 10km，物资需要量 30%；丙区 13km，物资需要量 30%。求中心仓库至工地仓库的市内运输距离。

【解】 市内平均运距为 $5\times40\%+10\times30\%+13\times30\%=8.9$（km）

（五）运输损耗费

运输损耗费又叫材料运输途中损耗费，是指材料到达施工现场仓库或堆放地点之前的全部运输过程中所发生的合理损耗。

材料运输损耗费计算有两种方法：

1. 按运输损耗率计取

材料运输损耗费 = 场外运输损耗量 × 材料到仓库的价格

式中：场外运输损耗量：

（1）主要建筑材料：

$$\text{场外运输损耗量}=\text{材料净用量}\times\left(\frac{1}{1-\text{损耗率}}-1\right) \tag{3-36}$$

（2）主要建筑安装材料、成品、半成品：

$$\text{场外运输损耗量}=\text{材料净用量}\times\text{损耗率} \tag{3-37}$$

材料净用量是指计划采购量。

材料到仓库的价格，包括原价、供销部门手续费、包装费、运输费，但不包括采购保管费。

2. 按预算价格的百分比计取

$$\text{场外运输损耗费}=\text{材料预算单价}\times\text{损耗率} \tag{3-38}$$

主要材料运输损耗率见表 3-6。

各类材料的运输损耗费 表 3-6

材料类别	损耗率（%）
机红砖、空心砖、砂、水泥、陶粒、耐火土、水泥地面砖、白瓷砖、卫生洁具、玻璃灯罩	1
机制瓦、脊瓦、水泥瓦	4
石棉瓦、石子、黄土、耐火砖、玻璃、色石子、大理石板、水磨石板、混凝土管、缸瓦管	0.5
砌块	1.5

（六）采购及保管费

材料采购及保管费是指施工企业的材料供应部门，在组织材料采购、供应和保管过程中所发生的各项必要费用。包括：采购及保管部门的人员工资、管理费、工地材料仓库的保管费、货物过秤及材料在运输及储存中的损耗费用等等。采购及保管费一般按材料到库价格的比率取定，如某市费率为 2.4%。其中：采购费占 40%，仓储费占 20%，工地保管费占 20%，仓储损耗占 20%。

材料采购保管费＝（材料原价＋供销部门手续费＋包装费＋运输损耗费＋运输费）×采购保管费率 (3-39)

（七）材料预算价格的计算公式

材料预算价格＝［原价×（1＋供销部门手续费率）＋包装费＋运杂费＋运输损耗费］×（1＋采购保管费率）－包装品回收价值 (3-40)

【例3-11】 计算某地区425＃普通硅酸盐水泥的预算价格。经调查后确定：供货厂家有三个，甲厂可以供货30%，出厂价144.00元/t；距市中心区运距为12.5km，乙厂可以供货40%，出厂价150.00元/t，距市中心运距为18km；丙厂可以供货30%，出厂价175.00元/t，距市中心区运距为24km，供销部门手续费率为3%，每吨水泥20袋，回收量率为50%，回收价价值率为50%，每个纸袋原价为0.80元，均采用汽车运输，运距15～20km，运费0.22元/t.km，装车费2.00元/t，卸车费1.5元/t。场外运输损耗率为0.5%，采购保管费率为2.5%.

【解】 (1) 524＃普通硅酸盐水泥原价＝Σ出厂价×供货比重

＝144.00×30%＋150×40%＋175×30%

＝155.7（元/t）

(2) 供销部门手续费＝综合平均原价×供销部门手续费率

＝155.7×3%

＝4.67（元/t）

(3) 包装费及包装品的回收价值

水泥采用纸袋包装，包装费已包括在材料原价内，不另计算，但包装品回收价值应在材料预算价格中扣除。

$$包装品的回收价值=\frac{包装材料原价\times回收量率\times回收价值率}{包装器材标准容重或重量}$$

$$=\frac{20\times0.80\times50\%\times50\%}{1}$$

$$=4（元/t）$$

(4) 运输费

$$平均运距=\sum\left(\begin{matrix}货原地至编制材料\\预算价格点的运距\end{matrix}\times供货比重\right)$$

$$=12.5\times30\%+18\times40\%+24\times30\%$$

$$=18.15km \quad （取18km）$$

$$运输费=18\times0.22+2.00+1.5=7.46（元/t）$$

$$场外运输损耗费=材料到仓库的价格\times场外损耗率$$

$$=（155.7+4.67+7.46）\times0.5\%$$

$$=0.84（元/t）$$

(5) 采购保管费＝（原价＋供销部门手续费＋包装费＋运输费＋运输损耗费）×采购保管费率

＝（1.55.7＋4.67＋0＋7.46＋0.84）×2.5%

＝4.22（元/t）

(6) 425＃水泥材料预算价格

=（原价+供销部门手续费+包装费+运杂费+运输损耗费+采购保管费）

-包装品回收价值

=（155.7+4.67+0+7.46+0.84+4.22）-4.00 =168.89（元/t）

三、影响材料预算价格变动的因素

(1) 市场供需变化。材料原价是材料预算价格中最基本的组成。市场供大于求时，价格就会下降；反之，价格就会上升。从而也就影响材料预算的涨落。

(2) 材料生产成本的变动直接涉及材料预算价格的波动。

(3) 流通环节的多少和材料供应体制也会影响材料预算价格。

(4) 国际市场行情会对进口材料价格产生影响。

第五节 施工机械台班使用费的确定

施工机械使用费以“台班”为计量单位，机械台班使用费是指施工机械在一个台班中，为使机械正常运转所支出和分摊的各种费用之和。

机械台班费用是编制建筑安装工程概、预算定额的基础；是企业出租机械计取费的依据；同时也是施工企业进行经济核算的依据。

随着建筑工业化的发展，施工机械化水平逐年提高，施工机械使用费在工程造价中的比重也相应增加。因此正确地确定施工机械使用费，不仅能如实地确定工程的预算造价，而且也能促进加快建设速度，减轻劳动强度和尽快的发挥建设项目的投资效果。

施工机械使用费按因素性质可以分为两大类，即第一类费用和第二类费用。

一、第一类费用的组成及计算方法

这类费用不因施工地点、条件的不同而发生大的变化，是一种比较固定的费用，也把它称为不变费用。第一类费用包括：折旧费、大修理费、经常修理费、安拆费及场外运输费。

(一) 折旧费

机械台班折旧费，是指机械在规定的使用期限内陆续收回其原始价值的费用。计算公式如下：

$$台班折旧费=\frac{机械预算价格\times（1-机械残值率）\times贷款利息系数}{使用总台班} \tag{3-41}$$

1. 机械预算价格

机械预算价格，是指机械出厂（或到岸完税）价格。机械以交货地点或口岸运至使用单位机械管理部门的全部运杂费计算。

国产机械出厂价格（或销售价格）的收集途径：

(1) 全国施工机械展销会上各厂家的订货合同价；

(2) 全国有关机械生产厂家函询或面询的价格；

(3) 组织有关大中型施工企业提供当前购入机械的账面实际价格；

(4) 建设部价格信息网络中的本期价格。

根据上述资料列表对比分析，合理取定。对于少量无法取到实际价格的机械，可用同类机械或相近机械的价格采用内插法和比例法取定。

进口机械价格是依据外贸、海关等部门的现行规定及企业购置机械设备发票中外币值乘以当前的外币汇率计算。关税及增值税、外贸部门手续费、银行财务费按现行规定的标准计算。

2. 机械残值率

机械残值率是指施工机械报废时其回收的残余价值占机械原值（机械预算价格）的比率。残值率依据财政部、中国人民建设银行（93）财预字第6号《施工、房地产开发企业财务制度》第三十三条中规定，净残值率按照资产原值的3%～5%确定。《全国施工机械台班费用定额》是根据上述规定，结合施工机械残值回收实际情况，将各类施工机械残值率确定如下：

运输机械	2%	特大型机械	3%
中、小型机械	4%	掘进机械	5%

3. 贷款利息系数

为补偿企业贷款购置机械设备所支付的利息，从而合理反映资金的时间价值，以大于1的贷款利息系数，将贷款利息（单利）分摊在台班折旧费中。

$$贷款利息系数 = 1 + \frac{(n+1)}{2}i \tag{3-42}$$

4. 使用总台班

机械使用总台班也称为耐用总台班，是指机械在正常施工作业条件下，从投入使用起到报废止，按规定应达到的使用台班数。

机械耐用总台班即机械使用寿命，一般可分为机械技术使用寿命、经济使用寿命。

机械技术使用寿命：指机械在不实行总体更换的条件下，经过修理仍无法达到规定性能指标的使用期限。

机械经济使用寿命：是指从最佳经济效益的角度出发，机械使用投入费用最低时的使用期限。超过经济使用寿命的机械，虽仍可使用，但由于机械技术性能不良，完好率下降，燃料、润滑料消耗增加，生产效率降低，导致生产成本增高。

《全国统一施工机械台班费用定额》中的耐用总台班是以经济使用寿命为基础，并依据国家有关固定资产折旧年限规定，结合施工机械工作对象和环境以及年能达到的工作台班确定。

机械使用总台班的计算公式为：

$$使用总台班 = 年工作台班 \times 折旧年限$$

$$或使用总台班 = 大修间隔台班 \times 使用周期 \tag{3-43}$$

年工作台班是根据有关部门对各类机械最近3年的统计资料分析确定。

大修间隔台班是指机械自投入使用起至第一次大修止或自上一次大修后投入使用起至下一次大修止，应达到使用台班数。

使用周期是指机械正常的施工作业条件下，将其寿命期按规定的大修理次数划分为若干个周期。其计算公式：

$$使有周期 = 寿命期大修理次数 + 1 \tag{3-44}$$

（二）大修理费

大修理费是指当机械使用达到规定的大修间隔台班，为恢复机械使用功能，必须进行大修理时所需支出的修理费用。其计算公式：

$$台班大修理费=\frac{一次大修理费\times大修理次数}{使用总台班} \tag{3-45}$$

一次大修理费，按机械设备规定的大修理范围和工作内容，进行一次全面修理需消耗的工时、配件、辅助材料、油燃料以及送修运输等全部费用计算。

寿命期大修理次数：为恢复原机功能按规定在寿命内需要进行的大修理次数。

（三）经常修理费

经常修理费是指机械大修以外的临时修理和各级保养费用（包括：一、二、三级保养）；以及临时故障排除和机械停置期间的维护等所需各项费用；为保障机械正常运转所需替换设备，随机使用的工具、附具摊销和维护的费用；机械日常保养所需润滑擦拭材料费，即机械寿命期内上述各项费用之和。其计算公式为：

$$台班经常修理费=\frac{中修费+\sum（各级保养一次费用\times保养次数）+临时故障排除费}{大修理间隔台班}$$
$$+替换设备及工具附具台班摊销费$$
$$+润滑材料及擦拭材料费 \tag{3-46}$$

为简化计算，编制台班费用定额时也可采用下列公式：

$$台班经常修理费=台班大修费\times K \tag{3-47}$$

$$K=\frac{机械台班经常修理费}{机械台班大修理费} \tag{3-48}$$

(1) 各级保养一次费用。分别指机械在各个使用周期内为保证机械处于完好状况，必须按规定的各级保养间隔周期，保养范围和内容进行的一、二、三级保养或定期保养所消耗的工时、配件、辅料、油燃料等费用。

(2) 保养次数。分别指一、二、三级保养或定期保养在寿命期内各个使用周期中保养次数之和。

(3) 临时故障排除费。指机械除规定的大修理及各级保养以外，临时故障所需费用以及机械在工作日以外的保养维护所需润滑擦拭材料费，可按各级保养费用之和的3%计算。即：

$$机械临时故障排除费=\Sigma（各级保养一次费用\times保养次数）\times30\% \tag{3-49}$$

(4) 替换设备及工具、附具费。指轮胎、电缆、蓄电池、运输皮带、钢丝绳、胶皮管、履带板等消耗性设备和按规定随机配备的全套工作附具的台班摊销费用。其计算公式为：

$$\begin{matrix}替换设备及\\工具、附具费\end{matrix}=\sum\frac{某替换设备工具附具一次使用量\times预算单价\times（1-残值率）}{替换设备及工具、附具耐用台班} \tag{3-50}$$

(5) 润滑材料及擦拭材料费。即机械日常保养需润滑擦拭材料的费用。其计算公式为：

$$台班润滑及擦拭材料费=\Sigma（某润滑材料台班使用量\times相应单价） \tag{3-51}$$

$$某润滑材料台班使用量=\frac{一次使用量\times每个大修理间隔期平均加油次数}{大修理台班} \tag{3-52}$$

（四）安拆费及场外运输费

1. 安拆费

指机械在施工现场进行安装、拆卸所需的人工、材料、机械和试运转费用以及安装所需的辅助设施及其搭设、拆除的费用。其计算公式为：

$$台班安拆费=\frac{机械一次安拆费\times年平均安拆次数}{年工作台班}+台班辅助设施费 \quad (3\text{-}53)$$

$$台班辅助设施费=\sum\left[\frac{一次使用量\times预算单价\times（1-残值率）}{摊销台班数}\right) \quad (3\text{-}54)$$

2. 场外运输费

是指机械整体或分件自停放场地运至施工现场，或由一个工地运至另一个工地，运距在25km以内的机械进出场运输及转移费用（包括机械的装、卸、运输、辅助材料及架线费等）。其计算公式为：

$$场外运输费=\frac{（每次运输费+每次装卸费）\times年平均次数}{年工作台班} \quad (3\text{-}55)$$

二、第二类费用的组成及计算方法

这类费用常因施工地点和条件的不同而有较大的变化，也称可变费用。在施工机械台班定额中，是以每台班实物消耗量指标来表示的，包括机上人工费、燃料动力费、养路费及车船使用税。

（一）机上人工费

是指机上操作人员及随机人员的工资。它是按施工定额，不同类型机械使用性能配备的一定技术等级的机上人员的工资。

（二）燃料动力费

燃料动力费是指机械在运转或施工作业中所耗用的固体燃料（煤炭、木材）、液体燃料（汽油、柴油）、电力、水和风力等费用。其计算公式为：

$$台班燃料动力费=台班燃料动力消耗量\times相应单价 \quad (3\text{-}56)$$

（三）养路费及车船使用税

养路费及车船使用税指机械按照国家有关规定应交纳的养路费和车船使用税、按各省、自治区、直辖市规定标准计算后列入定额。其计算公式为：

$$养路费及车船使用税=载重量（或核定自重吨位）\times［养路费标准元/吨\cdot月\times12+车船使用税标准元/吨\cdot年］\div年工作台班 \quad (3\text{-}57)$$

三、影响机械台班单价变动的因素

（1）施工机械的价格。这是影响折旧费，从而也影响机械台班单价。

（2）机械使用年限。它不仅影响折旧费提取，也影响到大修理费和经常修理费的开支。

（3）机械的使用效率和管理水平。

（4）政府征收税费的规定等。

第六节　单位估价表的编制

单位估价表是确定定额单位建筑安装产品直接费用的文件。地区单位估价表又称地区单价表，它是以全国统一建筑安装工程预算定额或各地区建筑安装工程预算定额规定的人工、材料和施工机械台班消耗量，按各地区的工人工资标准、材料及机械台班预算价格算出的以货币形式表现的各分部分项工程和各种结构构件单价表。例如：确定每砌 $10m^3$ 砖基础，预算单价是1190.33元（陕西省建筑工程预算定额）。

一、单位估价表编制依据

地区单位估价表是确定本地区工程直接费的依据，是预算定额在该地区的具体化。各省、市、自治区编制地区统一单位估价表，一般是以本地区中心城市的有关资料为依据编制的。因为预算定额在某一地区是统一的，工资标准在一个地区内也是统一的，只是在材料预算价格水平上有些出入。在一个地区范围内，只要采取适当措施，就可以编制统一的地区单位估价表。

编制单位单估价表的主要依据是：

(1) 全国统一建筑安装工程预算定额，各省、市、自治区现行的预算定额等有关定额资料；

(2) 地区现行的日工资标准；

(3) 地区现行的材料预算价格；

(4) 地区现行的施工机械台班预算价格。

二、单位估价表的编制方法

(一) 单位估价表

1. 单位估价表的格式

如表3-7所示，它由表头和表身组成。表头包括：分项工程（结构构件）或设备名称，定额编号、工作内容和计量单位。表身包括：完成某建筑安装分项工程时，建筑安装工程预算定额规定的人工、材料和施工机械台班消耗量，以及相对应的日工资标准、材料预算价格和施工机械台班预算价格，还有定额项目的单位预算单价。

2. 编制方法

按规定表格填写好表头内容，从建筑安装工程预算定额中查出人工、材料、机械台班消耗量，再由地区人工、材料和施工机械台班预算单价，并按下式分别求出预算费用：

$$人工费 = 人工消耗指标 \times 人工日工资标准$$

$$材料费 = \Sigma（材料消耗指标 \times 材料预算价格）$$

$$机械费 = \Sigma（机械台班消耗指标 \times 机械台班预算价格）$$

将上述三项费用相加所得之和，就是单位估价中的基价（单价）。

$$基价 = 人工费 + 材料费 + 机械费 \tag{3-58}$$

单位估价表反映计算过程。

(二) 单位估价汇总表

单位估价汇总表是单位估价表的简化和综合形式。所谓单位估价汇总表就是将单位估价表中的分项工程的单价汇总在一个表格里。

1. 表格形式

单位估价汇总表的格式，如表3-8所示，它由表头和表身组成；表头包括：定额编号、项目名称、计量单位和预算单价，以及人工费、材料费和机械费等栏目。表身包括：完成某定额项目的预算单价数额，以及人工费、材料费和机械费。

2. 编制方法

将单位估价表内的人工费、材料费和机械费以及它们的总和定额项目预算单价，按定额项目一一填列到表格中，就得到单位估价汇总表。单位估价汇总表反映计算结果。

三、预算定额与单位估价表的区别与联系

预算定额是由国家或被授权单位确定的为完成一定计量单位分项工程所需的人工、材料和施工机械台班消耗量的标准。它是一种数量标准。

单位估价表是确定定额单位建筑产品直接费用的文件。它是一种货币指标。

也就是说，预算定额所确定的是人工、材料、施工机械台班消耗的数量，而单位估价表所确定的是人工费、材料费、施工机械台班费。

外墙单位估价表 **表 3-7**

工作内容：(略)

定额编号				79		80		81		82	
项目		单位	单价(元)	$1\frac{1}{2}$砖以上							
				混合砂浆							
				25#		50#		75#		100#	
				数量	合价	数量	合价	数量	合价	数量	合价
合计		元			924.30		942.04		957.50		972.39
其中	人工费	元	7.07	15.61	110.36	15.51	109.66	15.43	109.09	15.35	108.52
	材料费	元			762.46		780.90		812.39		812.39
	机械使用费	元			51.48		51.48		51.48		51.48
材料	普通砖	千块	110.27	5.234	577.15	5.234	577.15	5.234	577.15	5.234	577.15
	水泥 425#	kg	0.19	274	52.06	453	86.07	612	117.28	763	145.92
	砂	m^3	29.38	2.61	76.68	2.61	76.68	2.61	76.68	2.61	76.68
	石灰膏	m^3	118.19	0.47	55.55	0.34	40.19	0.22	26.00	0.10	0.82
	水		0.39	2.600	1.014	2.080	0.81	2.080	0.81	2.080	0.81
机械	灰浆搅拌机 200L 以内	台班	15.74	0.32	5.04	0.32	5.04	0.32	5.04	0.32	5.04
	塔式起重机	台班	103.21	0.45	46.45	0.45	46.45	0.45	46.45	0.45	46.45

建筑工程单位估价汇总表 **表 3-8**

序号	定额编号	项目	单位	单价(元)	其中		
					人工费(元)	材料费(元)	机械费(元)
……	……	……	……	……	……	……	……
××	79	25号混合砂浆 1/2 砖以上外墙	$10m^3$	924.30	110.36	762.46	51.48
××	80	50号混合砂浆 1/2 砖以上外墙	$10m^3$	924.04	109.66	780.90	51.48
××	81	75号混合砂浆 1/2 砖以上外墙	$10m^3$	957.50	109.09	796.93	51.48
××	81	100号混合砂浆 1/2 砖以上外墙	$10m^3$	972.49	108.52	812.30	51.48
……	……	……	……	……	……	……	……

第四章 概算定额与概算指标

第一节 概 算 定 额

建筑工程概算定额亦称扩大结构定额，它是在预算定额的基础上，根据通用图和标准图等资料，以主要工序为主综合相关工序适当扩大编制而成的扩大定额，是按主要分项工程规定的计量单位及综合相关工序的人工、材料和机械台班的消耗标准。

例如，挖地槽、砖基础、防潮层、回填土、外运土等，在预算定额中分别为五个分项工程；而在概算定额中，则以砖基础为主要工程内容，将这五个施工顺序相衔接且关联性较强的分项工程合并成一个扩大分项工程——砖基础。又如砖内墙概算定额中，适当地合并了与主要工程内容砖内墙相关的砖砌内墙、门窗过梁、墙体加筋、内墙抹灰、内墙喷大白等五个分项工程，综合扩大为一个扩大分项工程——砖内墙。所以，概算定额比预算定额更综合更扩大。

为适应建筑业和基本建筑管理体制改革的需要，国家计委、建设银行总行在（1985）325号文件中指出，概算定额和概算指标由有关部门、省、市、自治区在预算定额的基础上组织编制，报国家计委备案。

一、概算定额的作用

概算定额的作用主要体现在以下几个方面：

(1) 概算定额是在初步设计阶段编制建设项目概算的依据，在技术设计阶段编制修正概算的依据。建设程序规定，采用两个阶段设计时，其初步设计必须编制概算；采用三阶段设计时，其技术设计必须编制修正概算，对拟建项目进行总估价。

(2) 概算定额是设计方案比较的依据。所谓设计方案比较，目的是选择出技术先进可靠、经济合理的方案，在满足使用功能的条件下，达到降低造价和资源消耗。概算定额采用扩大综合项目后可为设计方案的比较提供了方便条件。

(3) 概算定额是编制建设项目主要材料需要量的计算基础。根据概算定额所列材料消耗指标计算工程用料数量可在施工图设计之前提出供应计划，为材料的采购、供应做好施工准备，提供前提条件。

(4) 概算定额是编制概算指标的依据。

(5) 概算定额也可对实行工程总承包时作为已完工程价款结算的依据。

二、概算定额的编制原则和依据

1. 概算定额的编制原则

概算定额应该贯彻社会平均水平和简明适用的原则。

由于概算定额和预算定额都是工程计价的依据，所以应符合价值规律和反映现阶段生产力水平。在概预算定额水平之间应保留必要的幅度差，并在概算定额的编制过程中严格控制。

2. 概算定额的编制依据

由于概算定额的适用范围不同，其编制依据也是略有区别。编制依据一般有以下几种：

（1）现行的设计标准和规范；

（2）现行建筑和安装工程预算定额；

（3）国务院各有关部门和各省、自治区、直辖市批准颁发的标准设计图集和有代表性的设计图纸等；

（4）现行的概算定额及其编制资料；

（5）编制期人工工资标准、材料预算价格、机械台班费用等。

三、概算定额编制步骤

概算定额的编制一般有以下步骤：

（1）确定编制机构、人员组成和概算定额的编制方案。调查研究现行概算定额执行情况和存在的问题，制定编制细则和划分概算定额项目。

（2）根据已确定的编制方案、细则、定额项目和工程量计算规则，对收集到的设计图纸、资料进行细致的测算和分析，初步确定人工、材料和机械台班的消耗量指标，编出概算定额初稿。

（3）控制概算定额的分项定额总水平与预算水平在允许的幅度之内，以保证二者在水平上的一致性。如果概算定额与预算定额水平差距较大时，则需对概算定额水平进行必要的调整。

（4）合理确定概算定额的扩大分项项目及其所包含的内容和每一扩大分项工程单位工程所需的各项指标。

（5）在征求各方意见修改之后形成报批稿，经批准之后交付印刷。

四、概算定额的内容和形式

按专业特点和地区特点编制的概算定额册，内容基本是由文字说明、定额项目表格和附录 3 个部分组成。

概算定额的文字说明中有总说明、分章说明，有的还有分册说明。在总说明中，要说明编制的目的和依据，所包括的内容和用途，使用的范围和应遵守的规定，建筑面积的计算规则，分章说明，规定了分部分项工程的工程量计算规则等。以建筑工程概算定额为例说明。

预制钢筋混凝土矩形梁的概算定额项目综合了预制钢筋混凝土矩形梁制作、钢筋调整、安装、接头、梁粉刷等主要工作内容和相关工作内容，以及人工、材料用量（见表 4-1）。

使用概算定额编制设计概算时，对未综合到的预算定额中的零星分项工程，则应以零星工程列项，一般按直接费的 3% ~ 5% 列入设计概算的直接费。这也是概算定额与预算定额之间的允许幅度差。

预制钢筋混凝土矩形梁概算定额表（单位：$10m^3$）　　**表 4-1**

概算定额编号				5-46		5-47		5-48		5-49		5-50		5-51	
项目				预制钢筋混凝土矩形梁											
				单梁				连系梁				框架梁			
				刷白		粉白灰		刷白		粉白灰		刷白		粉白灰	
基价（元）				2432		2571		2579		2718		2901		3040	
其中	人工费（元）			177		215		185		223		226		264	
	材料费（元）			2119		2214		2159		2255		2442		2537	
	机械费（元）			136		142		235		240		233		239	
定额编号	综合项目	单位	单价（元）	数量	合价（元）	数量	合价（元）	数量	合价（元）	数量	合价（元）	数量	合价（元）	数量	合价（元）
5-102	预制钢筋混凝土矩形梁（$0.5m^3$ 内）	$10m^3$	2170.38	0.504	1093.87	0.504	1093.87	0.504	1093.87	0.504	1093.87	0.504	1093.87	0.504	1093.87
5-103	预制钢筋混凝土矩形梁（$0.5m^3$ 外）	$10m^3$	2128.77	0.504	1072.9	0.504	1072.9	0.504	1072.9	0.504	1072.9	0.504	1072.9	0.504	1072.9
	钢筋增量	t	770.05	0.231	177.88	0.231	177.88	0.231	177.88	0.231	177.88	0.231	177.88	0.231	177.88
6-85	单梁安装	$10m^3$	55.32	1.005	55.60	1.005	55.60	—	—	—	—	—	—	—	—
6-65	连系梁安装	$10m^3$	201.64	—	—	—	—	1.005	202.65	1.005	202.65	—	—	—	—
6-79	框架梁安装	$10m^3$	382.27	—	—	—	—	—	—	—	—	1.005	384.18	1.005	384.18
5-83	框架梁接头	$10m^3$	140.11	—	—	—	—	—	—	—	—	1.000	140.11	1.000	140.11
11-392	梁面刷大白浆	$100m^2$	27.23	1.040	88.32	—	—	1.040	28.32	—	—	1.040	28.32	—	—
11-24	梁面粉白灰	$100m^2$	149.61	—	—	1.040	155.59	—	—	1.040	155.59	—	—	1.040	155.59
11-389	抹灰面刷大白浆	$100m^2$	11.24	—	—	1.040	11.69	—	—	1.040	11.69			1.040	11.69
	养路费增加费	元	—	—	3.15	—	3.15	—	3.15	—	3.15	—	3.29	—	3.29

人工及主要材料

名称	单位	单价	5-46	5-47	5-48	5-49	5-50	5-51
合计工	工日	—	70.91	86.75	74.02	90.01	90.95	106.94
钢筋	t	—	1.823	1.823	1.823	1.823	1.846	1.846
推销原条	m^3	—	0.208	0.208	0.209	0.209	0.430	0.430
水泥	t	—	3.062	3.519	3.062	3.519	3.224	3.681
砂	m^3	—	7.83	9.79	7.53	9.79	7.82	10.08
砾石	m^3	—	8.34	8.34	8.34	8.34	8.71	8.71
石灰	t	—	—	0.493	—	0.493	—	0.490
铁件	kg	—	18	18	35	35	60	60
钢模	t	—	0.042	0.042	0.042	0.042	0.042	0.042

第二节　概　算　指　标

概算指标比概算定额综合性更强，它以整个建筑物或构筑物为对象，以建筑面积、体积或成套设备装置的台或组为计量单位而规定的人工、材料和机械台班的消耗量标准 和造价指标。它的数字均来自预算和决算资料，即用其建筑面积或体积除工程造价，或造价除所需的各种工料而得。

概算指标按项目划分有单位工程概算指标（例如土建工程概算指标、水暖工程概算指标、电照工程概算指标等）；单项工程概算指标；建设工程概算指标等。按费用划分有直接费概算指标和工程造价指标。

一、概算指标的作用及编制原则

（一）概算指标的作用

概算指标的作用主要体现在以下几个方面：

（1）概算指标可以作为编制建设项目投资估算的参考；

（2）概算指标中的主要材料指标可作为匡算主要材料用量的依据；

（3）概算指标是设计单位进行设计方案比较，建设单位选址的一种依据；

（4）概算指标是编制固定资产投资计划，确定投资额的主要依据。

（二）概算指标的编制原则

1. 按平均水平确定概算指标

在我国社会主义市场经济条件下，概算指标作为确定工程造价的依据，同样必须遵照价值规律的客观要求，在其编制时必须按社会必要劳动时间，贯彻平均水平的编制原则。只有这样才能使概算指标合理确定和控制工程造价的作用得到充分发挥。

2. 概算指标的内容和表现形式，要贯彻简明适用原则

为适应市场经济的客观要求，概算指标的项目划分应根据用途的不同，确定其项目的综合范围。遵循粗而不漏、适用面广的原则，体现综合扩大的性质。概算指标从形式到内容应简明易懂，要便于在采用时根据拟建工程的具体情况进行必要的调整换算，能在较大范围内满足不同用途的需要。

3. 概算指标的编制依据，必须具有代表性

编制概算指标所依据的工程设计资料，应是有代表性的，技术上是先进的，经济上是合理的。

二、概算指标的内容和表现形式

（一）概算指标的内容组成

概算指标的组成内容一般分为文字说明和列表形式两部分，以及必要的附录。

1. 总说明和分册说明

其内容一般包括：概算指标的编制范围、编制依据、分册情况、指标包括的内容、指标未包括的内容、指标的使用方法、指标允许调整的范围及调整方法等。

2. 列表形式

（1）建筑工程列表形式。房屋建筑、构筑物一般是以建筑面积、建筑体积、“座”、“个”等为计算单位，附以必要的示意图，示意图画出建筑物的轮廓示意或单线平面图，列出综合指标：元/m^2 或元/m^3，自然条件（如地耐力、地震烈度等），建筑物的类型、结

构形式及各部位中结构主要特点，主要工程量。

(2) 安装工程列表形式：设备以“t”或“台”为计算单位，也有以购置费或设备原价的百分比（%）表示；工艺管道一般以“t”为计算单位；通讯电话站安装以“站”为计算单位。列出指标编号、项目名称、规格、综合指标（元/计算单位）之后一般还要列出其中的人工费，必要时还要列出主材费、辅材费。

(二) 概算指标的表现形式

1. 一般房屋建筑工程概算指标

一般房屋建筑工程概算指标附有工程平、剖面示意图；列出该建筑结构特征，如结构类型、檐高、屋高、跨度、基础深度及用料等；列出经济指标中说明该工程 $100m^2$ 造价及造价构成；列出每 $100m^2$ 建筑面积的分部分项工程量指标及其人工、主要材料消耗指标。见下例所示。

2. 水、暖、电安装工程概算指标

(1) 给排水概算指标。列有工程特征及经济指标，其工程特征栏内一般列出建筑面积 (m^2)、建筑层数（层）、结构类型等。经济指标栏内一般列出每 $100m^2$ 建筑面积的直接费（元），其中人工工资（元）单列。

(2) 采暖概算指标。除与上述给排水概算指标相同内容外，其工程特征栏内还应列出采暖热媒（如说明采用高压蒸汽、热水等）及采暖形式（如说明采用双管上行式、单管上行下给式等）。

(3) 电气照明概算指标。一般在工程特征栏内列出建筑层数（层）、结构类型、配线方式（如说明瓷瓶配、瓷珠配、瓷夹配、管配、木槽板瓷夹等）、灯具名称（如说明白炽灯、日光灯、吊灯、防水灯等）。在经济指标栏内一般列出每 $100m^2$ 建筑面积的直接费（元），其中人工工资（元）单列，并列出每 $100m^2$ 所需的主要材料用量。

概算指标在具体内容和表示方法上，有综合指标和单项指标两种形式。综合性指标是以建筑物或构筑物的体积或面积为单位，综合了各单位工程价值形成的指标，它是一种概括性较强的指标。单项指标则是一种以典型的建筑物或构筑物为分析对象的概算指标，如某地区某住宅工程的概算指标的表现形式分别见表 4-2、表 4-3、表 4-4、表 4-5。

(1) 结构特征：

结构特征表 表 4-2

结构类型	砖　混	层　数	六　层	层　高	2.8m	檐　高	17.7m	建筑面积	$3303m^2$

(2) 经济指标：

经济指标表（每 $100m^2$ 建筑面积） 表 4-3

造价分类＼造价构成		合　计（元）	其中 直接费	间接费	计划利润	其　他	税　金	参考系数
单方造价（元）		38481	22286	5685	1930	7466	1114	
其中	土　建	32233	18667	4761	1617	6254	6254	
	水　暖	4196	2430	620	210	814	122	
	电　照	2052	1189	303	103	398	59	

(3) 构造内容及工程量指标（见表 4-4)。

(4) 人工及主要材料消耗指标（见表 4-5)。

三、概算指标的编制方法

（一）概算指标的编制依据

(1) 标准设计图纸、各类工程典型设计及其工程造价资料；

(2) 国家颁发的建筑标准、设计规范、施工规范等；

(3) 现行的概算定额和预算定额及补充定额资料；

(4) 人工工资标准、材料预算价格、机械台班预算价格及其他价格资料。

（二）概算指标的编制步骤

概算指标可按以下步骤进行编制：

(1) 首先成立编制小组，拟定工作方案，明确编制原则和方法，确定指标的内容及表现形式，确定基价所依据的人工工资单价、材料预算价格、机械台班单价。

(2) 收集整理编制指标所必须的标准设计，典型设计以及有代表性的工程设计图纸。

构造内容及工程量指标表 表 4-4

序号	构造及内容		工程量		占单方造价%
			单位	数量	
一	土建				100
1	基础及埋深	毛石基础，2m 深	m^3	21.57	13.39
2	外墙	2B 砖墙，清水墙勾缝，内抹灰刷白	m^3	24.48	15.73
3	内墙	1B、1.5B 砖墙，抹灰刷白	m^3	22.35	13.92
4	柱及间距	预制柱	m^3	0.4	0.84
5	梁	预制梁	m^3	1.8	3.11
6	地面	碎砖垫层、水泥砂浆面层	m^2	12	0.67
7	楼面	120mm 预制空心水泥砂浆面层	m^2	61	16.10
8	天棚				
9	门窗	木门窗	m^2	61.1	16.37
10	屋架及跨度				
11	屋面	三毡四油卷材防水，水泥珍珠岩保温，空心板	m^2	21.67	8.11
12	脚手架	综合脚手架	m^2	100	2.38
13	其他	厕所、水池等零星工程			8.84
二	水暖				
1	采暖方式	集中采暖			
2	给水性质	生活用水明设			
3	排水性质	生活排水			
4	通风方式				
三	电照				
1	配线方式	塑料管暗配电线			
2	灯具种类	日光灯			
3	用电量 W/m^2				

人工及主要材料消耗指标表（每 100m² 建筑面积） **表 4-5**

序号	名称及规格	单位	数量	序号	名称及规格	单位	数量
一	土建			2	暖气片	m^2	21
1	人工	工日	451	3	钢管	t	0.17
2	钢筋	t	2.04	4	卫生器具	套	2.46
3	型钢	t	0.06	5	通风设备	套	
4	水泥	t	15.4	6	水表	个	1.91
5	白灰	t	2	三	电照		
6	沥青	t	0.37	1	人工	工日	18
7	红砖	m^3	32.1	2	钢（塑）管	m	269
8	木材	m^3	3.41	3	灯具	t	(0.04)
9	砂	m^3	39	4	配电箱	套	8.24
10	毛石	m^3	24	5	电表	套	0.72
11	砾（碎）石	m^3	19	6	电缆	m	1.91
12	玻璃	m^3	29	7			
13	卷材	m^2	102	四	机械使用费	%	7.5
二	水暖			五	其他材料费	%	19.5
1	人工	工日	36				

设计预算等资料，充分利用有使用价值的已经积累的工程造价资料。

(3) 按已确定的内容及表现形式的要求进行具体的计算分析，工程量尽可能利用经过审定的工程竣工结算的工程量，以及可以利用的可靠的工程量数据。由于原工程设计自然条件等的不同，必要时还要进行调整换算。按基价所依据的价格要求计算综合指标，并计算必要的主要材料消耗指标，用于调整价差的万元工、料、机消耗指标，一般可按不同类型工程划分项目进行计算。

(4) 最后经过核对审核、平衡分析、水平测算、审查定稿。随着有使用价值的工程造价资料积累制度和数据库的建立，以及电子计算机、网络的充分发展利用，概算指标的编制工作将得到根本改观。

(三) 概算指标的编制方法

首先编写资料审查意见表。主要填写设计资料名称、设计单位、设计日期、建筑面积及结构情况，提出审查和修改意见表。其次在计算工程量的基础上，编写单位工程预算书，据以确定每 100m² 建筑面积及结构构造情况，以及人工、材料、机械消耗指标和单位造价。

计算工程量就是根据选择好的设计图纸，计算出每一结构构件或分部工程的工程数量，然后按编制方案规定的项目进行合并。工程量指标是概算指标中的重要内容，它详尽地说明了建筑物的结构特征，同时也规定了概算指标的适用范围。所以计算标准设计和典型设计的工程量，是编制概算指标的重要环节。

在这里，计算工程量有两个目的：第一是以每 100m² 建筑面积为计量单位（或其他计量单位)，换算出某种类型建筑物所包含的各结构构件和分部工程量指标。

例如，根据某砖混结构的住宅工程的典型设计图纸，已知带型基础（毛石）的工程量为 674m^3，混凝土基础的工程量为 542m^3，该砖混结构住宅的建筑面积为 1260m^2，则每 100m^2 的该建筑物的带型毛石和混凝土的工程量指标分别为：

$$\frac{674}{1260} \times 100 = 53.49m^3$$

$$\frac{542}{1260} \times 100 = 43.02m^3$$

计算工程量的另一目的，是为了计算出人工、材料和施工机械的消耗指标，计算出工程的单位造价。其方法是按照所选择的设计图纸，现行的概预算定额，各类价格资料，编制单位工程概算或预算，并将各种人工、材料和机械的消耗量汇总，计算出人工、材料、机械的总用量，然后再计算出每平方米建筑面积（或每立方米建筑体积）的单位造价，计算出计量单位所需的主要人工、材料和机械的消耗量指标，次要人工、材料和机械的消耗量，综合为其他人工、其他材料和其他机械，用金额“元”表示。

经过上述编制方法确定和计算出的概算指标，要经过比较平衡、调整和水平测算对比以及试算修订，才能最后定稿报批。

第二篇　建筑安装工程概预算

第五章　建筑安装工程概（预）算概论

第一节　建筑安装工程概（预）算分类

建筑安装工程概（预）算是指根据已批准的设计图纸和已定的施工方案，按照国家或地区对工程概（预）算的有关规定以及现行定额，计算各分部分项工程的工程量，并计算出建筑安装工程部分所需要的全部投资额的文件。

一、按建设阶段划分

建筑安装工程概（预）算按不同的设计阶段及其所起的作用和编制的依据不同可分为“三算”，这就是设计概算、施工图预算、竣工决算。除此之外，还有施工预算。

（一）设计概算

设计概算是指在初步设计阶段，由设计单位根据初步设计或扩大初步设计图纸，概算定额或概算指标，各项费用定额或取费标准，建设项目所在地区的自然、技术经济条件等资料，预先计算出拟建工程建设费用的文件。设计概算是初步设计文件的重要组成部分。

设计概算有单位工程概算、综合概算和建设项目总概算。

设计概算是控制施工图预算、考核工程成本的依据，考核建设项目投资效果的依据，编制工程计划、控制工程建设拨款、贷款以及考核设计经济合理性的依据。

（二）施工图预算

施工图预算是指在施工图设计阶段，当工程设计完成后，在工程开工前，根据施工图纸、工程预算定额和国家及地方的有关各项费用定额或取费标准等资料，预先计算和确定建筑安装工程费用的文件。

施工图预算是确定建安工程造价、实行经济核算和考核工程成本的依据，是建设单位与施工企业进行“招标”、“投标”签订工程合同，办理工程拨款和工程结算的基础。也是办理基本建设拨款和贷款的依据。

（三）竣工决算

竣工决算是由建设单位编制的反映建设项目实际造价和投资效果的文件，是竣工验收报告的重要组成部分。竣工决算应包括从筹划到竣工投产全过程的全部实际费用，即建筑工程费用、安装工程费用、设备工器具购置费用和工程建设其他费用以及预备费和投资方向调节税支出费用等。所有竣工验收的项目应在办理手续之前，对所有建设项目的财产和物资进行认真清理，及时而正确地编报竣工决算，它对于总结分析建设过程的经验教训有着深远的意义。

(四) 施工预算

施工预算指施工阶段，施工企业内部编制的一种预算。它是在施工图预算的控制下，根据施工图计算的工程量、施工定额、单位工程施工组织设计等资料，通过工料分析，预先计算和确定完成一个单位工程或其中的分部工程所需的人工、材料、机械台班消耗量及其相应费用的文件。

施工预算是施工企业编制施工作业计划，实行班组经济核算，考核单位用工，限额领料的依据，是施工企业进行施工预算和施工图预算的对比依据，是控制和降低工程计划成本的有力措施。

二、按工程对象划分

(一) 单位工程概预算

单位工程概预算是确定某一个生产车间、独立建筑物或构筑物中的一般土建工程、给水与排水工程、采暖工程、通风工程、煤气工程、电气照明工程、机械设备及安装工程、电气设备及安装工程等各单位工程建设费用的文件。它是根据设计图纸和概算指标、概算定额、预算定额、各种费用定额及国家有关规定等资料编制的。

(二) 建设工程其他费用概预算

建设工程其他费用概预算，是指确定建筑工程与设备及其安装工程之外的，与整个建设工程有关的并列入建设项目总概算或单项工程综合概预算的其他工程费用文件。它是根据设计文件和国家、各省、市、自治区主管部门规定的取费定额或标准以及相应的计算方法进行编制的。

(三) 单项工程综合概预算

单项工程综合概预算，是确定某一生产车间，独立建筑物或构筑物全部费用的文件，它是将该单项工程内的各个单位工程的概预算汇编而成的。当工程项目不编总概预算时，建设工程其他费用概预算也应列入单项工程综合概预算中。

(四) 建设项目总概算

建设项目总概算是确定一个建设项目从筹建到竣工验收的全部建设费用的文件。它是由该建设项目的各生产车间、独立建筑物、构筑物等单项工程的综合概算以及建设工程其他费用概算综合汇总而成的。它包括建成一项建设项目所需要的全部投资。

目前，我国一般不编总预算，只在概算范围内，由施工单位和建设单位根据施工图编制单项工程综合预算。

在编制建设项目概预算时，应首先编制单位工程的概预算，然后编制单项工程综合概预算，最后编制建设项目的总概算。

第二节 建筑安装工程费用构成

在工程建设中，建筑安装工程概预算所确定的每一个单项工程或其中单位工程的投资额，实质上是相应工程的计划价格。这种计划价格在实际工程中作为建筑安装工程价值的货币表现，也称为建筑安装工程费用或建筑安装工程造价。

一、建筑安装工程费用构成

根据建设部、中国人民建设银行（1993）建标第894号《关于调整建筑安装工程费用项目组成的若干规定》，建筑安装工程费用划分为直接工程费、间接费、计划利润和税金四部分。

二、直接工程费

直接工程费是指直接消耗在建筑工程施工生产中，构成工程实体的人工、材料、机械等费用，以及其他直接费、现场经费的总称。它是建筑工程费用中的一项基本费用。根据国家有关规定，直接工程费的组成，如图5-1所示。

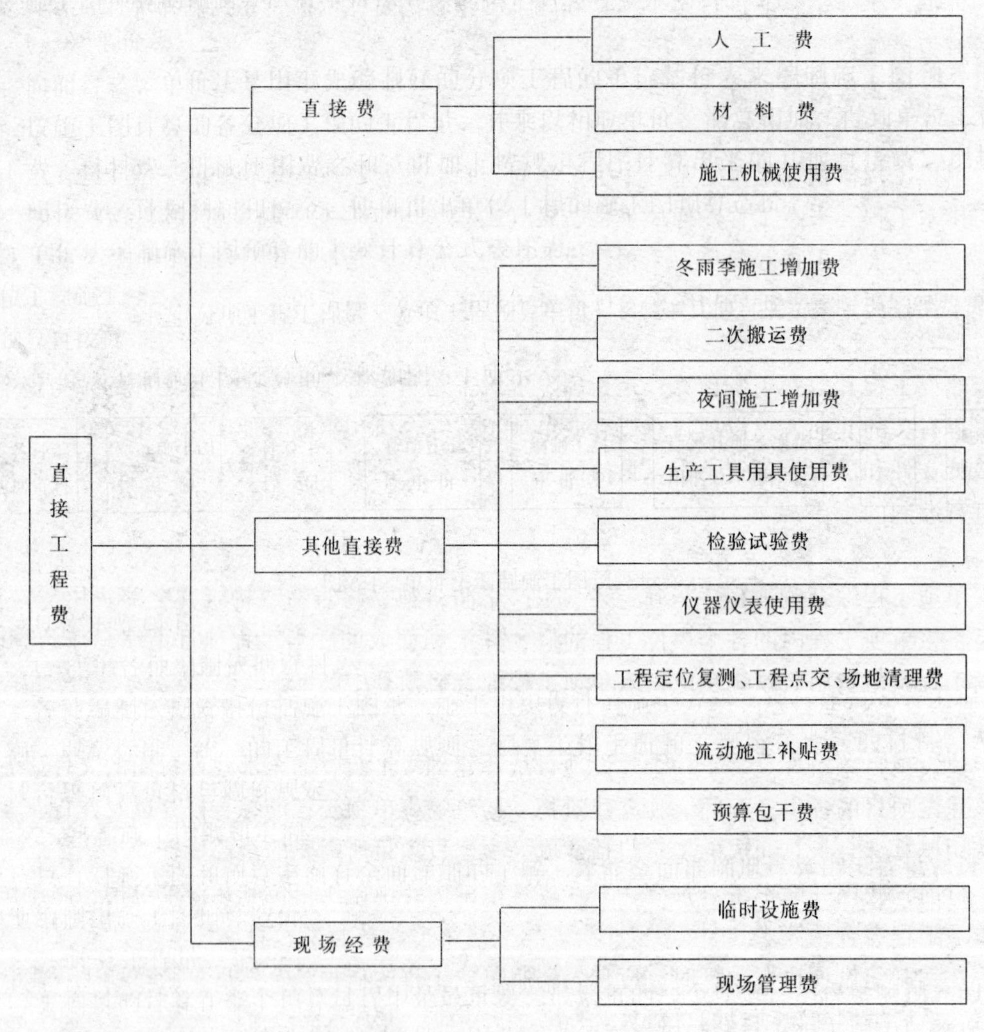

图5-1 直接工程费组成示意图

（一）直接费

直接费是指施工过程中耗费的构成工程实体和有助于工程形成的各项费用。它是按照预算定额项目，根据项目的施工图纸、分项工程量、建筑工程预算定额基价或地区单位估价表计算出的，它包括人工费、材料费、施工机械使用费。

直接费一般可按公式（5-1）计算：

$$直接费=\sum（分项工程量\times相应项目预算定额基价）\tag{5-1}$$

1. 人工费

人工费是指列入预算定额，直接从事建筑工程施工的生产工人、现场运输等辅助工人和附属生产工人的基本工资、辅助工资、工资性津贴、劳动保护费和职工福利费等费用的总称。其内容包括：

（1）基本工资：是指发放生产工人的基本工资。

（2）工资性补贴：是指按规定标准发放的物价补贴、煤、燃气补贴、交通费补贴、住房补贴、流动施工补贴和津贴等。

（3）生产工人辅助工资：是指生产工人有效施工天数以外非作业天数的工资。包括职工学习、培训期间的工资，调动工作、探亲、休假期间的工资，因气候影响的停工工资，女工哺乳时间的工资，病假在六个月以内的工资及产、婚、丧假期的工资等。

（4）职工福利费：是指按规定标准计提的职工福利费。

（5）生产工人劳动保护费：是指按规定标准发放的劳动保护用品的购置及修理费，徒工服装补贴，防暑降温费，在有碍身体健康环境中施工的保健费用等。

人工费可按公式（5-2）计算：

$$人工费=\sum\begin{pmatrix}分项工程 & 相应预算定额基价中的人工费（或\\ 的工程量 \times & 相应地区单位估价表中的人工费）\end{pmatrix}\tag{5-2}$$

2. 材料费

材料费是指施工过程中耗用的构成工程实体的原材料、辅助材料、构配件、零件、半成品的费用和周转使用材料的摊销（租赁）等费用的总称。其内容包括：材料原价（或供应价）；供销部门手续费；包装费；材料自来源地运至工地仓库或指定堆放地点的装卸费、运输费及途耗；采购及保管费。

建筑工程材料费一般可按公式（5-3）计算：

$$材料费=\sum\begin{pmatrix}分项工程 & 相应预算定额基价中的材料费（或\\ 的工程量 \times & 相应地区单位估价表中的材料费）\end{pmatrix}\tag{5-3}$$

材料费中不包括施工机械、运输工具使用或修理过程中的动力、燃料和材料等费用，以及组织和管理项目施工生产所搭设的大小临时设施耗用的材料等费用。

3. 施工机械使用费

施工机械使用费是指使用施工机械作业所发生的机械使用费，机械安、拆费以及进出场费用等。其内容包括：折旧；大修理费；经常修理费；安拆费及场外运输；燃料动力费；人工费；运输机械养路费、车船使用税及保险费等。

施工机械使用费可按公式（5-4）计算：

$$施工机械使用费=\sum\begin{pmatrix}分项工程 & 相应预算定额基价中的机械使用费（或\\ 的工程量 \times & 相应地区单位估价表中的机械使用费）\end{pmatrix}\tag{5-4}$$

在施工机械使用费中，不包括施工企业、项目经理部经营管理及实行独立经济核算的加工厂等所需要的各种机械的费用。

（二）其他直接费

其他直接费是指在建筑工程直接费以外的施工过程中发生的其他费用。包括：冬雨季施工增加费、二次搬运费、夜间施工增加费、特殊工种培训费等项费用。

1. 冬雨季施工增加费

冬雨季施工增加费是指在冬季或雨季进行建筑工程施工时，必须采取的防寒保温或防雨等措施所增加的费用。包括冬季施工防寒保温设施的搭设、维护、拆除及摊销；供热设备折旧、维修以及燃料、动力消耗费用；砂浆、混凝土提高强度等级或增加添加剂增加的费用；人工、机械降效以及增加供热、测温和清除积雪等人工费用。雨季施工必须采取的防雨设施的搭设、维护、拆除及摊销费用；人工、机械效率降低以及排除积水用工等费用。

冬雨季施工增加费，是季节性施工增加的费用，费用开支和这一期间所完成的实物量有关，而且不同工程采取的防寒保温或防雨措施差别较大，再加上我国各类地区的气候条件差异很大，冬雨季的长短不一，因此，目前各部门和各地区均按全年均衡施工的原则，根据不同地区具体情况和冬雨季期限长短划分档次分别确定其费率，常年摊销，包干使用。如原国家建材局1996年颁布的冬雨季施工增加费用定额中，把冬雨季施工增加费按地区划分为三类，一类地区为黑龙江、辽宁、吉林、青海、新疆、西藏、内蒙古、甘肃、宁夏，这些地区冬雨季施工增加费费率为人工费的7.4%；二类地区为北京、天津、河北、河南、山东、山西、陕西、四川、云南、贵州，这些地区冬雨季施工增加费费率为人工费的5.69%；除上述以外的其他地区为三类地区，冬雨季施工增加费费率为人工费的3.98%。

有的则不按地区分类，统一综合一种费率计取。

冬雨季施工增加费，一般可根据下面两种情况进行计算：

(1) 对土建工程、预制混凝土及木构件制作、构件运输及安装、桩基础以及机械独立土石方工程等，其冬雨季施工增加费，可按公式（5-5）计算：

$$\text{冬雨季施工增加费} = \frac{\text{冬雨季施工期间实}}{\text{际完成的直接费}} \times \frac{\text{冬雨季施工增}}{\text{加费费率}} \tag{5-5}$$

(2) 对安装工程、装饰工程、房屋修缮工程以及人工独立土石方工程等，其冬雨季施工增加费，可按公式（5-6）计算：

$$\text{冬雨季施工增加费} = \frac{\text{冬雨季施工期间实际完}}{\text{成直接费中的人工费}} \times \frac{\text{冬雨季施工增}}{\text{加费费率}} \tag{5-6}$$

2. 二次搬运费

二次搬运费是指建筑材料、成品、半成品（不包括混凝土预制构件和金属构件）因施工场地狭小等特殊原因而发生的二次搬运费用。包括将建筑材料、成品、半成品由工地仓库、现场集中堆放地点（或加工点）到工程的使用地点的水平或垂直运输所需人工、材料、机械台班用量。

建筑工程二次搬运费与施工组织及管理关系甚大，很难详细计算，一般以费率形式包干使用。一般可按公式（5-7）或公式（5-8）计算：

(1) 对建筑工程中的土建工程、构件制作、构件运输及安装工程、桩基础工程和机械独立土石方工程，通常按公式（5-7）计算二次搬运费：

$$\text{二次搬运费} = \text{直接费} \times \text{二次搬运费费率} \tag{5-7}$$

(2) 对安装工程、装饰工程、房屋修缮工程和人工独立土石方工程等，其二次搬运费可按公式（5-8）计算：

$$二次搬运费=直接费中的人工费\times二次搬运费费率 \quad (5-8)$$

3. 夜间施工增加费

夜间施工增加费是指建设单位对工期要求或工程施工技术的要求，为保证工程质量不能间断施工而发生的费用。包括照明设施的搭设、维护、拆除和摊销费用；电力消耗费用；夜间施工按规定缩短工时和工效降低、夜餐补贴费用等。夜间施工增加费，一般应按实际参加夜间施工人员数计算，人均夜间施工增加费计算式如下：

$$人均夜间施工增加费=\frac{夜间施工增加开支额}{夜间施工人数} \quad (5-9)$$

4. 生产工具用具使用费

生产工具用具使用费，是指施工生产所需不属于固定资产的生产工具及检验用具等的购置费、摊销费和维修费，以及支付给工人自备工具的补贴费。

建筑工程生产工具用具使用费，一般分下面两种情况计算：

（1）对土建工程、构件制作、构件运输及安装、桩基础以及机械独立土石方工程等，其生产工具用具使用费，可按公式（5-10）计算：

$$生产工具用具使用费=直接费\times生产工具用具使用费费率 \quad (5-10)$$

（2）对安装工程、装饰工程、房屋修缮工程以及人工独立土石方工程等，其生产工具用具使用费，可按公式（5-11）计算：

$$生产工具用具使用费=直接费中的人工费\times生产工具用具使用费费率 \quad (5-11)$$

5. 检验试验费

检验试验费是指对建筑材料、构件和建筑物进行一般性鉴定、检查等所发生的费用。包括的内容有：自设试验室进行试验所耗用的材料和化学药品费用；技术革新的研究试制所需试验费用。但不包括：新结构、新材料的试验费用；建设单位要求对具有出厂合格证明的材料进行检验的费用；对构件进行破坏性试验及其特殊要求检验试验的费用。

建筑工程检验试验费，一般分下面两种情况计算：

（1）对土建工程、构件制作、构件运输及安装、桩基础以及机械独立土石方工程等，其检验试验费，可按公式（5-12）计算：

$$检验试验费=直接费\times检验试验费费率 \quad (5-12)$$

（2）对安装工程、装饰工程、房屋修缮工程以及人工独立土石方工程等，其检验试验费，可按公式（5-13）计算：

$$检验试验费=直接费中的人工费\times检验试验费费率 \quad (5-13)$$

6. 仪器仪表使用费

仪器仪表使用费是指通信电子等设备安装工程所需安装、测试仪器仪表的摊销和维修费用。一般可按公式（5-14）计算：

$$仪器仪表使用费=直接费中的人工费\times仪器仪表使用费费率 \quad (5-14)$$

7. 工程定位复测、工程点交、场地清理费用

工程定位复测、工程点交、场地清理费用通常又称为“三项费用”。其计算方法如下：

（1）对土建、构件制作、构件运输及安装、桩基础以及机械独立土石方等工程，可按公式（5-15）计算三项费用：

$$三项费用 = 直接费 \times 三项费用费率 \tag{5-15}$$

（2）对安装、装饰、房屋修缮，对人工独立土石方等工程，可按公式（5-16）计算三项费用：

$$三项费用 = 直接费中的人工费 \times 三项费用费率 \tag{5-16}$$

8. 流动施工补贴费

建筑工程项目生产的特点之一，就是施工的流动性。因此，流动施工补贴费就是根据施工生产的流动性特点和条件而增加的施工津贴，用以作为职工的生活补贴。

流动施工补贴费，一般分下面两种情况计算：

（1）对以直接费作为计算基础的土建、构件制作、构件运输及安装、桩基础以及机械独立土石方工程等，可按公式（5-17）计算流动施工补贴费：

$$流动施工补贴费 = 直接费 \times 流动施工补贴费费率 \tag{5-17}$$

（2）对以人工费作为计算基础的安装、装饰、房屋修缮以及人工独立土石方工程等，可按公式（5-18）计算流动施工补贴费：

$$流动施工补贴费 = 直接费中的人工费 \times 流动施工补贴费费率 \tag{5-18}$$

9. 特殊工种培训费

特殊工种培训费是指特殊工种按照设计或规范要求，需对某些工种，如电焊工加以培训并经考核已达到所要求的技术水平而增加的费用。该费用应按工程所确定的需要培训人数，每人培训费的标准和培训时间计算。

10. 预算包干费

预算包干费是指预算定额中未包括，而在工程项目实际施工中可能发生的各项费用。其内容除下列因素不包括外，在项目施工过程中发生的其他费用，均应包括在内。

（1）设计变更；

（2）由于设计或建设单位原因造成的返工损失费用；

（3）由于设计或建设单位原因使工程停、缓建造成的损失费用；

（4）因不可能抗拒的自然灾害造成的损失费用；

（5）不可能预见的地下障碍物的拆除与处理费用；

（6）现行政策规定不允许调整的费用。

预算包干费，仍然分两种情况计算。相应的适用范围和计算方法，可参见前面内容。所要强调的是预算包干费费率应在规定的范围内（以直接费作为计算基础的费率为0.5%～2.5%，以人工费作为计算基础的费率为4%～15%），由甲乙双方根据工程性质、复杂程度等，共同协商确定。

另外，其他直接费用还包括特殊地区（如原始森林地区、高原地区和沙漠地区等）施工增加费等，这些费用因工程所在地区、所需专业不同，各专业部、各省可根据情况确定列项，并制定相应的费率。

其他直接费可按工程所在地区主管部门规定的相应取费标准执行。例如，表5-1、5-2为陕西省1999年颁布的建筑工程和安装工程的其他直接费费率表。

（三）现场经费

现场经费是指施工准备、组织施工生产和管理所需费用。内容包括临时设施费和现场管理费。

建筑工程其他直接费费率表　　表 5-1

<table>
<tr><th colspan="2" rowspan="2">工程类别</th><th rowspan="2">取费基础</th><th colspan="3">费率（%）</th></tr>
<tr><th>一环内</th><th>一环外</th><th>陕北地区</th></tr>
<tr><td rowspan="5">一般土建工程</td><td>一类</td><td rowspan="5">直接费</td><td>4.51</td><td>3.84</td><td>4.00</td></tr>
<tr><td>二类</td><td>4.27</td><td>3.60</td><td>3.76</td></tr>
<tr><td>三类</td><td>4.10</td><td>3.43</td><td>3.57</td></tr>
<tr><td>四类</td><td>3.92</td><td>3.25</td><td>3.41</td></tr>
<tr><td>五类</td><td>3.60</td><td>2.93</td><td>3.09</td></tr>
<tr><td rowspan="4">单项工程</td><td>人工土石方</td><td>人工费</td><td colspan="2">7.54</td><td>7.70</td></tr>
<tr><td>机械土石方</td><td rowspan="3">直接费</td><td colspan="2">0.33</td><td>0.49</td></tr>
<tr><td>机械打桩</td><td colspan="2">2.00</td><td>2.16</td></tr>
<tr><td>构件吊运</td><td colspan="2">2.54</td><td>2.70</td></tr>
</table>

安装工程其他直接费费率表　　表 5-2

<table>
<tr><th rowspan="2">工程类别</th><th rowspan="2">取费基础</th><th colspan="3">费率（%）</th></tr>
<tr><th>一环内</th><th>一环外</th><th>陕北地区</th></tr>
<tr><td>一类</td><td rowspan="5">人工费/直接费</td><td>15.20/3.04</td><td>14.43/2.87</td><td>15.24/3.05</td></tr>
<tr><td>二类</td><td>13.87/2.75</td><td>13.10/2.58</td><td>13.91/2.76</td></tr>
<tr><td>三类</td><td>12.84/2.52</td><td>12.08/2.36</td><td>12.88/2.53</td></tr>
<tr><td>四类</td><td>11.74/2.38</td><td>10.98/2.12</td><td>11.78/2.29</td></tr>
<tr><td>五类</td><td>10.85/2.08</td><td>10.08/1.92</td><td>10.90/2.10</td></tr>
</table>

1. 临时设施费

临时设施费是指施工企业为进行建筑工程施工所必需的生活和生产用的临时建筑物、构筑物和其他临时设施费用等。

临时设施包括：临时宿舍、文化福利及公用事业房屋与构筑物，仓库、办公室、加工厂（场、棚）以及规定范围内的道路（不包括吊装专用道路），便桥以及为了安全及市容等特殊要求而搭设的建筑物围护用荆笆，各种围墙和施工用临时水、电、管线等临时设施和小型临时设施。

临时设施费用内容包括：临时设施的搭设、维修、拆除费或摊销费。

临时设施全部或部分由发包单位提供时，施工单位仍计取临时设施费，但应向发包单位交付使用租金。租金的具体值，一般由各省、自治区、直辖市统一确定。

对临时设施费中没有包括的内容，如施工现场必须设置的水塔、水井、发电设备以及将场外水源、电源、热源引到施工现场内的管线敷设等，发生时另行计算，由发包单位负责。

建筑工程临时设施费，一般分以下两种情况进行计算：

（1）对土建、构件制作、构件运输及安装、桩基础和机械独立土石方等工程，临时设施费可按公式（5-19）计算：

$$临时设施费 = 直接费 \times 临时设施费费率 \quad (5\text{-}19)$$

(2) 对安装、装饰、房屋修缮和人工独立土石方等工程，临时设施费可按公式（5-20）计算：

临时设施费 = 直接费中的人工费 × 临时设施费费率　　(5-20)

2. 现场管理费

现场管理费是指项目经理部为组织施工现场生产经营活动所发生的管理费用。其内容包括：

(1) 现场管理人员的基本工资、工资性补贴、职工福利费、劳动保护费等。

(2) 办公费：是指现场管理办公用的文具、纸张、帐表、印刷、邮电、书报、会议、水、电、烧水和集体取暖（包括现场临时宿舍取暖）用煤等费用。

(3) 差旅交通费：是指职工因公出差期间的差旅费、住宿补助费、劳动力招募费、职工离退休、退职一次性路费、工伤人员就医路费、工地转移以及现场管理使用的交通工具的油料、燃料、养路费及牌照费。

(4) 固定资产使用费：是指现场管理及试验部门的属于固定资产的设备、仪器等的折旧、大修理、维修费或租赁费等。

(5) 工具用具使用费：是指现场管理使用的不属于固定资产的工具、器具、家具、交通工具和检验、试验、测绘、消防用具等的购置、维修和摊销费。

(6) 保险费：是指施工管理用财产、车辆保险、高空、井下、水上作业等特殊工种安全保险等。

(7) 工程保修费：是指工程竣工交付使用后，在规定保修期以内的修理费用。

(8) 工程排污：是指施工现场按规定交纳排污费用。

(9) 其他费用。

现场管理费，通常有两种计算方法：

(1) 对土建、构件制作、运输及安装、桩基础以及机械独立土石方工程等，一般以直接费作为计算基础，按公式（5-21）计算：

现场管理费 = 直接费 × 现场管理费费率　　(5-21)

(2) 对安装、装饰、房屋修缮以及人工独立石方工程等，一般以人工费作为计算基础，按公式（5-22）计算：

现场管理费 = 直接费中的人工费 × 现场管理费费率　　(5-22)

现场经费可按工程所在地区主管部门规定的相应取费标准执行。例如，表 5-3、5-4 为陕西省 1999 年颁布的建筑工程和安装工程的现场经费费率表。

三、间接费

间接费是指建筑施工企业为组织和管理工程施工所需要支出的一切费用。它不直接地构成建筑工程实体，也不归属于某一分部（项）工程，只能间接地分摊到各个工程的费用中，为工程服务。建筑工程间接费由企业管理费、财务费用和其他费用组成。

(一) 企业管理费

企业管理费是指建筑施工企业为组织施工生产经营活动所发生的管理费用。包括：

1. 管理人员工资

管理人员工资是指建筑工程企业管理人员的基本工资、工资性补贴及按规定标准计提的职工福利费。

建筑工程现场经费费率表 **表5-3**

工程类别		取费基础	费率（%）	其中	
				临时设施费	现场管理费
一般土建工程	一类	直接费	7.38	2.34	5.04
	二类		6.37	2.34	4.03
	三类		5.63	2.34	3.29
	四类		4.62	2.34	2.28
	五类		2.89	2.34	0.55
单项工程	人工土石方	人工费	17.98	10.36	7.62
	机械土石方	直接费	3.37	1.15	2.22
	机械打桩		4.37	1.27	3.10
	构件吊装运输		5.75	1.04	4.17

安装工程现场经费费率表 **表5-4**

工程类别	取费基础	费率（%）	其中	
			临时设施费	现场管理费
一类	人工费/直接费	40.82/8.68	12.64/2.78	28.18/5.9
二类		36.12/7.65	12.64/2.78	23.48/4.87
三类		32.79/6.91	12.64/2.78	20.15/4.13
四类		31.04/6.53	12.64/2.78	18.4/3.75
五类		28.12/5.89	12.64/2.78	15.48/3.11

2. 差旅交通费

差旅交通费是指施工企业职工因公出差、工作调动的差旅费，住勤补助费，市内交通及误餐补助费，职工探亲路费、劳动力招募费、离退休职工一次性路费及交通工具油料、燃料、牌照、养路费等。

3. 办公费

办公费是指施工企业办公用文具、纸张、账表、印刷、邮电、书报、会议、水、电、燃煤（气）等费用。

4. 固定资产折旧、修理费

固定资产折旧、修理费是指施工企业属于固定资产的房屋、设备、仪器等折旧及维修等费用。

5. 工具用具使用费

工具用具使用费是指管理中使用不属于固定资产的工具、用具、交通工具、检验、试验、消防等的摊销及维修费用。

6. 工会经费

工会经费是指施工企业按职工工资总额2%计提的工会经费。

7. 职工教育经费

职工教育经费是指施工企业为职工学习先进技术和提高文化水平，按职工工资总额的1.5%计提的费用。

8. 劳动保险费

劳动保险费是指施工企业支付离退休职工的退休金（包括提取的离退休职工劳保统筹基金）、价格补贴、医药费、易地安家补助费、职工退职金、六个月以上的病假人员工资、职工死亡丧葬补助费、抚恤费，以及按规定支付给离休干部的各项经费。

有些省、自治区等劳动保险费已逐步实行社会统筹、行业管理；并规定凡经省、自治区建委、建行批准统筹的城市，须测算后报相应省、自治区建委、建行审查批准执行。

9. 职工养老保险费和待业保险费

职工养老保险费及待业保险费是指职工退休养老金的积累及按规定标准计提的职工待业保险费。

10. 保险费

保险费是指施工企业财产保险、管理用车辆保险等保险费用。

11. 税金

税金是指施工企业按规定交纳的房产税、车船使用税、土地使用税、印花税及土地使用费等。

12. 其他费用

其他费用是指技术转让费、技术开发费、业务招待费、排污费、绿化费、广告费、公证费、法律顾问费、审计费和咨询费等。

（二）财务费用

财务费用是指施工企业为筹集资金而发生的各项费用。内容包括：施工企业经营期间发生的短期贷款利息净支出、汇兑净损失、调剂外汇手续费、金融机构手续费，以及企业筹集资金发生的其他财务费用。

（三）其他费用

其他费用是指按规定支付劳动定额管理部门的定额测定费，以及按有关部门规定支付的上级管理费。

（四）间接费计算

间接费计算有以下两种方法：

1. 以工程直接费作为计算基础

它是将间接费按其占工程直接费的百分比计算。这种方法适用于一般土建、构件制作、构件运输及安装、桩基础和机械独立土石方等工程。通常可按公式（2-23）计算：

$$间接费 = 直接费 \times 间接费费率 \tag{2-23}$$

2. 以工程直接费中的人工费作为计算基础

它是将间接费按其占工程直接费中人工费的百分比计算。此方法适用于安装、装饰、房屋修缮和人工独立土石方等工程。通常可按公式（2-24）计算：

$$间接费 = 直接费中的人工费 \times 间接费费率 \tag{2-24}$$

间接费可按工程所在地区主管部门规定的相应取费标准执行。例如，表5-5、表5-6为陕西省1999年颁布的建筑工程和安装工程的间接费费率表。

建筑工程间接费费率表 **表 5-5**

工程类别		取费基础	费率（%）	其中		
				企业管理费	财务费用	其他费用
一般土建工程	一　类	直接工程费	5.85	5.23	0.40	0.22
	二　类		4.94	4.36	0.40	0.18
	三　类		4.39	3.82	0.40	0.17
	四　类		3.63	3.08	0.40	0.15
	五　类		2.02	1.48	0.40	0.14
单项工程	人工土石方	人　工　费	9.91	7.57	1.83	0.51
	机械土石方	直接工程费	3.75	3.18	0.40	0.17
	机械打桩		4.65	4.09	0.40	0.16
	构件吊运		6.33	5.71	0.40	0.22

安装工程间接费费率表 **表 5-6**

工程类别	取费基础	费率（%）	其中		
			企业管理费	财务费用	其他费用
一　类	人工费/直接工程费	29.83/6.56	26.90/5.92	1.83/0.40	1.10/0.24
二　类		25.23/5.55	22.41/4.93	1.83/0.40	0.99/0.22
三　类		22.90/5.02	20.14/4.43	1.83/0.40	0.93/0.19
四　类		21.30/4.68	18.60/4.09	1.83/0.40	0.87/0.19
五　类		18.27/4.02	15.64/3.44	1.83/0.40	0.80/0.18

四、计划利润

计划利润是指建筑施工企业按国家规定的计划利润率，在工程中相应计入建筑工程造价的利润。它不包括施工企业由于降低工程成本而获得的经营利润。计划利润的设立，不仅可以增加施工企业的收入，改善职工的福利待遇和技术设备，调动施工企业广大职工的积极性，而且可以增加社会总产值和国民收入。

建筑工程计划利润的计算，可分为以下两种情况进行计算：

(1) 对土建、构件制作、运输及安装、桩基础以及机械独立土石方工程等，以直接费作为计算基础，可按公式（5-25）计算：

$$\text{计划利润} = \text{直接费} \times \text{计划利润率} \quad (5\text{-}25)$$

(2) 对安装工程、装饰工程、房屋修缮工程以及人工独立土石工程等，以人工费作为计算基础，可按公式（5-26）计算：

$$\text{计划利润} = \text{直接费中的人工费} \times \text{计划利润率} \quad (5\text{-}26)$$

计划利润率可按工程所在地区主管部门规定的相应取费标准执行。例如，表 5-7、表 5-8 为陕西省 1999 年颁布的建筑工程和安装工程计划利润率表。

建筑工程计划利润率表 表 5-7

工程类别		取费基础	费率（%）
一般土建工程	一类	直接工程费 + 间接费 + 贷款利息	11
	二类		9
	三类		4
	四类		2
	五类		1
单项工程	人工土石方	人工费	25
	机械土石方	直接工程费 +间接费 贷款利息	4.75
	机械打桩		4.75
	构件吊装运输		4.75

安装工程计划利润率表 表 5-8

工程类别	取费基础	费率（%）
一类	人工费 / 直接工程费+间接费+贷款利息	60/11
二类		50/9
三类		22/4
四类		11/2
五类		6/1

从以上各费率表中可以看出，其他直接费、现场经费、间接费、计划利润取费方式主要按工程类别的不同，划分取费级次。

所谓按工程类别的不同计取费用，就是将建筑工程按其工程结构特征、施工难易程度等划分成若干类型，然后根据各类工程在实行区域内几年中所占比例和各类企业完成工程的类型及收入情况，确定取费率。表 5-9、表 5-10 是陕西省 1999 年颁布的工程类别划分标准。

五、税金

税收是国家财政收入的主要来源。它与其他收入相比，具有强制性、固定性和无偿性的特点。通常建筑施工企业也要像其他企业一样，按国家规定交纳税金。

按照国家规定，建筑工程费用中的税金是指国家税法规定应计入工程造价的税金额。它由营业税、城市建设维护税和教育附加费三部分构成。

应纳税额按直接工程费、间接工程费、计划利润及价差四项之和为基数计算。根据税法有关规定，税务部门计算含税工程造价的方法如下：

（1）纳税人所在地在市区的计算公式为：

$$\text{含税工程造价} = \frac{\text{不含税工程造价}}{1 - 3\% - 3\% \times 7\% - 3 \times 3\%} + 0.1\% \tag{5-27}$$

$$\text{应纳税额} = \text{不含税工程造价} \times 3.51\% \tag{5-28}$$

（2）纳税人所在地在县城、镇的计算公式为：

一般土建工程类别划分表 　　　　**表 5-9**

		一　类	二　类	三　类	四　类	五　类
民用建筑含工业建筑	檐口高度（m）	≥40	≥28	≥24	≥12	<12
	层　数	≥15	≥10	≥8	≥4	<4
	建筑面积（m^2）	≥10000	≥7000	≥500		
	其他（独立的地下停车场、商场）	≥2000	<2000			
工业建筑	檐口高度（m）	≥24	≥18	≥15	≥9	<9
	单跨跨度	≥36	≥24	≥18	≥12	<12
	其他（系指锯齿形屋架跨度）（m）	≥24	≥18			
构筑物	水塔（体积 m^3）	≥500	≥400	≥300	≥200	<200
	烟囱（砖）标准图高度（m）	≥60	≥50	≥40	≥30	<30
	烟囱（混凝土）室外±0.000到上口高度（m）	≥210	≥150	≥100	≥80	<80
	贮仓（包括相连建筑）（m）	钢、钢筋混凝土筒仓、筒顶（不含筒顶建筑）高度≥35	<35		砖筒仓	
	贮水池　容积（m^3）	≥1000	≥600	<600		
	其　他		输送栈桥	厂区沥青路面混凝土路面	第十一章其他包括内容	

注：钢筋混凝土结构的别墅不低于四类取费。

1. 同一种类别有几个指标，以符合其中一个指标为准。

2. 一个单位工程由不同结构形式组成时，以占面积最大类别为准。

3. 多层工业建筑有声光、超净、无菌等特殊要求的，执行一类费率标准。但有特殊要求所占的面积也必须是最多或最少必须有一层。

4. 檐口高度：

（1）无组织排水的檐口高度指从设计室外地坪到屋面板顶。

（2）有组织排水的檐口高度指从设计室外地坪到天沟或檐沟板底。

（3）影剧院以舞台的檐口高度为准。

（4）层高超过 2.2m 的地下室与地面部分共同计算层数。

（5）多跨单层工业建筑的车间部分以最高檐口、最大跨度为准。和单层工业厂房建筑相连的砖混结构的办公室、生活间、仓库等附属建筑物另按（6）条有关规定执行。

（6）民用建筑中的砖混、砖木、砖石结构（影剧院除外）不得超过四类。即当砖混、砖木、砖石结构按檐高、层数、建筑面积等若够一、二、三类标准时，也只能按四类标准费率计算。底层是框架上部为砖混结构的工程，不按上述规定执行，按工程类型划分表中的相应指标套用。

（7）不能计算建筑面积的范围，也不计算层数，如层高 2.2m 以内的技术层，没有围护结构的屋顶水箱间等。

（8）檐口高度与层数不包括突出屋面的能计算建筑面积的部分，例如：屋面上有围护结构的水箱电梯楼梯间等。

$$含税工程造价 = \frac{不含税工程造价}{1 - 3\% - 3\% \times 5\% - 3 \times 3\%} + 0.1\% \tag{5-29}$$

$$应纳税额 = 不含税工程造价 \times 3.44\% \tag{5-30}$$

(3) 纳税人所在地不在市区、县城、镇的计算公式为：

$$含税工程造价 = \frac{不含税工程造价}{1 - 3\% - 3\% \times 1\% - 3 \times 3\%} + 0.1\% \tag{5-31}$$

$$应纳税额 = 不含税工程造价 \times 3.32\% \tag{5-32}$$

第三节　建筑安装工程取费程序

建筑安装工程费用是由以上所述的各项费用构成的，它们之间存在着密切的内在联系，前者是后者的计算基础。因此，费用计算必须按照一定的程序进行，避免重项或漏项，做到计算清晰、结果准确。此外，由于各地区的具体情况不同，取费的项目、内容可能发生变化，费用的归类也可能不同，所以在进行计算建筑安装工程费用时，要按照当时当地的费用项目构成、费用计算方法、取费标准等，遵照一定的程序进行计算。

现将陕西省1999年颁布的建筑安装工程取费程序列出，如表5-10，表5-11所示。

一般土建工程取费程序　　　　**表5-10**

项目名称	取费程序或内容	合价	其中
			定额基价人工费总和
项目直接费	1. 定额基价 a；2. a×脚手架摊销系数；3. 塔吊增加费；4. 超高费	A	B
人工调增	B×系数：一、二类（1.05－1）三至五类（0.886－1）	A1	
外购混凝土构件管理费	构件制作基价×3%	A2	
直接费	A＋A1＋A2	A3	
其他直接费	A3×费率	A4	
现场经费	A3×费率	A5	
直接工程费	A3＋A4＋A5	A6	
间接费	A6×费率	A7	
贷款利息	A6×费率	A8	
差别利润	（A6＋A7＋A8）×费率	A9	
差价	1. 总说明中规定可以计算的差价 2. 动态调价	A10	
不含税工程造价	A6＋A7＋A8＋A9＋A10	A11	
养老保险统筹费	A11×3.55%	A12	
四项保险费	A11×费率	A13	
安全、文明施工定额补贴费	A11×1.6%	A14	
税金	（A11＋A12＋A13＋A14）×费率	A15	
含税工程造价	A11＋A12＋A13＋A14＋15	A16	

安装工程取费程序表 表5-11

项目名称	计算式	合价	其中			主材费	备注
			人工费	材料费	机械费		
小计	定额子目安装费用之和	A	B	C	D	E	A = B + C + D
调整后安装费	B×2.001、C×规定系数、D×1.923	A1	B1	C1	D1	E1	A1 = B1 + C1 + D1
高层建筑增加费	a1 = B1×系数，其中工资 a1×系数	a1	b1				
脚手架搭拆费	（B1 + b1）×系数，其中工资 a2×系数	a2	b2				
系统调整费	（B1 + b1）×系数，其中工资 a2×系数	a3	b3				
有害环境增加费	（B1 + b1）×系数	a4	b4				
施工、生产同时进行增加费	（B1 + b1）×系数	a5	b5				
工程类别人工调整	B1×调整系数（1~2类（1.05-1）；3~5类（0.886-1））	B2	B2				
直接费	A1 + a1 + a2 + a3 + a4 + a5 + B2 + E = A2 其中工资：B1 + b1 + b2 + b3 + a4 + a5 + B2 = B3	A2	B3				
其它直接费	B3×费率	A3					
现场经费	B3×费率	A4					
直接工程费	A2 + A3 + A4	F					
间接费	B3×费率	A5					
贷款利息	B3×费率	A6					
差别利润	B3×费率	A7					
不含税工程造价	F + A5 + A6 + A7	A8					
养老保险统筹费	A8×3.55%	A9					
四项保险费	A8×费率	A10					
安全、文明施工定额补贴费	A8×1.6%	A11					
税金	（A8 + A9 + A10 + A11）×税率	A12					
含税工程造价	A8 + A9 + A10 + A11 + A12	A13					

第六章 一般土建工程施工图预算的编制

第一节 概 述

一、施工图预算的概念及其作用

(一) 施工图预算的概念

施工图预算是施工图设计预算的简称，又叫设计预算。它是由设计单位在施工图设计完成后，根据施工图设计图纸，现行预算定额、费用定额以及地区设备、材料、人工、施工机械台班等预算价格编制和确定的建筑安装工程造价的文件。

建筑安装工程预算包括建筑工程预算和设备及安装工程预算。建筑工程预算按其工程性质可分为一般土建工程预算，给排水工程预算、电气照明工程预算、暖通工程预算、特殊构筑物工程预算和工业管道工程预算等。设备及安装工程预算可分为机械设备安装工程预算、电气设备安装工程预算等和化工设备、热力设备安装工程预算等。

(二) 施工图预算的作用

(1) 施工图预算是设计阶段控制建筑安装工程造价的重要环节，是加强施工管理实行经济核算的依据。

建筑安装工程造价决定着施工企业收入多少，施工图预算是根据预算定额和施工图纸编制的，而预算定额确定的人工、材料、机械台班消耗量是经过分析测定，按社会平均水平确定的。施工企业在完成某施工任务时，可以借助货币来衡量企业经营管理水平的高低，努力降低产品消耗，降低成本而获得更多的利润。

(2) 施工图预算是建筑安装工程招标投标中编制标底的依据，也是承包企业投标报价的基础。

(3) 施工图预算是建设银行拨款或贷款的依据。

(4) 施工图预算是甲、乙双方办理工程结算的依据。

施工图预算是建设单位和施工单位结算工程费用的依据。施工单位根据已会审的施工图进行施工，建设单位按工程进度，审核施工单位编制的施工图预算结付工程款。

(5) 施工图预算是编制施工计划的依据

施工图预算是施工企业正确编制材料计划，劳动力计划，机械台班使用计划等的基础资料，进行施工准备，组织材料进场的依据。

(6) 施工图预算是施工企业进行“两算”对比的依据。

“两算”对比是指施工图预算与施工预算的对比。通过两算对比分析，可以预先找出工程节约或超支原因，避免发生工程成本亏损。

二、施工图预算的编制依据

(1) 施工图纸及说明书和标准图集。经审定的施工图纸、说明书和标准图集，完整地反映了工程的具体内容、各部位的具体做法、结构尺寸、技术特征以及施工方法，是编制施工图预算的重要依据。

(2) 现行预算定额及单位估价表。国家和地区都颁发有现行建筑、安装工程预算定额及单位估价表，并有相应的工程量计算规则，是编制施工图预算，确定分项工程子目、计算工程量、选用单位估价表、计算直接工程费的主要依据。

(3) 施工组织设计或施工方案。因为施工组织设计或施工方案中包括了与编制施工图预算必不可少的有关资料，如建设地点的土质、地质情况、土石方开挖的施工方法及余土外运方式与运距，施工机械使用情况、结构构件预制加工方法及运距、重要的梁板柱的施工方案、重要或特殊机械设备的安装方案等。

(4) 材料、人工、机械台班预算价格及调价规定。材料、人工、机械台班预算价格是预算定额的三要素，是构成直接工程费的主要因素。尤其是材料费在工程成本中占的比重大，而且在市场经济条件下，材料、人工、机械台班的价格是随市场而变化的。为使预算造价尽可能接近实际，各地区主管部门对此都有明确的调价规定。因此，合理确定材料、人工、机械台班预算价格及其调价规定是编制施工图预算的重要依据。

(5)建筑安装工程费用定额。各省、市、自治区和各专业部门规定的费用及计算程序。

(6) 预算工作手册有关工具书。预算员工作手册和工具书包括了计算各种结构构件面积和体积的公式，钢材、木材等各种材料规格、型号及用量数据，各种单位换算比例，特殊断面、结构构件的工程量的速算方法，金属材料重量表等。显然，以上这些公式、资料、数据是施工图预算中常常要用到的。所以它是编制施工图预算必不可少的依据。

三、施工图预算的一般组成

单位工程施工图预算文件，一般由封面、编制说明、施工图预算表、工程量计算表四部分组成。

(一) 封面

封面内容应包括工程名称及工程编号、建设单位、施工单位、主管部门、工程总造价、建筑面积、综合经济指标（单位工程造价），预算的编制单位、编制人、证号；预算的审核部门、审核人、证号、编制日期。

(二) 编制说明

主要包括：(1) 预算编制依据（施工图纸、预算定额手册、取费标准等）；
(2) 承包方式；
(3) 工程特点；
(4) 编制过程中有关问题的处理方法（预算文件是否考虑设计变更、主要材料价差、量差、补充定额的编号等）。

(三) 施工图预算表

一般格式如6-1所示。

工程预算表　　表6-1

工程名称　　第____页____页

序　号	定额编号	分项工程名称	单　位	数　量	单价（元）	合价（元）	备　注

(四) 工程量计算表

一般格式如表6-2所示。

工程量计算书 表6-2

工程名称 第____页____页

分部分项名称	计　　算　　式	计量单位	工程数量

四、施工图预算的编制方法

施工图预算的编制方法有单价法和实物法两种。

(一) 单价法

简而言之，单价法是用事先编制好的分项工程的单位估价表来编制施工图预算的方法。按施工图计算的各分项工程的工程量，并乘以相应单价，汇总相加，得到单位工程的人工费、材料费、机械使用费之和；再加上按规定程序计算出来的其他直接费、现场经费、间接费、计划利润和税金，便可得出单位工程的施工图预算造价。

单价法编制施工图预算的主要计算公式表述为：

$$\text{单位工程施工图预算直接费}=[\sum(\text{分项工程工程量}\times\text{分项工程预算单价})]\times(1+\text{其他直接费率}+\text{现场经费费率})$$

单价法编制施工图预算的步骤如图6-1所示。

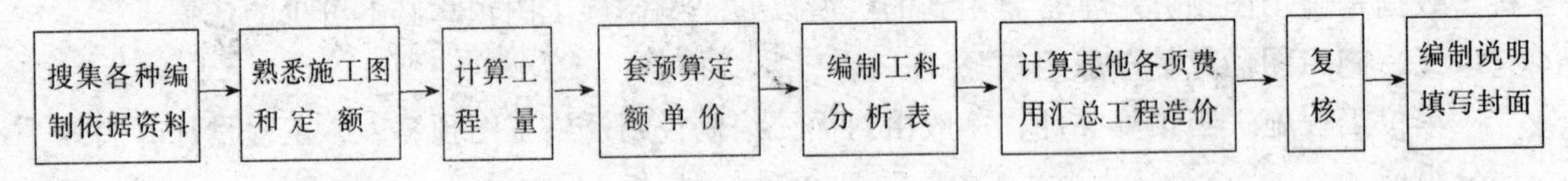

图6-1 单价法编制施工图预算步骤

具体步骤如下：

1. 搜集各种编制依据资料

各种编制依据资料包括施工图纸、施工组织设计或施工方案、现行建筑安装工程预算定额、取费标准、统一的工程量计算规则、预算工作手册和工程所在地区的材料、人工、机械台班预算价格与调价规定等。

2. 熟悉施工图纸和定额

只有对施工图和预算定额有全面详细的了解，才能全面准确地计算出工程量，进而合理地编制出施工图预算造价。

3. 计算工程量

工程量的计算在整个预算过程中是最重要、最繁重的一个环节，不仅影响预算的及时性，更重要的是影响预算造价的准确性。因此，必须在工程量计算上狠下工夫，确保预算质量。

计算工程量一般可按下列具体步骤进行：

(1) 根据施工图示的工程内容和定额项目，列出计算工程量分部分项工程；

(2) 根据一定的计算顺序和计算规则，列出计算式；

(3) 根据施工图示尺寸及有关数据，代入计算式进行数学计算；

(4) 按照定额中的分部分项工程的计量单位对相应地计算结果的计量单位进行调整，使之一致。

4. 套用预算定额单价

工程量计算完毕并核对无误后，用所得到的分部分项工程量套用单位估价表中相应的定额基价，相乘后相加汇总，便可求出单位工程的直接费。

套用单价时需注意如下几点：

(1) 分项工程量的名称、规格、计量单位必须与预算定额或单位估价表所列内容一致，否则重套、错套、漏套预算基价都会引起直接工程费的偏差，导致施工图预算造价偏高或偏低。

(2) 当施工图纸的某些设计要求与定额单价的特征不完全符合时，必须根据定额使用说明对定额基价进行调整或换算。

(3) 当施工图纸的某些设计要求与定额单位特征相差甚远，既不能直接套用也不能换算、调整时，必须编制补充单位估价表或补充定额。

5. 编制工料分析表

根据各分部分项工程的实物工程量和相应定额中的项目所列的用工工日及材料数量，相加汇总便得出该单位工程所需要的各类人工和材料的数量。

6. 计算其他各项应取费用

按照建筑安装单位工程造价构成的规定费用项目、费率及计费基础，分别计算出其他直接费、现场经费、间接费、计划利润和税金，并汇总工程造价。

7. 复核

单位工程预算编制后，有关人员对单位工程预算进行复核，以便及时发现差错，提高预算质量。复核时应对工程量计算公式和结果、套用定额基价、各项费用的取费费率及计算基础和计算结果，材料和人工预算价格及其价格调整等方面是否正确进行全面复核。

8. 编制说明、填写封面，装订成册

编制说明是编制者向审核者交代编制方面有关情况，包括编制依据、工程性质、内容范围、设计图纸号、所用预算定额编制年份（即价格水平年份），有关部门的调价文件号，套用单价或补充单位估价表方面的情况及其他需要说明的问题。封面填写应写明工程名称、工程编号、工程量（建筑面积）、预算总造价及单方造价、编制单位名称及负责人和编制日期，审查单位名称及负责人和审核日期等。

单价法是目前国内编制施工图预算的主要方法,具有计算简单、工作量较小和编制速度较快,便于工程造价管理部门集中统一管理的优点。但由于是采用事先编制好的统一的单位估价表,其价格水平只能反映定额编制年份的价格水平。在市场经济价格波动较大的情况下,单价法的计算结果会偏离当时、当地的实际价格,不得不采用差价或一些系数来调整。

(二) 实物法

实物法是首先根据施工图纸分别计算出分项工程量，然后套用相应预算人工、材料、机械台班的定额用量，再分别乘以工程所在地当时的人工、材料、机械台班的实际单价，求出单位工程的人工费、材料费和施工机械使用费，并汇总求和，进而求得直接工程费，最后按规定计取其他各项费用，最后汇总就可得出单位工程施工图预算造价。

实物法编制施工图预算的主要公式为：

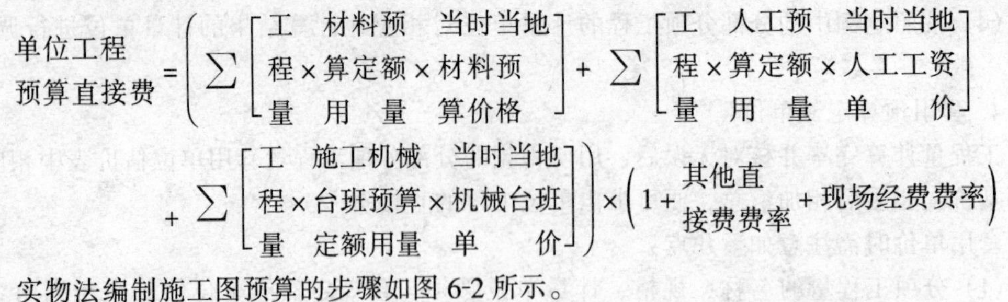

实物法编制施工图预算的步骤如图 6-2 所示。

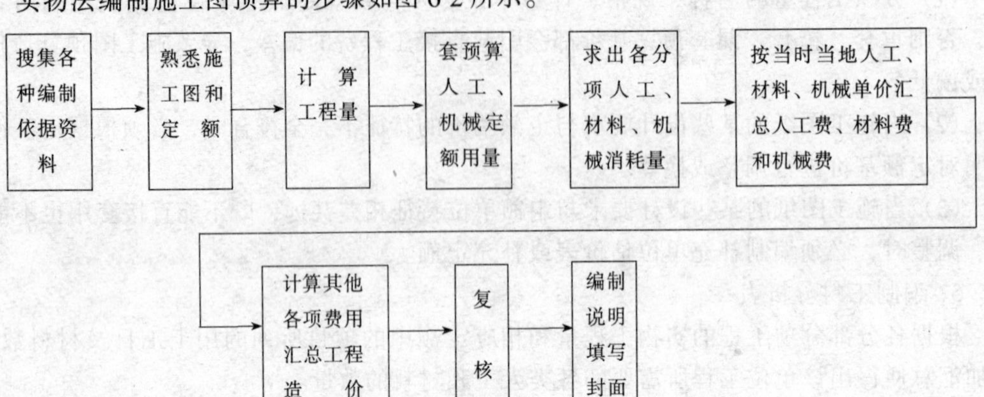

图 6-2　实物法编制施工图预算步骤

由图 6-2 可见,实物法与单价法首尾部分的步骤是相同的,所不同的主要是中间的三个步骤,即:

(1)工程量计算后,套用相应在预算人工、材料、机械台班定额用量。国家建设部 1995 年颁发的《全国统一建筑工程基础定额》(土建部分,是一部量价分离定额)和现行全国统一安装定额、专业统一和地区统一的计价定额的实物消耗量,是完全符合国家技术规范、质量标准并反映一定时期施工工艺水平的分项工程的计价所需的人工、材料、施工机械的消耗量的标准。这个消耗量标准,在建材产品、标准、设计、施工技术及其相关规范和工艺水平等没有大的突破性变化之前,是相对稳定不变的,因此,它是合理确定和有效控制造价的依据;这个定额消耗量标准,是由工程造价主管部门按照定额管理分工进行统一规定,并根据技术发展适时地补充修改。

(2)求出各分项工程人工、材料、机械台班消耗数量并汇总单位工程所需各类人工工日、材料和机械台班的消耗量。各分项工程人工、材料、机械台班消耗数量由分项工程的工程量分别乘以预算人工定额用量、材料定额用量和机械台班定额用量而得出的,然后汇总便可得出单位工程各类人工、材料和机械台班的消耗量。

(3)用当时当地的各类人工、材料和机械台班的实际单价分别乘以相应的人工、材料和机械台班的消耗量,并汇总便得出单位工程的人工费、材料费和机械使用费。

在市场经济条件下,人工、材料和机械台班单价是随市场而变化的,而且它们是影响工程造价最活跃、最主要的因素。用实物法编制施工图预算,是采用工程所在地的当时人工、材料和机械台班价格,较好地反映实际价格水平,工程造价的准确性高。虽然计算过程较单价法繁琐,但用计算机来计算也就快捷了。因此,定额实物法是与市场经济体制相适应的预算编制方法。

第二节　建筑工程量计算

工程量是以自然计量单位或物理计量单位所表示的各分项工程量和结构构件的数量。自然计量单位是指以施工对象本身自然组成情况为计量单位、如台、套、组、个等。物理计量单位是指以公制度量表示的长度、面积、体积、重量等。如管道、线路等工程量以延长米(m)为计量单位，门窗制作、建筑面积、地面面积等工程量以平方米(m^2)为计量单位；挖土方、基础、混凝土梁、板、柱等工程量以立方米(m^3)为计量单位。

正确计算工程量是准确编制施工图预算的基础。只有依据施工图和设备明细表准确地计算出工程量，然后套用适当的预算单价，就能准确地计算出工程量的直接费。

正确地计算工程量，也是正确计算工程预算造价的基础。工程量指标计算的质量直接影响基本建设计划和统计工作；工程量指标对于建筑企业编制施工组织设计、施工作业计划、资源供应计划等都是不可缺少的；工程量也是进行基本建设财务管理与会计核算的重要依据。比如，正确进行已完工程价款的结算，进行成本计划执行情况的分析等都离不开工程量指标。

一、工程量计算顺序

一般土建工程计算工程量时，通常按施工顺序进行计算。如基础工程的工程量计算顺序可以为：挖土方⟶做垫层⟶做基础⟶回填土⟶余土外运。

一个建筑物或构筑物是由很多分部分项工程组成的，在实际计算时为了加快计算速度，避免重复计算或漏算，同一分项工程的工程量计算，也应根据工程项目的不同结构形式，按照施工图纸，循着一定的计算顺序依次进行。

(一)按顺时针方向计算工程量

从图纸左上角开始，按顺时针方向逐步计算，环绕一周后又回到原开始点为止。如图6-3所示的数字是计算工程量的顺序。

(二)按横竖顺序计算工程量

按照先横后竖、从上到下，从左到右，先外后内的原则进行计算。如图6-4所示计算内墙工程量时按横竖顺序，依次从1-12。这种计算顺序适用于：内墙基础、内墙挖基槽、内墙砌筑，内墙装饰等工程。

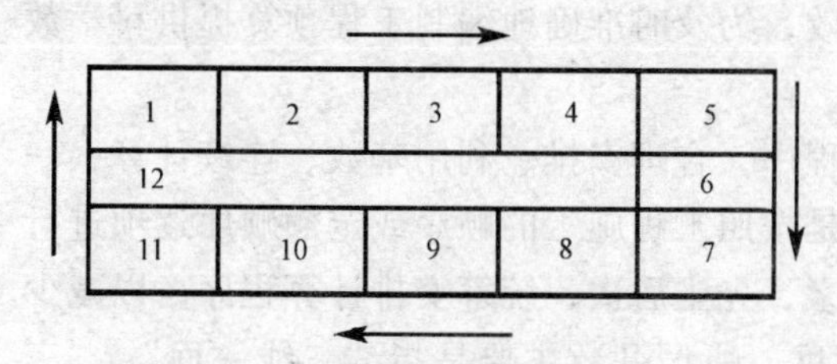

图6-3　按顺时针方向计算工程量示意图

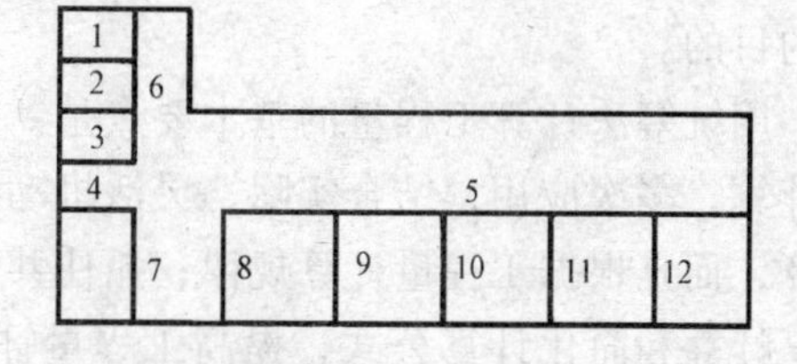

图6-3　按横竖顺序计算工程量示意图

(三) 按轴线编号顺序计算工程量

根据平面上定位轴线编号，从左到右，从上到下进行计算。这种计算顺序适用于结构复杂的工程，计算墙体、柱子、内外装饰等，如图 6-5 所示。

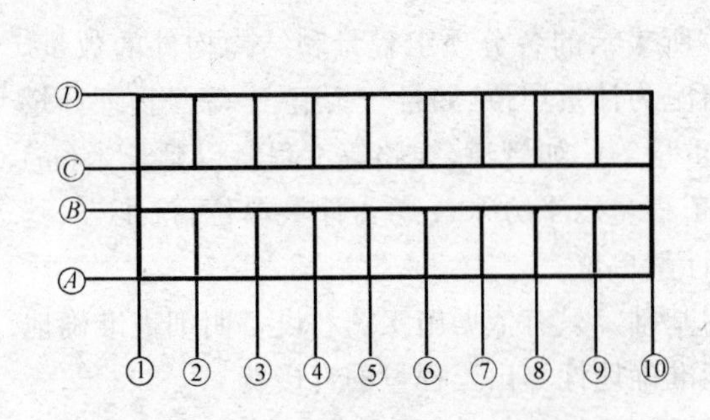

图 6-5　按轴线编号顺序计算工程量示意图

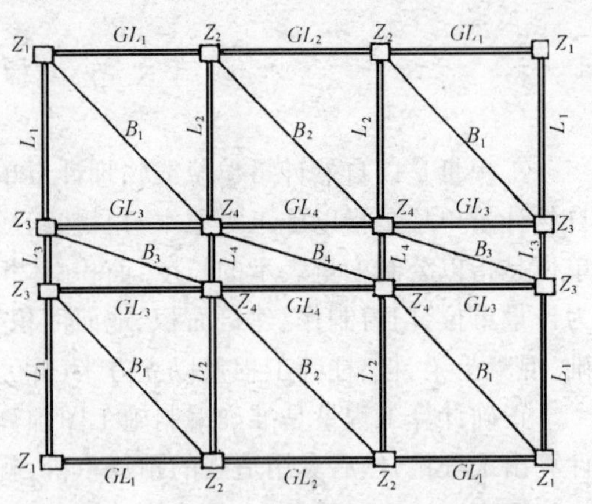

图 6-6　按构件编号顺序计算工程量示意图

（四）按结构构件编号顺序计算工程量

按图纸注明的不同类别、型号的构件编号进行计算。这种计算顺序适用于：桩基础工程、钢筋混凝土构件，金属结构构件，门窗等项目，如图 6-6 所示钢筋混凝土结构构件，即可按图示编号进行计算。

先计算柱 *Z*1、*Z*2、*Z*3、*Z*4。

其次计算主梁 *L*1、*L*2、*L*3、*L*4，连系梁 *GL*1、*GL*2、*GL*3、*GL*4。

最后计算板 *B*1、*B*2、*B*3、*B*4。

工程量计算的顺序，并不完全限于以上几种。预算人员可根据自已的经验和习惯，采取各种形式和方法。总之，要求计算式简明、易懂、层次清晰、有条不紊，算式统一。

二、运用统筹法计算工程量

统筹法是一种科学的计划和管理方法。

一个单位工程是由几十个甚至上百个分项工程组成的。在编制施工图预算时，一般按照施工顺序或定额顺序首先计算出每个分项工程的工程量，计算工作量相当大，而且容易出现漏项，重算和错算。

运用统筹法计算工程量，就是分析工程量计算中，各分项工程量计算之间的固有规律和程序，以达到节约时间，简化计算，提高工效，为及时准确地编制工程预算提供科学数据的目的。

用统筹法计算工程量的基本要点是：统筹程序，合理安排、利用基数、连续计算；一次计算，多次应用，结合实际、灵活机动。不是按照工程施工的顺序或定额顺序逐项进行计算，而是根据工程量计算规律；抓住共性因素，先主后次，统筹安排计算程序，以减少重复计算和简化计算公式，提高工程量计算速度。所谓基数主要是指“三线一面”；“三线”是指建筑施工图所标示的外墙中心线 $L_{中}$、外墙外边线 $L_{外}$、内墙净长线 $L_{内}$，“一面”是指建筑施工图上所示的底层建筑面积 S_1。先把“三线一面”算好作为计算有关部分分项工程量的基数。不能用线面基数进行连续计算的项目，如各种定型门窗、钢筋混凝土预制构件等分项工程，按个、件、根、榀、块等计量单位，预先一次计算出它们的工程量，编入手册。也要把规律性较明显的项目的系数，如沟槽挖土断面系数、屋面坡度系数等，预先一次算出，编成手册，供编预算使用，但由于工程设计很不一致，不能只用一个“线面”的数量作为基数连续计算，而必须结合设计的具体情况，灵活机动地进行计算。

现将一般常遇到的几种情况与采用的方法介绍如下：

1. 分段计算法

如果某工程基础断面尺寸，埋深不同时，可按不同的设计剖面分段计算工程量。

2. 分层计算法

如遇多层建筑物，各楼层的建筑面积不同时，可用分层计算法

3. 加补计算法

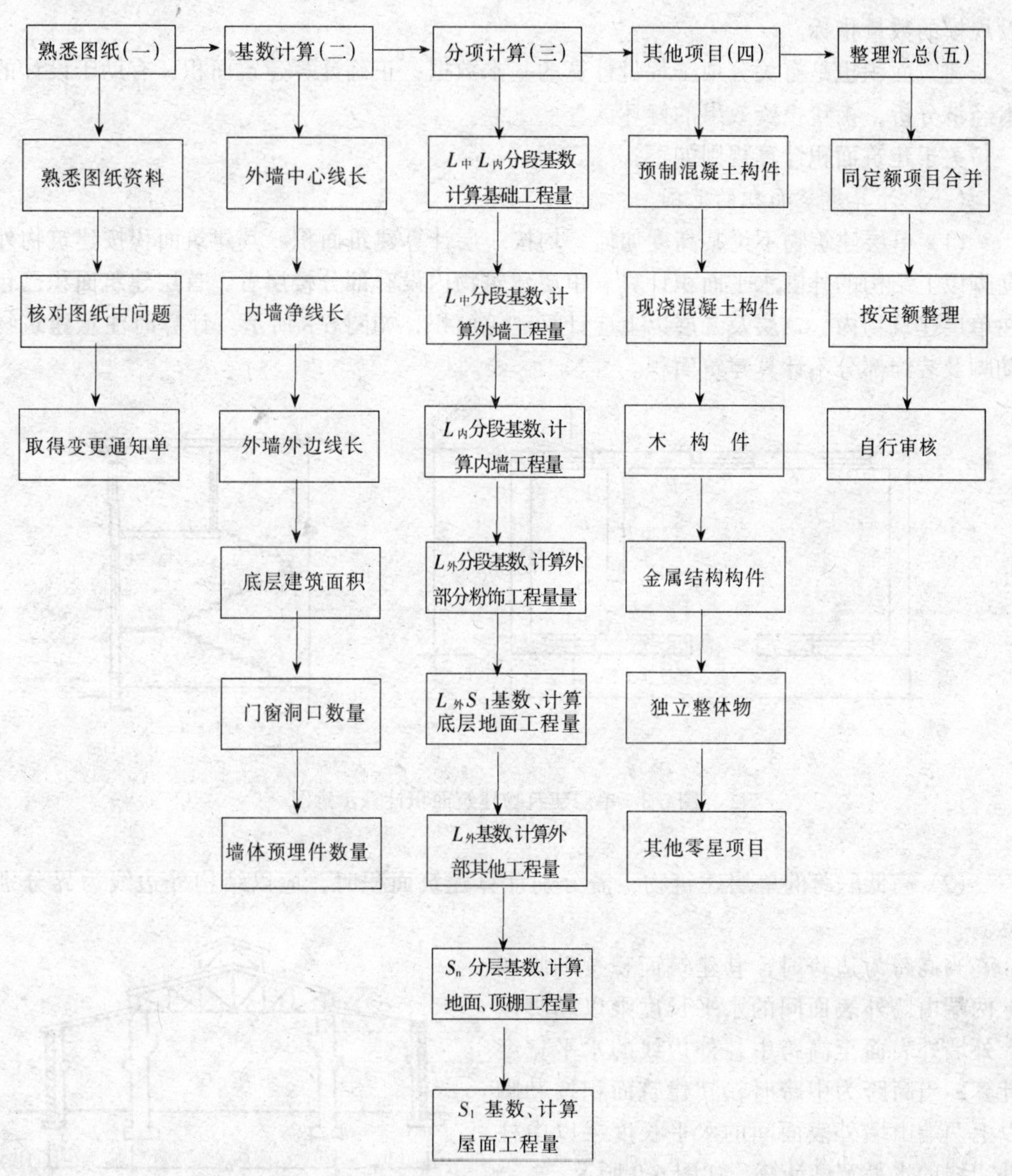

图 6-7 计算工程量步骤图

即把主要的比较方便的部分一次算出，然后再加上多出的部分。如带有墙柱的外墙，可先算出外墙体积，然后再加上砖柱体积。

4. 补减计算法

如每层楼地面面积相同，地面构造除一层门厅为大理石地面外，其余均为水磨石地面，可先按每层都是水磨石地面计算各楼层工程量，然且减去门厅的大理石地面工程量。

用统筹法计算工程量大体上分为熟悉图纸、计算基数、计算分项工程量、计算不能用基数计算的其他项目、整理与汇总等五个步骤，如图 6-7 所示。

三、建筑面积计算规则

建筑面积，也称为建筑展开面积，是指建筑物各层面积的总和。它是反映建筑平面建设规模的数量指标。

建筑面积也是有关分项工程量计算的基本数据，正确计算建筑面积，有助于设计的技术经济分析，衡量投资效果的好坏。

关于建筑面积计算规则如下：

(一) 计算建筑面积的范围

(1) 单层建筑物不论其高度如何，均按一层计算建筑面积。其建筑面积按建筑物外墙勒脚以上结构的外围水平面积计算。单层建筑物内设有部分楼层者，首层建筑面积已包括在单层建筑物内，二层及二层以上应计算建筑面积，如图 6-8 所示。计算时注意建筑物的勒脚及装饰部分不计算建筑面积。

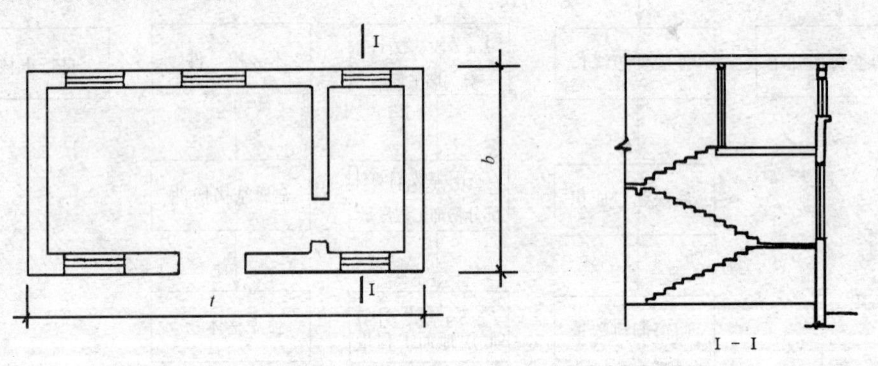

图 6-8　单层建筑物建筑面积计算示意图

(2) 高低联跨的单层建筑物，需分别计算建筑面积时，应以结构外边线为界分别计算。

当高跨为边跨时，其建筑面积按勒脚以上两端山墙外表面间的水平长度乘以勒脚以上外墙外表面至高跨中柱外边线的水平宽度计算，当高跨为中跨时，其建筑面积按勒脚以上两端山墙外表面间的水平长度乘以中柱外边线的水平宽度计算，如图 6-9 所示。

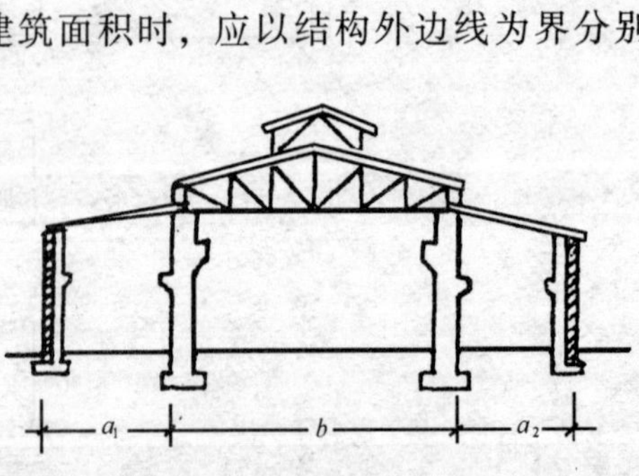

图 6-9　单层多跨厂房剖面图

其建筑面积可用下式表示：

高跨建筑面积 $S_1 = L \times b$

低跨建筑面积 $S_2 = L \times (a_1 + a_2)$

式中　L——两端山墙勒脚以上外表间水平距离；

b——高跨柱外边线水平宽度；

a_1，a_2——高跨柱外边线至低跨柱外边线水平宽度。

(3) 多层建筑物建筑面积，按各层建筑面积之和计算，其首层建筑面积按外墙勒脚以上结构的外围水平面积计算，二层及二层以上按外墙结构的外围水平面积计算。

同一建筑物如结构、层数不同时，应分别计算建筑面积。

(4) 地下室、半地下室、地下车间、仓库、商店、车站、地下指挥部等及相应的出入口建筑面积，按其上口外墙（不包括采光井、防潮层及其保护墙）外围水平面积计算。

其建筑面积用下式表示：

$$S = b_1 L_1 + b_2 L_2$$

式中　b_1、b_2——分别为地下室出入口宽度；

L_1 L_2——分别为地下室出入口长度，如图 6-10 所示。

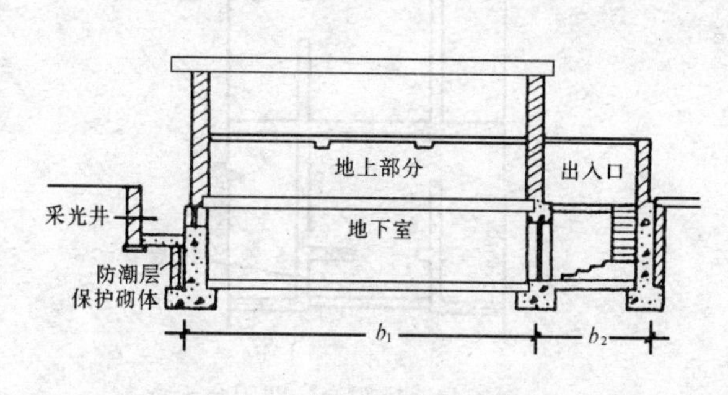

图 6-10　地下室建筑面积示意图

(5) 建于坡地的建筑物利用吊脚空间设置架空层和深基础地下架空层设计加以利用时，其层高超过 2.2m，按围护结构外围水平面积计算建筑面积。

(6) 穿过建筑物的通道，建筑物内的门厅、大厅，不论其高度如何均按一层建筑面积计算。门厅、大厅内设有回廊时，按其自然层的水平投影面积计算建筑面积。

(7) 室内楼梯间、电梯井、提物井、垃圾道、管道井等均按建筑物的自然层计算建筑面积。

(8) 书库、立体仓库设有结构层的，按结构层计算建筑面积；没有结构层的，按承重书架层或货架层计算建筑面积。

(9) 有围护结构的舞台灯光控制室，按其围护结构外围水平面积乘以层数计算建筑面积。

(10) 建筑物内设备管道层、贮藏室、其层高超过 2.2m 时，应计算建筑面积。

(11) 有柱的雨篷、车棚、货棚、站台等，按柱外围水平面积计算建筑面积；独立柱的雨篷、单排的车棚、货棚、站台等，按其顶盖水平投影面积的一半计算建筑面积，如图 6-11、6-12 所示。

(12) 层面上部有围护结构的楼梯间、水箱间、电梯机房等，按围护结构外围水平面积计算建筑面积。

(13) 建筑物外有围护结构的门斗、眺望间、观望电梯间、阳台、厨窗、挑廊、走廊等，按其围护结构外围水平面积计算建筑面积，如图 6-13 所示。

图 6-11 有柱雨蓬建筑面积示意图

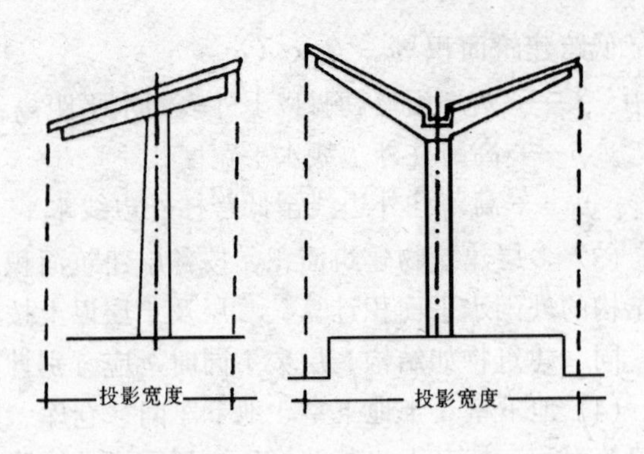

图 6-12 独立柱车棚货物站台示意图

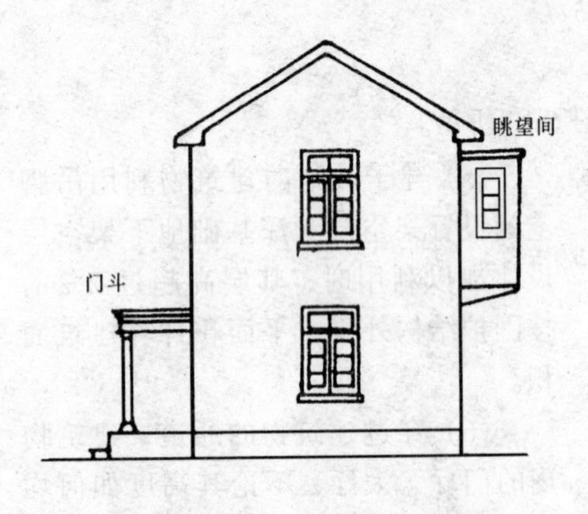

图 6-13 门斗、眺望间示意图

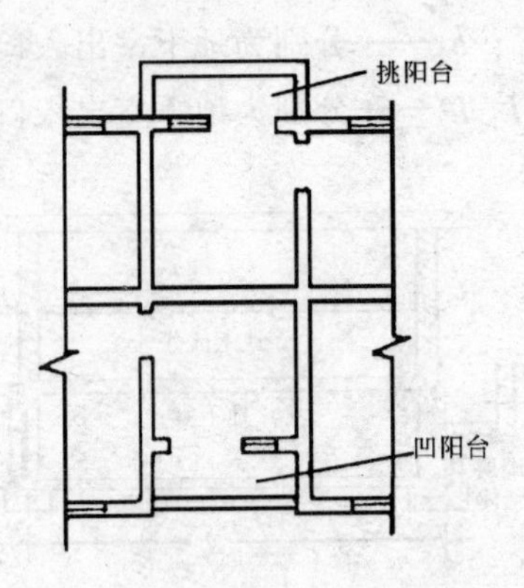

图 6-14 挑阳台、凹阳台示意

(14) 建筑物外有柱和顶盖走廊、檐廊，按柱外围水平面积计算建筑面积；有盖无柱的走廊、檐廊挑出墙外宽度在 1.5m 以上时，按其顶盖投影面积一半计算建筑面积．无围护结构的凹阳台、挑阳台，按其水平面积一半计算建筑面积。建筑物间有顶盖的架空走廊，按其顶盖水平投影面积计算建筑面积，如图 6-14、6-15 所示。

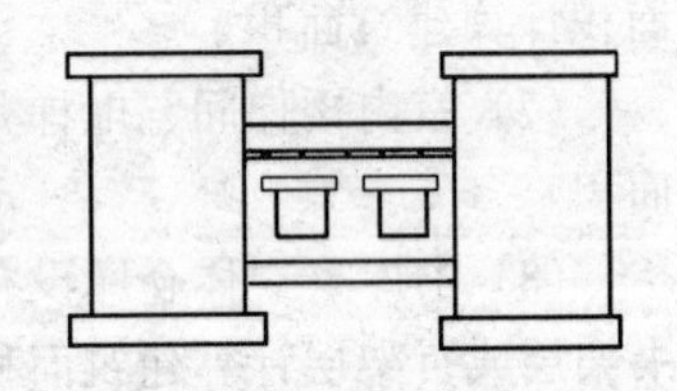

图 6-15 有顶盖架空走廊

(15) 室外楼梯、按自然层投影面积之和计算建筑面积。

(16) 建筑物内变形缝等，凡缝宽在 300mm 以内者，均依其缝宽按自然层计算面积，并入建筑物建筑面积之内计算。

(二) 不计算建筑面积的范围

(1) 突出外墙的构件、配件、附墙柱、垛、勒脚、台阶、悬挑雨篷、墙面抹灰、镶贴块材、装饰面等。

(2) 用于检修、消防等的室外爬梯。

(3) 层高 2.2m 以内的设备管道层、贮藏室，设计不利用的深基础架空层及吊脚架空层。

(4) 建筑物内操作平台、上料平台、安装箱或罐体平台，没有围护结构的屋顶水箱、花架、凉棚等。

(5) 独立烟囱、烟道、地沟、油(水)罐、气柜、水塔、贮油(水)池、栈桥、地下人防通道等构筑物。

(6) 单层建筑物分隔单层房间，舞台及后台悬挂的幕布、布景天桥、挑台。

(7) 建筑物内宽度大于 300mm 的变形缝、沉降缝。

四、土石方工程

土石方工程主要包括：平整场地、挖土方、原土夯实、回填土、房心回填土、余土外运等工程项目。

(一) 计算土石方工程前，应确定下列各项资料：

(1) 土壤及岩石类别的确定。土石方工程土壤及岩石类别的划分，依工程勘测资料与《土壤及岩石分类表》对照后确定(表 6-3)。

土壤及岩石(普氏)分类表　　表 6-3

定额分类	普氏分类	土壤及岩石名称	天然湿度下平均容重 (kg/m³)	极限压碎强度	用轻钻孔机钻进1m耗时 (min)	开挖方法及工具	坚固系数 (f)
一	I	砂 砂壤土 腐殖土 泥　炭	1500 1600 1200 600			用尖锹开挖	0.5~0.6
二类土壤	II	轻壤土和黄土类土 潮湿而松散的黄土，软的盐渍土和碱土 平均 15mm 以内的松散而软的砾石 含有草根的密实腐殖土	1600 1600 1700 1400			用尖锹开挖并少数用镐开挖	0.6~0.8
		含有直径在 300mm 以内根类的泥炭和腐殖土	1100				
		掺有卵石、碎石和石屑的砂和腐殖土	1650				
		含有卵石或碎石杂质的胶结成块的填土	1750				
		含有卵石、碎石和建筑碎料杂质的砂壤土	1900				
三类土壤	III	肥粘土其中包括石炭纪、侏罗纪的粘土和冰粘土	1800			用尖锹并同时用镐开挖 (30%)	0.8~1.0
		重壤土、粗砾石，粒径为 15~40mm 的碎石和卵石	1750				
		干黄土和掺有碎石或卵石的自然含水量黄土	1790				
		含有直径大于 30mm 根类的腐殖土或泥炭	1400				
		掺有碎石或卵石和建筑碎料的土壤	1900				
四类土壤	IV	土含碎石重粘土、其中包括侏罗纪和石炭纪的硬粘土	1950			用尖锹并同时用镐和撬棍开挖 (30%)	1.0~1.5
		含有碎石、卵石、建筑碎料和重达 25kg 的顽石(总体积 10%以内)等杂质的肥粘土和重壤土	1950				
		冰碛粘土，含有重量在 50kg 以内的巨砾 其含量为总体积 10%以内	2000				
		泥板岩	2000				
		不含和含有重量达 10kg 的顽石	1950				

续表

定额分类	普氏分类	土壤及岩石名称	天然湿度下平均容重（kg/m³）	极限压碎强度	用轻钻孔机钻进1m耗时（min）	开挖方法及工具	坚固系数（f）
松石	V	含有重量在50kg以内的巨砾（占体积10%以上）的冰碛石	2100	<200	<3.5	部分用手凿工具部分爆破开挖	1.5～2.0
		矽藻岩和软白垩岩	2800				
		胶结力弱的砾岩	2900				
		各种不坚实的片岩	2600				
		石膏	2200				
次坚石	Ⅵ	凝灰岩和浮石	1100	200～400	3.5	用风镐和爆破开挖	2～4
		松软多孔和裂隙严重的石灰岩和介质石灰岩	1200				
		中等硬变的片岩	2700				
		中等硬变的泥灰岩	2300				
	Ⅶ	石灰石胶结的带有卵石和沉积岩的砾石	2200	400～600	6.0	用爆破方法开挖	4～6
		风化的和有大裂缝的粘土质砂岩	2000				
		坚实的泥板岩	2800				
		坚实的泥灰岩	2500				
	Ⅷ	砾质花岗岩	2300	600～800	8.5	用爆破方法开挖	6～8
		泥灰质石灰岩	2300				
		粘土质砂岩	2200				
		砂质云母片岩	2300				
		硬石膏	2900				
普坚石	Ⅸ	严重风化的软弱花岗岩、片麻岩和正长岩	2500	800～1000	11.5	用爆破方法开挖	8～10
		滑石化的蛇纹岩	2400				
		致密的石灰岩	2500				
		含有卵石、沉积岩的碴质胶结的砾岩	2500				
		砂岩	2500				
		砂质石灰质片岩	2500				
		菱镁矿	3000				
	X	白云石	2700	1000～1200	15.0	用爆破方法开挖	10～12
		坚固的石灰岩	2700				
		大理岩	2700				
		石灰质胶结的致密砾岩	2600				
		坚固砂质片岩	2600				
	Ⅺ	粗花岗岩	2800	1200～1400	18.5	用爆破方法开挖	12～14
		非常坚硬的白云岩	2900				
		蛇纹岩	2600				

续表

定额分类	普氏分类	土壤及岩石名称	天然湿度下平均容重（kg/m^3）	极限压碎强度	用轻钻孔机钻进1m耗时（min）	开挖方法及工具	坚固系数（f）
普坚石	Ⅺ	石灰质胶结的含有火成岩之卵石的砾石	2800	1200～1400	18.5	用爆破方法开挖	12～14
		石英胶结的坚固砂岩	2700				
		粗粒正长岩	2700				
	XII	具有风化痕迹的安山岩和玄武岩	2700	1400～1600	22.0	用爆破方法开挖	14～16
		片麻岩	2600				
		非常坚固的石灰岩	2900				
		硅质胶结的含有火成岩之卵石的砾岩	2900				
		粗石岩	2600				
	XIII	中粒花岗岩	3100	1600～1800	27.5	用爆破方法开挖	16～18
		坚固的片麻岩	2800				
		辉绿岩	2700				
		玢岩	2500				
		坚固的粗面岩	2800				
		中粒正长岩	2800				
	XIV	非常坚硬的细粒花岗岩	3300	1800～2000	32.5	用爆破方法开挖	18～20
		花岗岩麻岩	2900				
		闪长岩	2900				
		高硬度的石灰岩	3100				
		坚固的玢岩	2700				
	XV	安山岩、玄武岩、坚固的角页岩	3100	2000～2500	46.0	用爆破方法开挖	20～25
		高硬度的辉绿岩和闪长岩	2900				
		坚固的辉长岩和石英岩	2800				
	XVI	拉长玄武岩和橄榄玄武岩	3300	＞2500	＞60	用爆破方法开挖	＞25
		特别坚固的辉长辉绿岩、石英岩和玢岩	3000				

（2）地下水位标高及排（降）水方法。

（3）土方、沟槽、基坑挖（填）起止标高、施工方法及运距。

计算土石方前应根据土质和挖土深度选取坡度系数 k 和放坡的起点高度。放坡的坡度系数 k 按表 6-4 取用，k 表示深度为 1m 时，应放出的宽度。当挖土深度为 H（m）时，应放出的宽度即为 kH（m）。计算放坡时，交接处重复部分的工程量不予扣除。若槽、坑作基础垫层时，放坡的土石方工程量，自垫层的上表面开始计算。

如果施工条件限制，不宜采取放坡的施工方案，需设置挡土板时，应按图示的槽底或坑底宽度两边各加 10cm。支档土板后，就不再按放坡计算，但应另计算挡土板的工程量。

土方坡度系数表　　表 6-4

土壤类别	放坡的起点(m)	人工挖土坡度系数 k	机械挖土坡度系数 k	
			在坑内作业	在坑上作业
Ⅰ、Ⅱ类土	1.20	0.50	1:0.33	1:0.75
Ⅲ类土	1.50	0.33	1:0.25	1:0.67
Ⅳ类土	2.00	0.25	1:0.10	1:0.33

土石方工程施工方法的确定。以此确定是人工挖土方还是机械挖土方，不同施工方法的工程量计算规则、定额项目均有所不同。

(4) 工作面宽度的确定。基础施工所需工作面 C 的宽度，如表 6-5 所示。

基础施工所需工作面宽度计算表　　表 6-5

基础材料	每边各增加工作面宽度(mm)
砖基础	200
浆砌毛石、条石基础	150
混凝土基础垫层支模板	300
混凝土基础支模板	300
基础垂直面做防水层	800(防水层面)

(5) 土方体积折算系数的确定。土方体积一般均按挖掘前的天然密实体积计算，如遇有必须以天然密实体体积折算时，按表 6-6 所列系数换算。

土方体积折算表　　表 6-6

虚方体积	天然密实体积	夯实后体积	松填体积
1.00	0.77	0.67	0.83
1.30	1.00	0.87	1.08
1.50	1.15	1.00	1.25
1.20	0.92	0.80	1.00

(二) 土石方工程量计算规则

1. 平整场地

平整场地是指建筑场地挖、填土方厚度在 ±30cm 以内的就地挖、填及找平。其工程量按建筑物外墙外边线每边各加 2m，以平方米计算。其计算公式如下：

$$平整场地工程量 = (a + 2 \times 2) \times (b + 2 \times 2) = (a + 4) \times (b + 4) \quad (6\text{-}1)$$

式中　a——底面积外边线长；

b——底面积外边线宽。

2. 人工挖沟槽

挖沟槽是指图示槽底宽在 3m 以内，且槽长大于槽宽三倍以上的沟槽挖土。

由于确定沟槽底宽的因素各不相同，因此，计算沟槽工程量的具体公式分别有：

（1）不放坡和不支挡土板挖沟槽时，如图6-16。

$$V = L\times\ (B + 2C)\ \times H \tag{6-2}$$

（2）支双面挡土板挖沟槽时，如图6-17。

$$V = H(B + 2C + 0.2)L \tag{6-3}$$

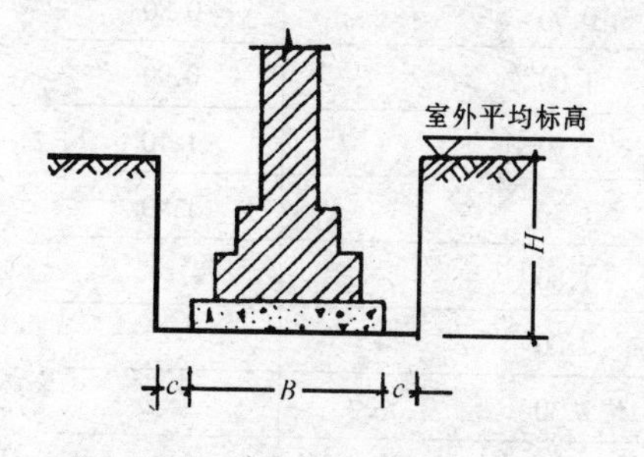

图6-16 不放坡土方计算示意图

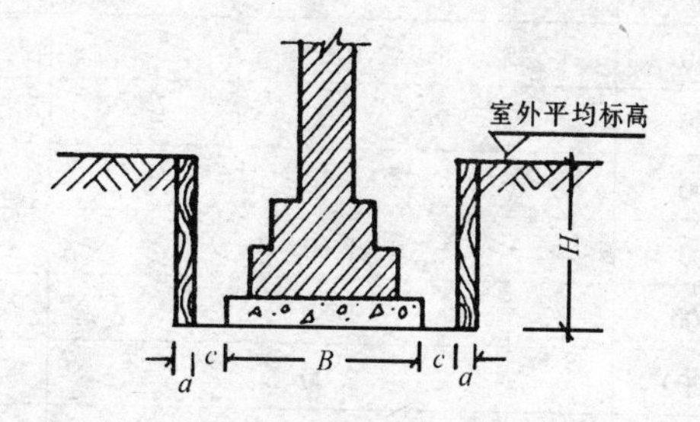

图6-17 支挡板土方计算示意图

（3）由垫层下表面放坡挖沟槽时，如图6-18。

$$V = H\times(B + 2C + KH)\times L \tag{6-4}$$

式中 K——为放坡系数。放坡系数 K 乘槽深 H 等于放坡宽度。

（4）由垫层上表面放坡挖沟槽时，如图6-19。

$$V = M_1\times B\times L + (B + KM_2)\times M_2\times L \tag{6-5}$$

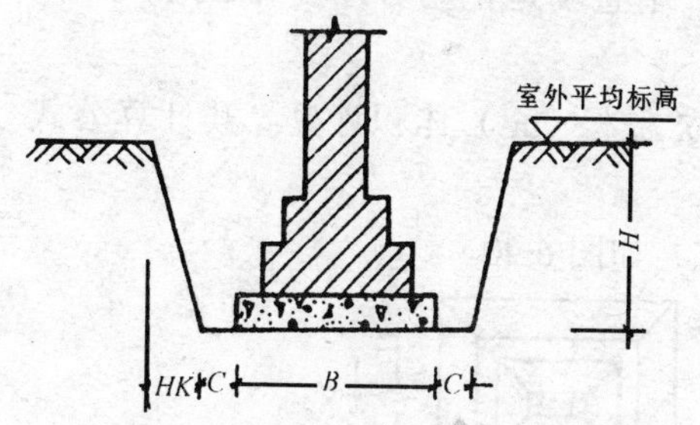

图6-18 放坡土方计算示意图（一）

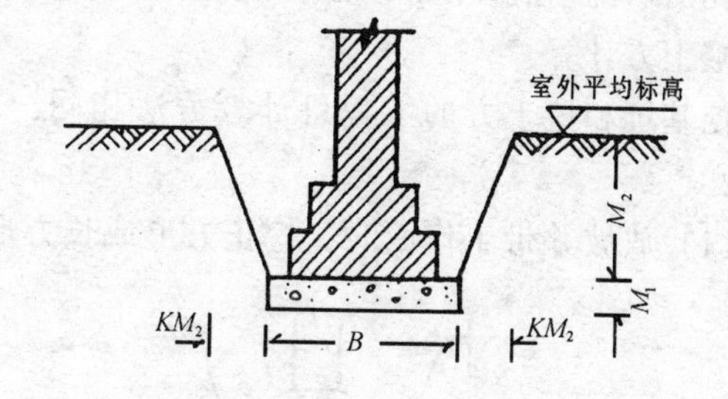

图6-19 放坡土方计算示意图（二）

以上各式中 V——挖沟槽的体积；

B——沟槽中基础或垫层的底部宽度；

K——坡度系数，按表6-4选用，放坡时，交接处重复工程量不予扣除；

C——工作面宽度，根据基础材料按表6-5中规定选用；

H——沟槽深度，室外地坪标高到槽底或管道沟底的深度（决定是否达到放坡的深度）；

M_1——垫层厚度；

M_2——计算放坡的深度，室外地平坪高到垫层上表面的深度；

L——地槽长度，外墙按图示中心线长度计算，内墙按图示基础底面之间净长线的长度计算。挖管道沟槽时，槽长按管道的中心线长，沟底的槽宽按设计规定计算，无规定者，按表6-7规定宽度计算，不再另加工作面宽度。

管道地沟沟底宽度计算表 **表 6-7**

管　径（mm）	铸铁管、钢管、石棉水泥管	混凝土、钢筋混凝土、预应力混凝土管	陶　土　管
50～70	0.60	0.80	0.70
100～200	0.70	0.90	0.80
250～350	0.80	1.00	0.90
400～450	1.00	1.30	1.10
500～600	1.30	1.50	1.40
700～800	1.60	1.80	
900～1000	1.80	2.00	
1100～1200	2.00	2.30	
1300～1400	2.00	2.60	

注：1. 按上表计算管道沟土方工程量时，各种井类及管道（不含铸铁给排水管）接口等处需加宽增加的土方量不另行计算，底面积大于 m^2 的井类，其增加工程量并入管沟土方内计算。

2. 铺设铸铁给排水管道时其按口等处土方增加量，可按铸铁给排水管道地沟土方总量的 2.5%计算。

3. 人工挖基坑和人工挖土方

凡图示基坑底面积在 $20m^2$ 以内的为基坑。

凡图示沟槽底宽 3m 以外，坑底面积 $20m^2$ 以外，平整场地挖土方厚度在 30cm 以外，均按挖土方计算。

挖基坑和挖土方的工程量计算方法相同，均以立方米（m^3）体积计算。其计算公式如下：

(1) 放坡并带工作面时，挖正方形或长方形基坑，如图 6-20。

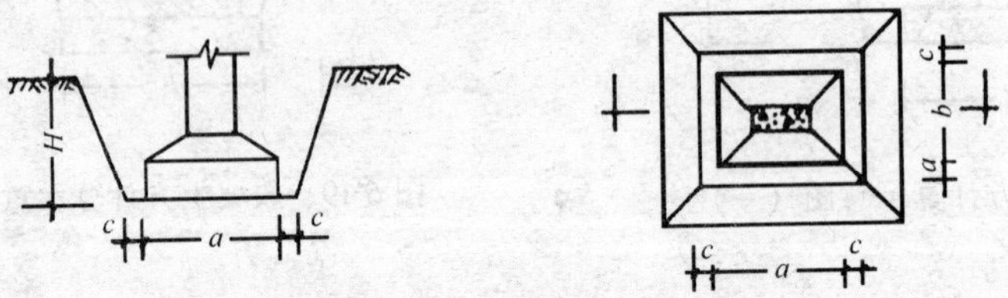

图 6-20　正方形或长方形基坑体积计算示意图

$$V = (a + 2c) \times (b + 2c) \times H + 2 \times \frac{1}{2} K \times H \times H \times (b + 2c) + 2 \times \frac{1}{2} K \times H \times H \times (a + 2c) + 4 \times \frac{1}{3} \times KH \times KH \times H$$

简化公式为　$$V = (a + 2c + KH) \times (b + 2c + KH) \times H + \frac{1}{3} K^2 H^3 \quad (6\text{-}6)$$

式中　H——表示基坑深度（m）；

a——表示坑基础长度（m）；

b——表示坑基础宽度（m）；

c——表示工作面宽度（m）；

K——表示放坡系数。

（2）不放坡并带工作面时，挖正方形或长方形基坑。

$$V = (a + 2c) \times (b + 2c) \times H \quad (6\text{-}7)$$

式中字母符号意义同前，如带挡土板，按图示尺寸两边各加10cm计算。

4．人工挖孔桩

人工挖孔桩土方工程量，按图示桩断面面积乘以设计桩孔中心线深度，以立方米（m^3）体积计算。其计算公式为：

挖孔桩土方体积 = 孔桩断面面积 × 桩孔中心线深度

5．岩石开凿及爆破

工程量计算规则：

（1）人工凿石的工程量，按图示尺寸立方米（m^3）体积计算。

（2）爆破岩石工程量，按图示尺寸以立方米（m^3）体积计算，其沟槽、基坑的深度与宽度允许超挖量按以下规定计算，超挖部分的岩石并入爆破岩石工程量内。

次坚石允许超挖的深、宽：200mm。

特坚石允许超挖的深、宽：150mm。

6．回填土

回填土要区分实夯填、还是松填。并按下列规定计算工程量，以立方米计算。

（1）沟槽、基坑回填土工程量按以下公式计算：

沟槽、基坑回填土体积 = 挖方体积—室外地坪以下埋设建筑物的体积 （6-8）

（2）管道沟槽回填土工程量按以下公式计算：

管道沟槽回填土体积 = 沟槽挖土体积—管径所占面积 （6-9）

式中　管径所占体积指标超过500mm以上的管径，小于500mm的管径所占体积不予扣除。超过500mm以上管径所占体积按表6-8扣除。

管道扣除土方体积表 **表6-8**

管道名称	管道直径（mm）					
	501～600	601～800	801～1000	1001～1200	101～1400	1401～1600
钢管	0.21	0.44	0.71			
铸铁管	0.24	0.49	0.77			
混凝土管	0.33	0.60	0.92	1.15	1.35	1.55

（3）室内回填土工程量按以下公式计算：

室内回填土的体积 = 底层主墙间净面积 ×（室内外高差—地坪的厚度） （6-10）

式中　底层主墙间净面积 = 底层建筑面积—（$L_{中}$ × 外墙厚 × 内墙厚）

主墙——指墙厚大于15cm的墙；

$L_{中}$——外墙中心线总长；

$L_{内}$——内墙净长线总长。

室内外高差及地坪的厚度如图6-21所示。

7. 原土碾压及填土碾压

(1) 原土碾压，是指挖至原土后对原土进行碾压。工程量按槽、坑的底面计算。

(2) 填土碾压，是指挖至原土后分层回填碾压。工程量按槽、坑底的面积乘以填土厚度，以 m^3 体积计算。

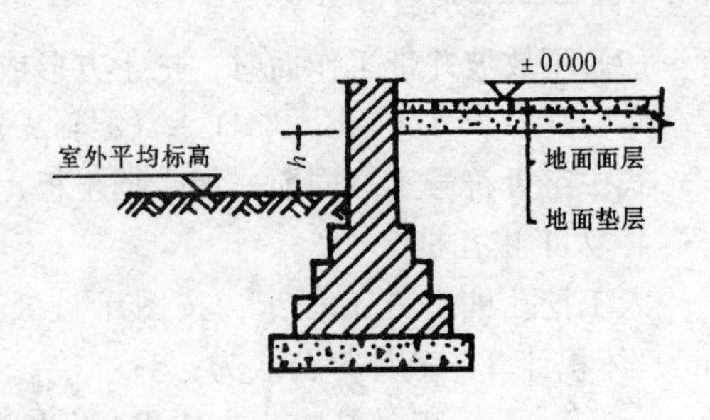

图 6-21　室内回填土计算示意图

8. 土方运输

土方的运输是指土方开挖后，把不能用于回填或用于回填后多余的土运至指定地点；或是所挖土方量不能满足回填土的用量，需从购土地点将外购土运到现场。所以，土方运输包括脏土外运、运余土和外购土方等。

(1) 脏土外运工程量，是指挖出土方不能用于回填，必须全部外运出现场。其工程量等于挖土体积。

(2) 运余土工程量，是指挖出土方用于回填后，剩余的土方必须运往指定地点。其工程量按以下公式计算：

$$运余土工程量 = 挖土体积 — 填土总体积 \tag{6-11}$$

式中　填土总体积 = 基础回填土体积 + 室内回填土体积 + 其他零星回填土体积。

(3) 外购土方工程量，是指当运余土工程量计算结果为负值时，表明挖土工程量小于回填土工程量，它们的差额便是外购土方的工程量。

(4) 土方运输距离按以下规定计算：

推土机推土运距：按挖方区重心至回填区重心之间的直线距离计算；

铲运机运土运距：按挖方区重心至卸土区重心加转向距离 45m 计算；

自卸汽车运土运距：挖方区重心至填土区（或推土地点）重心的最短距离计算。

9. 地基强夯

地基强夯工程量，按设计图示强夯面积区分夯击能量与夯击遍数以平方米（m^2）面积计算。

10. 轻型井点

井点降水工程量应区别轻型井点、喷射井点、大口径井点、电渗井点、水平井点，按不同井管深度的井管安装、拆除，以根为单位计算，使用按套、天计算。

井点套组成：

轻型井点：50 根为一套；

喷射井点：30 根为一套；

大口径井点：45 根为一套；

电渗井点阳极：30 根为一套；

水平井点：10 根为一套。

井管间距应根据地质条件和施工降水要求，依施工组织设计确定，施工组织设计没有规定时，可按轻型井点管距 0.8~1.6m，喷射井点管距 2~3m 确定。

使用天应以每昼夜 24h 为一天，使用天数应按施工组织设计规定的使用天数计算。

五、桩基础工程

一般工业与民用建筑的桩基础工程主要包括打桩、接桩、送桩等项目。

桩基础的组成：桩基础由桩和承台组成，适用于上部荷载较大或地基软弱，土层较厚的基础。

（一）计算打桩（灌注桩）工程量前应确定下列事项

（1）确定土质级别：依工程地质资料中的土层构造、土壤物理、化学性质及每米沉桩时间鉴别适用定额土质级别。

（2）确定施工方法、工艺流程，采用机型、桩、土壤泥浆运距。

（二）桩基础工程量计算规则

（1）打预制钢筋混凝土桩的工程量，按设计桩长（包括桩尖长度，不扣除桩尖部分虚体积）乘以桩断面面积［以立方米（m^3）］计算。管桩的空心体积应扣除。如管桩的空心部分按设计要求灌注混凝土或其他填充料时，应另行计算。

（2）接桩工程量，应根据接桩的方法不同有所区别。电焊接桩按设计接头，以个计算；硫横胺胶泥接桩按桩断面［以平方米（m^2）］计算。

（3）送桩工程量，按桩截面面积乘以送桩长度（即打夯架底至桩顶面高度或自桩顶面至自然地坪面另加0.5m）［以立方米（m^3）］计算。

（4）打拨钢板的工程量，按钢板桩重量以吨（t）计算。

（5）打孔灌注桩工程量计算：

1）打孔灌注桩的工程量，打孔灌注桩又分混凝土灌注桩和砂、石灌注桩两种，其工程量，按设计规定的桩长（包括桩尖，不扣除桩尖部分虚体积）乘以打入钢管管箍外径截面面积［以立方米（m^3）］计算。

2）打孔灌注桩的扩大桩工程量，按单桩体积乘以根数［以立方米（m^3）］计算。

3）如果是打孔后，先埋入预制混凝土桩尖，再灌注混凝土的打孔灌注方式，其桩尖的工程量按钢筋混凝土章节规定计算体积；灌注混凝土部分的工程量，按设计桩长（自桩尖的顶面至桩顶面的高度）乘以钢管管箍外径截面面积［以立方米（m^3）］计算。

（6）钻孔灌注桩工程量计算：

1）钻孔灌注桩工程量，按设计桩长（包括桩尖，不扣除桩尖的虚体积）增加0.25m乘以设计断面面积［以立方米（m^3）］计算；

2）钻孔灌注桩的钢筋笼工程量，按设计图示规定，并根据钢筋工程量计算规则计算。

3）泥浆运输工程量，按钻孔体积［以立方米（m^3）］计算。

（7）其他：

1）安、拆导向夹具，按设计图纸规定的水平延长米计算。

2）桩架90°调面只适用轨道式、走管式、导杆、筒式柴油打桩机以次计算。

六、脚手架工程

（一）脚手架工程量计算的一般规则

（1）建筑物外墙脚手架。规定凡设计室外地坪至檐口（女儿墙上表面）的砌筑高度在15m以下的，按单排脚手架计算；砌筑高度在15m以上，或虽不足15m，但外墙门窗及装饰面积超过外墙表面积60%以上，或采用竹制脚手架时，均应按双排脚手架计算。

（2）建筑物内墙脚手架。规定凡设计室内地坪至顶板下表面（或山墙高度1/2处）的砌筑高度超过 3.6m 以下时，按里脚手架计算；凡砌筑高度超过 3.6m 以上时，按单排脚手架计算。

(3) 石砌墙体脚手架。规定凡砌筑高度超过 1m 以上时，按外墙脚手架计算。

(4) 计算内、外墙脚手架时，均不扣除门、窗洞口、空圈洞口等所占面积。

(5) 同一建筑物具有不同高度时，应按不同高度分别计算工程量。

(6) 现浇钢筋混凝土框架柱、梁或砌筑砖柱的脚手架。规定均按双排脚手架计算。

(7) 围墙脚手架。规定凡室外地坪至围墙顶面的砌筑高度在 3.6m 以下的，按里脚手架计算；砌筑高度超过 3.6m 以上时，按单排脚手架计算。

(8) 室内顶棚装饰面的脚手架。规定凡装饰面距室内地坪高度在 3.6m 以上时，应计算满堂脚手架。计算了满堂脚手架后，墙面装饰工程则不再计算脚手架。

(9) 滑升模板施工的钢筋混凝土柱、烟囱、筒仓等，不另计算脚手架。

(10) 砌筑贮仓脚手架。规定按双排脚手架计算。

(11) 贮水（贮油）池、大型设备基础的脚手架。规定凡距地坪高度超过 1.2m 以上的，均按双排脚手架计算。

(12) 整体钢筋混凝土桩满堂基础的脚手架。规定凡其宽度超过 3m 以上时，其底板面积应计算满堂脚手架。

(二) 脚手架的工程量计算方法

1. 砌筑脚手架的工程量计算

(1) 外墙脚手架的工程量，按外墙外边线长度乘以墙的砌筑高度以平方米（m^2）面积计算。突出墙外宽度在 24cm 以内的墙垛、附墙烟囱等，不另计算脚手架。但突出墙外宽度超过 24cm 以外时，按其图示尺寸展开面积计算，并入外墙脚手架的工程量之内。

(2) 内墙里脚手架的工程量，按装饰墙面的垂直投影面积［以平方米（m^2）］计算。

(3) 砌筑独立柱脚手架的工程量，按图示柱结构外围周长另加 3.6m 乘以砌筑高度［以平方米（m^2）］计算，套用相应外脚手架定额。

2. 现浇钢筋混凝土柱框架脚手架工程量计算

(1) 现浇混凝土柱的脚手架工程量，按柱图示周长另加 3.6m 乘以柱高［以平方米（m^2）］计算，套用相应外脚手架定额。

(2) 现浇混凝土梁、墙的脚手架工程量，按设计室外地坪或楼板上表面至楼板底之间的高度，乘以梁、墙的净长［以平方米（m^2）］计算，套用相应双排外脚手架定额。

3. 装饰工程脚手架的工程量计算

(1) 满堂脚手架的工程量，按室内主墙间净面积计算。满堂脚手架基本层适用于搭设高度在 3.6～5.2m 之间，其高度超过 5.2m 时，每超过 1.2m 按一个增加层计算，超过高度不足 0.6m 的，不计算增加层。增加层的数量按以下公式计算：

$$\text{满堂脚手架增加层数量} = \frac{\text{室内净高} - 5.2}{1.2} \tag{6-12}$$

(2) 挑脚手架的工程量，按搭设长度和层数［以延长米（m）］计算。

(3) 悬空脚手架的工程量，按搭设水平投影面积［以平方米（m^2）］计算。

(4) 高度超过 3.6m 墙面装饰不能利用原砌筑脚手架时，可以计算装饰脚手架。装饰脚手架按双排脚手架乘以 0.3 计算。

4. 其他脚手架的工程量计算

(1) 水平防护架的工程量，按实际铺设的水平投影面积［以平方米（m^2）］计算。

(2) 垂直防护架的工程量，按自然地坪至最上一层横杆之间的搭设高度，乘以实际搭设长度［以平方米（m^2）］计算。

(3) 架空运输脚手架的工程量，按搭设长度［以延长米（m）］计算。

(4) 烟囱、水塔脚手架的工程量，应区分不同搭设高度（以座）计算。

(5) 电梯井脚手架的工程量，按单孔（以座）计算。

(6) 附属斜道脚手架的工程量，应区分不同高度（以座）计算。

(7) 砌筑贮仓脚手架的工程量，不分单筒或贮仓组，均按单筒外边线周长乘以室外地坪至贮仓上口之间的高度［以平方米（m^2）］计算。

(8) 贮水（贮油）池脚手架的工程量，按外壁周长乘以室外地坪至池壁顶面边线之间的高度［以平方米（m^2）］计算。

(9) 大型设备基础脚手架的工程量，按其外形周长乘以室外地坪至外形顶面边线之间高度［以平方米（m^2）］计算。

(10) 建筑物垂直封闭脚手架的工程量，按其封闭面的垂直投影面积［以平方米（m^2）］计算。

5. 安全网的工程量计算

(1) 立挂式安全网的工程量，按架网的实挂长度乘以实挂高度［以平方米（m^2）］的面积计算。

(2) 挑出式安全网的工程量，按挑出的水平投影面积［以平方米（m^2）］计算。

七、砌筑工程

砌筑工程主要包括：砖石基础、墙体、柱、砖石墙勾缝、空斗及空心砖墙及零星砌体等。

(一) 砖基础工程量计算规则

1. 砖基础与墙身（柱身）的划分

(1) 基础与墙（柱）身使用同一种材料时，以设计室内地面为界（有地下室者，以地下室室内设计地面为界），以下为基础，以上为墙（柱）身，如图 6-22（*a*）所示。

(2) 基础与墙身使用不同材料时，位于设计室内地面 ±300mm 以内时，以不同材料为分界线，以下为基础，以上为墙（柱）身，超过 ±300mm 时，以设计室内地面为分界线，如图 6-22（*b*）、（*c*）所示。

(3) 砖、石围墙，以设计室外地坪为界线，以下为基础，以上为墙身。

2. 砖基础工程量计算

砖基础工程量，按施工图尺寸［以立方米（m^3）］计算。外墙墙基按外墙中心线长度计算；内墙墙基按内墙基净长计算，如图 6-23（*a*）、（*b*）、（*c*）所示。应扣除嵌入基础的钢筋混凝土柱和柱基（包括构造柱和构造柱基）、钢筋混凝土梁（包括地圈梁和过梁）及单个面积在 0.3m^2 以上孔洞所占的体积。对基础大放脚 T 型接头处的重叠部分以及嵌入基础的钢筋、铁件、管道、基础防潮层及单个面积在 0.3m^2 以内的孔洞所占体积不予扣除，但靠墙暖气沟的挑檐亦不增加；附墙垛基础宽出部分的体积应并入基础工程量内。砖基础工程量按以下公式计算：

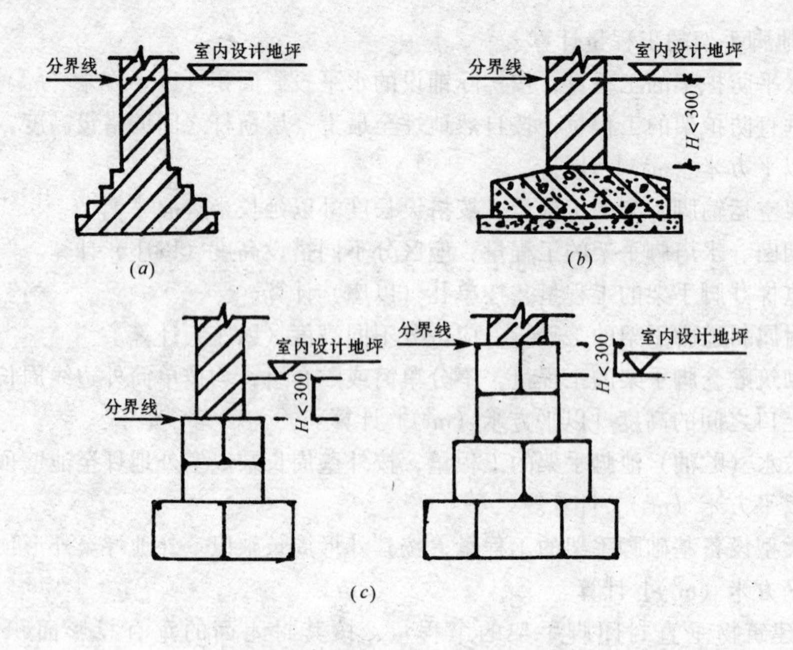

图 6-22 基础墙身分界线示意

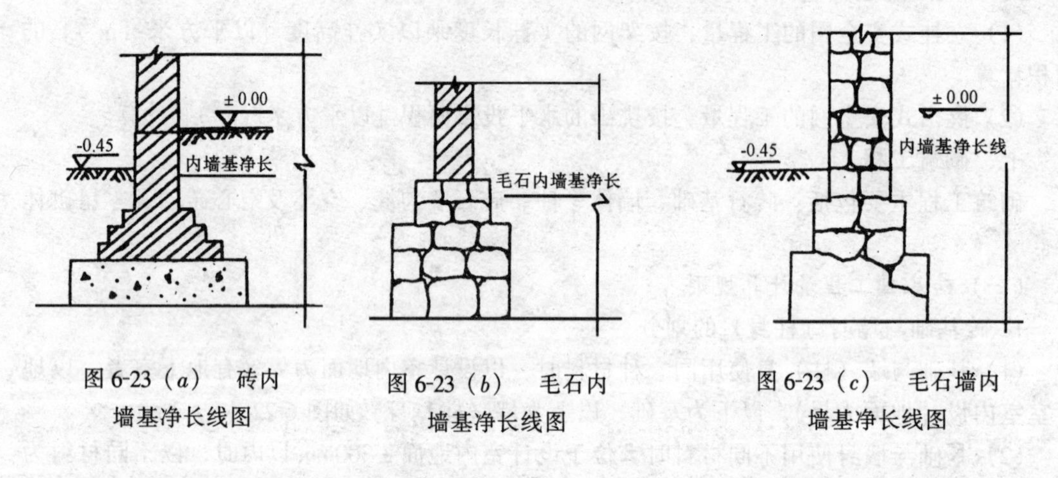

图 6-23（a） 砖内墙基净长线图

图 6-23（b） 毛石内墙基净长线图

图 6-23（c） 毛石墙内墙基净长线图

$$V = L \times A - \sum \text{嵌入基础的混凝土构件体积} - \sum \text{大于 } 0.3\text{m}^2 \text{ 洞孔面积} \times \text{基础墙厚} \quad (6\text{-}13)$$

式中 V——基础体积（m^3）；

L——基础长度，外墙墙基按外墙中心线长计计算，内墙墙基按内墙基净长（m）计算；

A——基础断面积（m^2），等于基础墙的面积与大放脚面积之和。

大放脚的形式有等高式和不等高式两种，如图 6-24 所示。断面面积 A 按以下公式计算：

$$A = B \times H + n \times (n + 1) \times b \times h \quad (6\text{-}14)$$

不等高式砖基础断面面积：

当错台层数为偶数时 $A_{双} = n \times b \times \left[\frac{n}{2} \times (h_1 + h_2) + h_1 \right]$ (6-15)

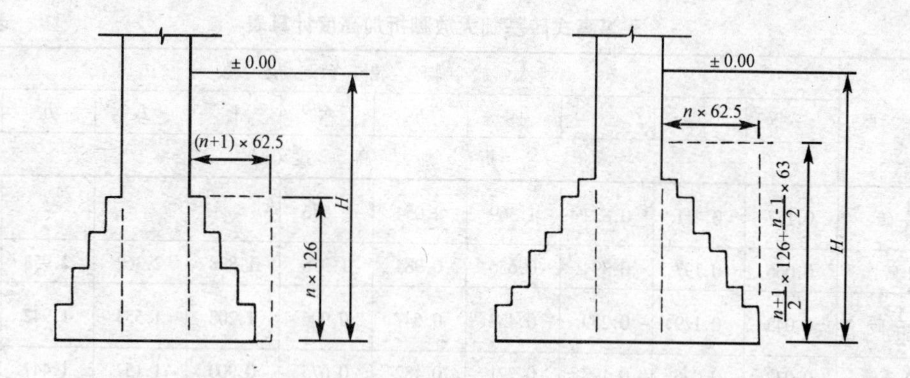

图 6-24　砖基础断面图

当错台层数为奇数时　$A_{单} = (n+1) \times b \times \left[\frac{n-1}{2} \times (h_1 + h_2) + h_1\right]$　(6-16)

式中　n——大放脚台数（皮数）；

H——基础设计深度；

b——每皮外放宽度；

h——每皮高度；

h_1、h_2——不等高皮数的二个高度。

若等高式大放脚每层高度为 126mm，不等高式每层高度为 126mm 与 63mm 相间，每皮外放宽度为 62.5mm。则

等高式大放脚增加断面：$A' = n \times (n+1) \times 0.0625 \times 0.126$

不等高式大放脚增加断面：

$$A'_{双} = 0.0625 \times n\left[\left(\frac{n}{2} \times 0.126 + 0.063\right) + 0.126\right]$$

$$A'_{单} = 0.0625 \times (n+1)\left[\frac{n-1}{2} \times (0.126 + 0.063) + 0.126\right]$$

为了简化条形砖基础工程量的计算，提高计算速度，可将基础大放脚增加的断面积转换成折加高度后再进行基础工程量计算。

$$大放脚折加高度 = \frac{大放脚增加断面积}{砖基础墙的厚度} \qquad (6\text{-}17)$$

若折加高度按以上公式计算得出 $H_{折}$，砖基础的墙厚为 B，基础长度为 L，则

$$砖基础体积 = B \times (H + H_{折}) \times L \qquad (6\text{-}18)$$

现根据大放脚增加断面面积和折加高度公式，将不同墙厚、不同台数大放脚断面积列于表 6-9 中。

【例 6-1】　试计算条形砖基础（如图 6-25 所示）人工挖地槽砖基础的工程量，土质为Ⅰ、Ⅱ类土。

【解】　$L = 15 \times 2 + 10 \times 2 = 50$ (m)

$H = 1.6 - 0.3 = 1.3$ (m)

由于挖土深度超过了放坡起点高度，查表 6-2 得 k = 0.5；

等高式砖基础大放脚折加高度计算表　　表 6-9

墙　厚	大放脚错台层数									
	一	二	三	四	五	六	七	八	九	十
	折加高度(m)									
$\frac{1}{2}$砖	0.137	0.411	0.822	1.369	2.054	2.876				
1砖	0.066	0.197	0.394	0.656	0.984	1.378	1.838	2.362	2.953	3.610
$1\frac{1}{2}$砖	0.043	0.129	0.259	0.432	0.647	0.906	1.208	1.553	1.942	2.373
2砖	0.032	0.096	0.193	0.321	0.482	0.675	0.900	1.157	1.447	1.768
$2\frac{1}{2}$砖	0.026	0.077	0.154	0.256	0.384	0.538	0.717	0.922	1.153	1.409
3砖	0.021	0.064	0.128	0.213	0.319	0.447	0.596	0.766	0.958	1.171
增加断面积(m^2)	0.01575	0.04725	0.0945	0.1575	0.2363	0.3308	0.4410	0.5670	0.7088	0.8663

砖基础工作面宽度 $C=0.2$（m）

$B_{1-1}=1.2$（m）

$V_{1-1}=(1.02+2\times0.2+0.5\times1.3)\times1.3\times50=146.25$（$m^3$）

查表 6-9 大放脚的折加高度：$h_1=0.984$

$V_{砖}=50\times0.24\times(1.2+0.984)=26.208$（$m^3$）

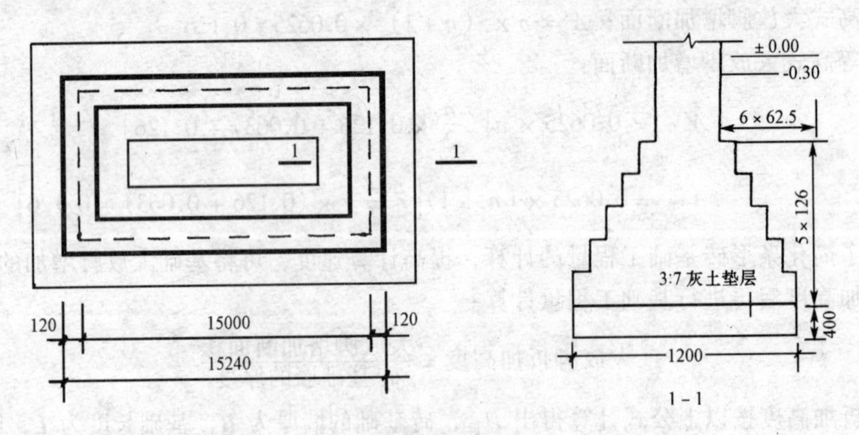

图 6-25　条形砖基础

（二）砌筑墙体工程量计算规则

(1) 砌筑墙体工程量，按墙体长乘墙厚再乘以墙的高度［以立方米（m^3）］计算。应扣除门窗洞口、过人洞、空圈、嵌入墙身的钢筋混凝土柱、梁（包括过梁、圈梁、挑梁）、砖平碹，平砌砖过梁和暖气包壁龛及内墙板头的体积，不扣除梁头、外墙板头、檩木、垫木、木楞头、沿木、木砖、门窗走头、砖墙内的加固钢筋、木筋、铁件、钢管及每个面积在 $0.3m^2$ 以下的孔洞等所占的体积，突出墙面的窗台虎头砖、压顶线、山墙泛水、烟囱根、门窗套及三皮砖以内的腰线和挑檐等体积亦不增加。

砖垛、三皮砖以上的腰线和挑檐等体积，并入墙身体积内计算。

1）墙体长：外墙按外墙中心线总长度计算；内墙按内墙净长线总长度计算。

2）外墙墙身高度：斜（坡）屋面无檐口天棚者算至屋面板底；有屋架，且室内外均有天棚者，算至屋架下弦底面另加200mm；无天棚者算至屋架下弦底加300mm，出檐宽度超过600mm时，应按实砌高度计算；平屋面算至钢筋混凝土板底。

3）内墙墙身高度：位于屋架下弦者，其高度算至屋架底；无屋架者算至天棚底另加100mm；有钢筋混凝土楼板隔层者算至板底；有框架梁时算至梁底面。

4）女儿墙高度，自外墙顶面至图示女儿墙顶面高度，分别不同墙厚并入外墙计算。图示女儿墙高度如图6-26（*a*）、（*b*）所示。

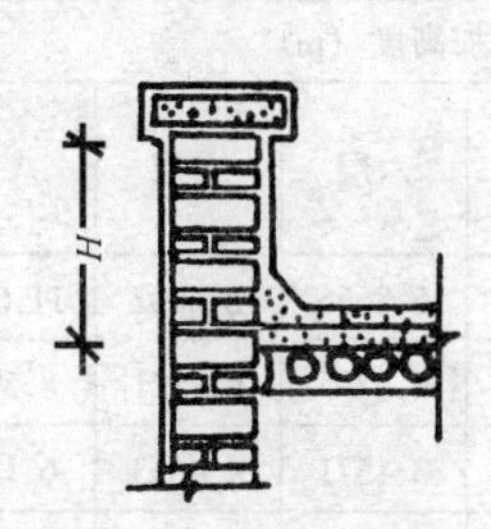

图6-26（*a*） 带混凝土压顶女儿墙示意图

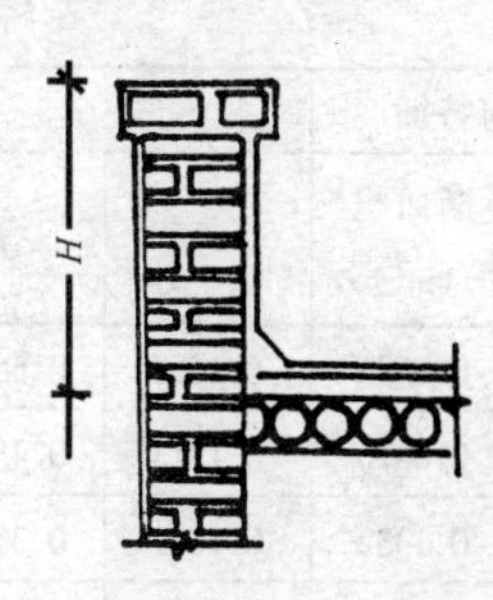

图6-26（*b*） 不带混凝土压顶女儿墙示意图

5）内、外山墙墙身高度按其平均高度计算。

（2）砌筑附墙烟囱（包括附墙通风道、垃圾道）按其外形体积计算，并入所依附的墙体积内，不扣除每一个孔洞横截面在0.1m^2以下的体积，但孔洞内的抹灰工程量亦不增加。

（3）砌筑砖平碹，砌砖过梁按图示尺寸以立方米（m^3）体积，如设计无规定时，砖平碹按门窗洞口宽度两端共加100mm，乘以高度（门窗洞口宽小于1500mm时，高度为240mm，大于1500mm时，高度为365mm）计算；平砌砖过梁按门窗洞口宽度两端共加500mm，高度按440mm计算。

（4）框架间砌体，分别内外墙以框架间的净空面积乘以墙厚计算，框架外表镶贴砖部分亦并入框架间砌体工程量内计算。

（5）空花墙按空花部分外形体积［以立方米（m^3）］计算，空花部分不予扣除，其中实体部分［以立方米（m^3）］另行计算。

（6）空斗墙按外形尺寸［以立方米（m^3）］计算，墙角、内外墙交接处，门窗洞口立边，窗台砖及屋檐处的实砌部分已包括在定额内，不另行计算，但窗间墙、窗台下、楼板下、梁头下等实砌部分，应另行计算，套零星砌体定额项目。

（7）多孔砖、空心砖按图示厚度［以立方米（m^3）］计算，不扣除其孔、空心部分体积。

（8）填充墙按外形尺寸［以立方米（m^3）］计算，其中实砌部分已包括在定额内，不另计算。

(9) 加气混凝土墙、硅酸盐砌块墙、小型空心砌块墙，按图示尺寸［以立方米（m^3）］计算，按设计规定需要镶嵌砖砌体部分已包括在定额内，不另计算。

（三）砖柱工程量计算规则

砖柱工程量，不分桩基、桩身，以立方米（m^3）为单位，合并计算，执行砖柱定额。

对于砖砌四边大放脚的砖柱基础，其砌筑形式有等高和不等高两种。

$$砖柱体积 = 柱断面积 \times （全柱高度 + 折加高度） \quad (6\text{-}19)$$

式中 全柱高度——基础高度在内的全柱总高度；

柱断面积——柱断面长度乘以宽度；

折加高度——柱基础大放脚增加体积除以柱断面积。

砖柱断面积和折加高度，详见表6-10。

标准砖柱基础等高大放脚折加高度表 **表6-10**

砖柱几何特征		一个柱基础四边的折加高度（m）								
长×宽（mm）	断面积（m^2）	一层	二层	三层	四层	五层	六层	七层	八层	九层
240×240	0.0576	0.1654	0.5646	1.2660	2.3379	3.8486	5.8666	8.4602	11.6977	15.6475
365×240	0.0876	0.1313	0.4387	0.9673	1.7620	2.8677	4.3295	6.1921	8.5007	11.3001
365×365	0.1332	0.1011	0.3318	0.7247	1.3063	2.1073	3.1571	4.4853	6.1215	8.0952
490×365	0.7890	0.0863	0.2809	0.6059	1.0832	1.7348	2.5829	3.6930	4.9562	6.5254
490×490	0.2401	0.0725	0.2339	0.5005	0.8888	1.4153	2.0962	2.9480	3.9870	5.2298
615×490	0.3014	0.643	0.2059	0.4380	0.7735	1.2256	1.8073	2.5317	3.4118	4.4608
615×615	0.3782	0.0564	0.1797	0.3802	0.6684	1.0546	1.5493	2.1692	2.9058	3.7887
740×615	0.4551	0.512	0.1623	0.3419	0.5987	0.9453	1.3784	1.9187	2.5707	3.3431
740×740	0.5476	0.462	0.1457	0.3057	0.5335	0.8363	1.2211	1.6952	2.2659	2.9402

（四）砌筑零星砌体及其他工程量计算规则

(1) 砖砌锅台、炉灶，不分大小，均按图示外形尺寸［以立方米（m^3）］计算，不扣除各种空洞的体积。

(2) 砖砌台阶（不包括梯带）按水平投影面积以平方米（m^2）计算。

(3) 厕所蹲台、水槽腿、灯箱、垃圾箱、台阶挡墙或梯带、花台、花池、地垄墙及支撑地楞的砖墩，房上烟囱、屋面架空隔热层砖墩及毛石墙在门窗立边、窗台虎头砖等实砌体积，［以立方米（m^3）］计算，套用零星砌体定额项目。

(4) 检查井及化粪池不分壁厚均以立方米（m^3）计算，洞口上的砖平拱碹等并入砌体体积内计算。

(5) 砖砌地沟不分墙基、墙身合并，以立方米计算。石砌地沟按其中心线长度［以延长米（m）］计算。

(6) 烟囱工程量计算：包括烟囱筒身、烟道、烟囱内衬、烟道砌砖等分项工程的工程量计算。

1）筒身，圆形、方形均按图示筒壁平均中心线周长乘以厚度并扣除筒身各种孔洞、钢筋混凝土圈梁、过梁等体积［以立方米（m^3）］计算，其筒壁周长不同时可按下式分段计算。

$$V = \Sigma H \times C \times \pi D$$

式中 V——筒身体积（m^3）；

H——每段筒身垂直高度（m）；

C——每段筒壁厚度（m）；

D——每段筒壁中心线的平均直径（m）。

2）烟道、烟囱内衬按不同内衬材料并扣除孔洞后，以图示实体积计算。

3）烟囱内壁表面隔热层，按筒身内壁并扣除各种孔洞后的面积［以平方米（m^2）］计算；填料按烟囱内衬与筒身之间的中心线平均周长乘以图示宽度和筒高，并扣除各种孔洞所占体积（但不扣除连接横砖及防沉带的体积）以立方米计算。

4）烟道砌砖：烟道与炉体的划分以第一道闸门为界，炉体内的烟道部分列入炉体工程量计算。

（7）水塔工程量计算。包括水塔基础、塔身、砖水箱内外壁等分项工程的工程量计算。

1）水塔基础与塔身划分：以砌体的扩大部分顶面为界，以上为塔身，以下为基础，分别套相应基础砌体定额。

2）塔身以图示实砌体积计算，并扣除门窗洞口和混凝土构件所占的体积，砖平拱碹及砖出檐等并入塔身体积内计算，套水塔砌筑定额。

3）砖水箱内外壁，不分壁厚，均以图示实砌体积计算，套相应的内外砖墙定额。

（8）砌体内的钢筋加固应根据设计规定，以吨（t）计算，套钢筋混凝土章节相应项目。

八、混凝土及钢筋混凝土工程

混凝土及钢筋混凝土工程包括：各种基础、柱、梁、板、墙体、楼梯、挑檐、阳台、雨蓬和其他零星构件。混凝土及钢筋混凝土构件的工程量计算，都是按“模板工程”、“混凝土工程”和“钢筋工程”三大部分分别列项计算的。

（一）模板工程量的计算规则

1. 现场混凝土及钢筋混凝土模板工程量计算

（1）现浇混凝土及钢筋混凝土模板工程量，除另有规定者外，均应区别模板的不同材质，按混凝土与模板接触面的面积［以平方米（m^2）］计算。

（2）现浇钢筋混凝土柱、梁、板、墙的支模高度（即室外地坪至板底或板面至板底之间的高度）以3.6m以内为准，超过3.6m以上部分，另按超过部分计算增加支撑工程量。

（3）现浇钢筋混凝土墙、板上单孔面积在0.3m^2以内的孔洞，不予扣除，洞侧壁模板亦不增加；单孔面积在0.3 m^2以外时，应予扣除，洞侧壁模板面积并入墙、板模板工程量之内计算。

（4）现浇钢筋混凝土框架分别按梁、板、柱、墙有关规定计算，附墙柱，并入墙内工程量计算。柱与梁、柱与墙、梁与梁等连接的重叠部分以及深入墙内的梁头、板骰部分，均不计算模板面积。

（5）杯形基础杯口高度大于杯口大边长度的，套高杯基础定额项目。

(6) 构造柱外露面均应按图示外露部分计算模板面积。构造柱与墙接触面不计算模板面积。

(7) 现浇钢筋混凝土悬挑板（雨蓬、阳台）按图示外挑部分尺寸的水平投影面积计算。挑出墙外的牛腿梁及板边模板不另计算。

(8) 现浇钢筋混凝土楼梯，以图示尺寸的水平投影面积计算，不扣除小于500mm楼梯井所占面积。楼梯的踏步、踏步板平台梁等侧面模板，不另计算。

(9) 混凝土台阶不包括梯带，按图示台阶尺寸的水平投影面积计算，台阶端头两侧不另计算模板面积。

(10) 现浇混凝土小型池槽按构件外围体积计算，池槽内、外侧及底部的模板不应另计算。

2. 预制钢筋混凝土构件模板工程量计算

(1) 预制钢筋混凝土模板工程量，除另有规定者外均按混凝土实体体积［以立方米（m^3）］计算。

(2) 小型池槽按外型体积［以立方米（m^3）］计算。

(3) 预制桩尖按虚体积（不扣除桩尖虚体积部分）计算。

3. 构筑物钢筋混凝土模板工程量计算

(1) 构筑物工程的模板工程量，除另有规定者外，区别现浇、预制和构件类别，分别按以上现浇和预制构件模板工程的有关规定计算。

(2) 大型池槽等分别按基础、墙、板、梁、柱等有关规定计算并套相应定额项目。

(3) 液压滑升钢模板施工的烟筒、水塔塔身、贮仓等，均按混凝土体积［以立方米（m^3）］计算。

(4) 预制倒圆锥形水塔罐壳组装、提升、就位，按不同容积以座计算。

(二) 钢筋工程量计算规则

钢筋工程，应区别现浇、预制构件、不同钢种和规格，分别按设计长度乘以单位重量［以吨（t）］计算。

1. 普通钢筋长度的计算

$$钢筋长度 = 构件长度 - 两端保护层厚度 + 弯钩增加长度 \quad (6\text{-}20)$$

式中 构件长度——图示尺寸；

保护层厚度——按设计规范计取，参照表6-11；

钢筋的混凝土保护层厚度　　表6-11

环境与条件	构件名称	混凝土强度等级		
		低于C25	C25及C30	高于C30
室内正常环境	板、墙、壳		15	
	梁和柱		25	
露天或室内高湿度环境	板、墙、壳	35	25	15
	梁和柱	45	35	25
有垫层	基础		35	
无垫层			70	

钢筋增加长度——弯钩、弯起、搭接和锚固等增加长度。

(1) 弯钩增加长度，应根据钢筋弯钩形状来确定。受力钢筋弯钩形式一般有：180°、90°、45°弯钩三种，180°弯钩增加长度为 $6.25d$；90°弯钩增加长度为 $3d$；45 弯钩增加长度为 $4.9d$。

(2) 弯起钢筋增加长度与弯起角度有关，弯起角度一般有 30°，45°，60°三种。弯起钢筋的斜长可按表 6-12 计算。

钢筋弯钩增加长度表 **表 6-12**

钢筋直径 d (mm)	半圆弯钩 ($6.25d$)		斜弯钩 ($4.9d$)		直弯钩 ($3d$)	
	一个钩长	二个钩长	一个钩长	二个钩长	一个钩长	二个钩长
6	40	80	30	60	18	36
8	50	100	40	80	24	48
10	60	120	50	100	30	60
12	75	150	60	120	36	72
14	85	170	70	140	42	84
16	100	200	78	156	48	96
18	110	220	88	176	54	108
20	125	250	98	196	60	120
22	135	270	108	216	66	132
25	155	310	122	244	75	150
28	175	350	137	274	84	168
30	188	376	147	294	90	180

(3) 搭接增加长度，设计已规定钢筋搭接长度的，按规定搭接长度计算；设计未规定搭接长度的，已包括在钢筋的损耗率之内，不另计算搭接长度。钢筋电渣压力焊接、套筒挤压等接头，以个计算。

(4) 箍筋长度。矩形梁、柱的箍筋长度，可按设计规定计算；如设计规定时，可按减去保护层的箍筋周边长度，另加闭口箍筋的综合长度 140mm 计算。

2. 预应力钢筋长度计算

先张法预应力钢筋，按构件外形尺寸计算长度，后张法预应力钢筋按设计图规定的预应力钢筋预留孔道长度，并区别不同的锚具类型，分别按下列规定计算。

(1) 低合金钢筋两端采用螺杆锚具时，预应力的钢筋按预留孔道长度减 0.35mm，螺杆另行计算。

(2) 低合金钢筋一端采用镦头插片，另一端螺杆锚具时，预应力钢筋长度按预留孔道长度计算，螺杆另行计算。

(3) 低合金钢筋一端采用镦头插片，另一端采用帮条锚具时，预应力钢筋增加 0.15m，两端均采用帮条锚具时预应力钢筋共增加 0.3m 计算。

(4) 低合金钢筋采用后张混凝土自锚时，预应力钢筋长度增加 0.35m 计算。

(5) 低合金钢筋或钢绞线采用 JM、XM、QM 型锚具，孔道长度在 20m 以内时，预应力钢筋长度增加1m；孔道长度20m以上时预应力钢筋长度增加1.8m计算。

(6) 碳素钢丝采用锥形锚具，孔道长在20m以内时，预应力钢筋长度增加1m；孔道长在20m以上时，预应力钢筋长度增加1.8m。

(7) 碳素钢丝两端采用镦粗头时，预应力钢丝长度增加0.35m计算。

3. 钢筋工程量的计算

确定出每种钢筋规格的总长度，然后按式（6-22）计算其净用量。

$$钢筋净用量 = 单位长度重量 \times 钢筋总长度 \tag{6-21}$$

再加上损耗量，即得钢筋的工程量

$$钢筋工程量 = 钢筋净用量 \times （1 + 损耗率） \tag{6-22}$$

4. 预埋铁件工程量计算

钢筋混凝土构件预埋铁件工程量，按设计图示尺寸，以吨计算。

（三）混凝土工程量的计算规则

1. 现浇混凝土构件工程量的计算

混凝土工程量除另有规定者外，均按图示尺寸实体体积以立方米计算。不扣除构件内钢筋、预埋铁件及墙、板中$0.3m^2$内的孔洞所占体积。

(1) 基础

1) 有肋带形基础混凝土工程计算。有肋带形基础是指基础扩大面以上肋高与肋宽之比h:b≤4:1以内的带形基础，肋的体积与基础合并计算，执行有肋带形基础定额项目；当$h:b>4:1$时，基础扩大面以上肋的体积按钢筋混凝土墙计算，扩大面以下按板式基础计算，有肋带基如图6-27所示。

其工程量根据图示尺寸以立方米计算，即

$$带形基础体积 = 基础断面积 \times 基础长度 \tag{6-23}$$

式中　基础断面积 = $B \times h_2 + 1/2(B + b) \times h_1 + b \times h$

基础长度：外墙按中心线长度；内墙按净长线长度。

2) 独立基础混凝土工程量的计算。独立基础是指基础扩大面顶面以下部分的实体，其工程量按图示尺寸以立方米计算，如图6-28所示。

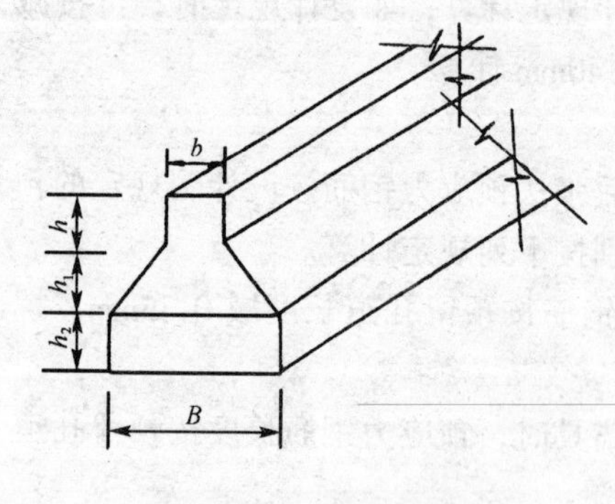

图6-27　带形基础图

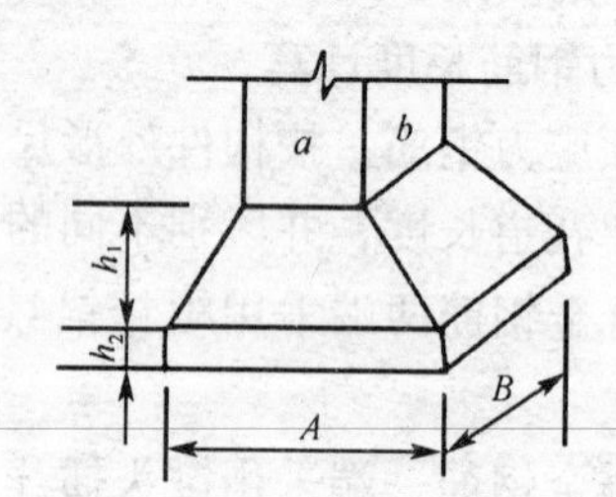

图6-28　独立基础图

$$V = A \times B \times h_1 + \frac{1}{6}h_2 \times [A \times B + a \times b + (A + a) \times (B + b)] \tag{6-24}$$

式中　A、B——分比为基础底面的长与宽（m）；

a、b——分比为基础顶部的长与宽（m）;

h_1——基础底部六面体的高度（m）;

h_2——基础棱台的高度（m）。

3）杯形基础混凝土工程量的计算。杯形基础属于独立基础，但预留有连接装配式柱的孔洞，计算工程量时应扣除孔洞体积，如图 6-29 所示。

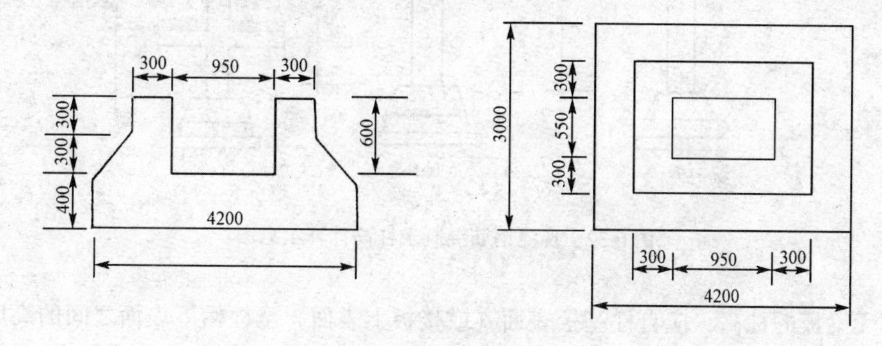

图 6-29　杯形基础图

【例 6-2】　试计算图 6-29 杯形基础的混凝土体积。

【解】　下部六面体体积 $V_1 = 4.2 \times 3 \times 0.4 = 5.04$（$m^3$）

上部六面体体积 $V_2 = 1.55 \times 1.15 \times 0.3 = 0.535$（$m^3$）

四棱台体积 $V_3 = \dfrac{0.3}{6}[4.2 \times 3 + 1.55 \times 1.15 + (4.2 + 1.55) \times (3 + 1.15)] = 1.91(m^3)$

杯槽体积 $V_4 = 0.95 \times 0.55 \times 0.6 = 0.314$（$m^3$）

杯形基础体积 $V = V_1 + V_2 + V_3 - V_4 = 5.04 + 0.535 + 1.91 - 0.314 = 7.171$（$m^3$）

4）满堂基础：满堂基础即指满堂混凝土及钢筋混凝土连成一片整体的基础，多用于地下室特殊构筑物工程。

满堂基伸分为梁式、无梁式、箱式三种。计算工程量时，均按各部分图示尺寸计算，然后分别套用相应定额，如图 6-30、6-31 所示。

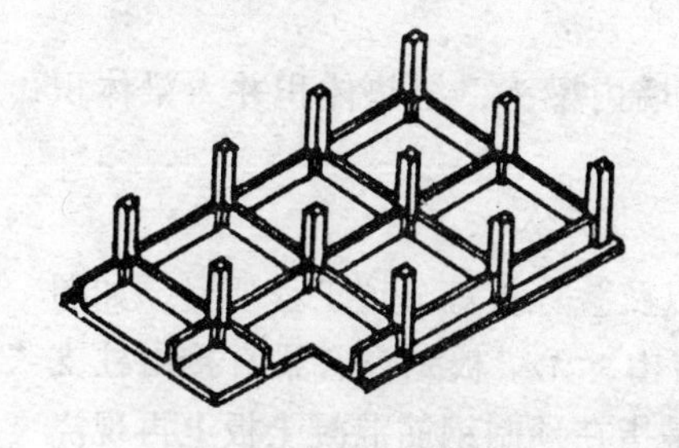

图 6-30　梁板式满堂基础

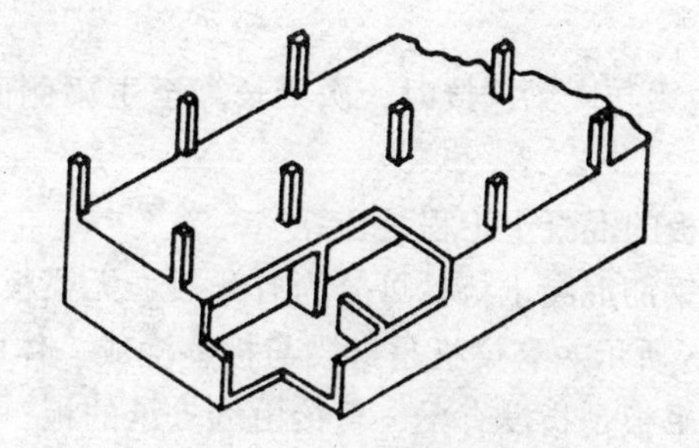

图 6-31　箱式满堂基础

（2）柱的混凝土工程量计算

依附柱上的牛腿，并入柱身体积内计算。按图示断面尺寸以柱高［以立方米（m^3）］计算。柱高按下列规定确定：

1）有梁板的柱高，应自柱基上表面（或楼板上表面）至上一层楼板上表面之间的高度计算，如图 6-32（*a*）所示。

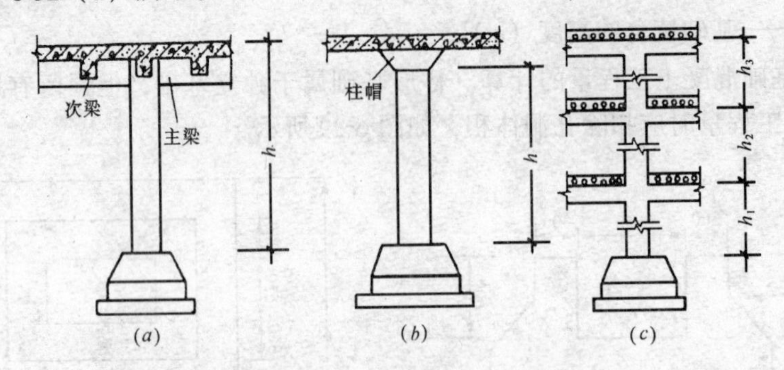

图 6-32　现浇钢筋混凝土柱高计算示意图

2）无梁板的柱高，应自柱基上表面（或楼板上表面）至柱帽下表面之间的高度计算，如图 6-32（*b*）所示。

3）框架柱的柱高应自柱基上表面至柱顶高度计算，如图 6-32（*c*）所示。

4）构造柱按全高计算，与砖墙嵌接部分的体积并入柱身体积内计算。

(3) 梁的混凝土工程量计算

现浇梁包括：基础梁、单梁、连系梁、吊车梁、T 型梁、过梁、圈梁等。其工程量计算。按图示断面尺寸乘以立方米计算，梁长按下列规定确定：

1）梁与柱连接时，梁长算至柱侧面，如图 6-33 所示。

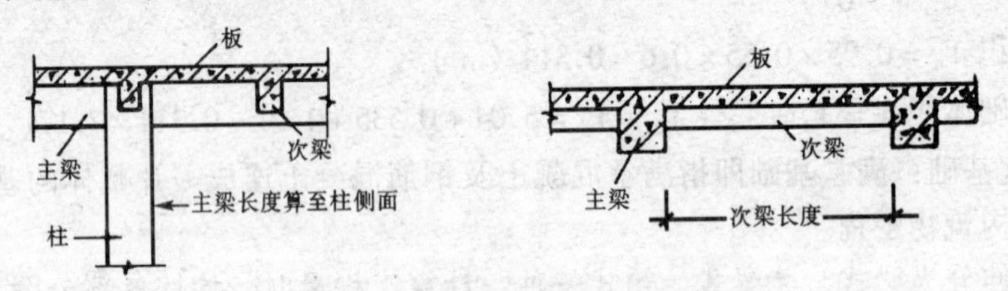

图 6-33　肋形楼盖梁计算长度示意图

2）主梁与次梁连接时，次梁长算至主梁侧面。伸入墙内梁头，梁垫体积并入梁体积内计算。

(4) 板的混凝土工程量计算

现浇钢筋混凝土板，可分为有梁板、无梁板、平板以及叠合板等分项工程项目，如图 6-34、6-35 所示。有梁板是指梁与板整浇成一体的梁板结构，无梁板是没有梁直接由柱支承的板，平板是指没有梁，直接由墙支承的板；叠合板是指在预制钢筋混凝土板上再现浇一层钢筋混凝土，形成预制，现浇二合一的板。各类板的混凝土工程，按图示面积乘以板厚以立方米计算，其中：

1）有梁板包括主、次梁与板，按梁、板体积之和计算。

2）无梁板按板和柱帽体积之和计算。

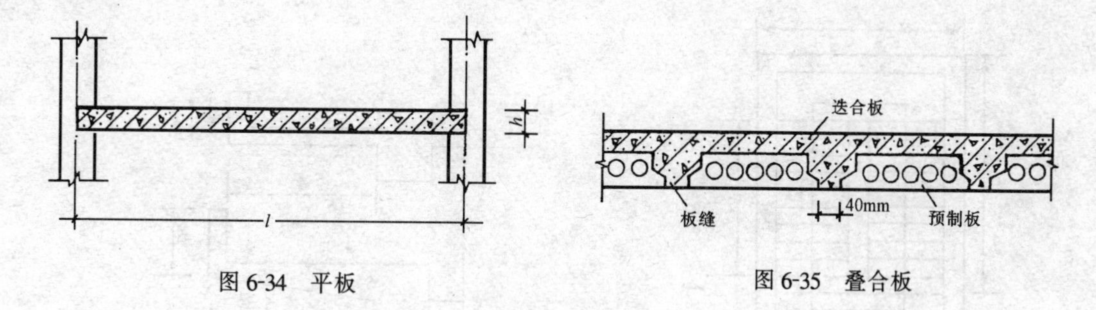

图 6-34　平板　　　　图 6-35　叠合板

3）平板按板实体体积计算。

4）现浇挑檐天沟与板（包括屋面板、楼板）连接时，以外墙为分界线，与圈梁（包括其他梁）连接时，以梁外边线为分界线。外墙边线以外或梁外边线以外为挑檐天沟。

5）各类板伸入墙内的板头并入板体积内计算。

6）预制板补现浇板缝时，按平板计算。

（5）墙的混凝土工程量计算

按图示中心线长度乘以墙高及厚度以立方米计算，应扣除门窗洞口及 $0.3m^2$ 以外孔洞的体积，墙垛及突出部分并入墙体积内计算。

（6）整体楼梯的混凝土工程量计算

现浇钢筋混凝土整体楼梯，是将楼梯踏步、斜梁、平台、平台梁等浇灌成一整体的楼梯。其工程量以分层水平投影面积之和计算，不扣除宽度小于是 500mm 的楼梯井面积。

分层水平投影面积是以楼梯水平梁外侧为界，不计算伸入墙体部分的面积。水平梁外侧以外的面积应并入该层的地面或楼面工程量内，如图 6-36 所示。

当 $c \leqslant 50$cm 时，投影面积：

$$S_i = L \times A \tag{6-25}$$

当 $c \geqslant 50$cm 时，投影面积：

$$S_i = (L \times A) - (c \times X) \tag{6-26}$$

式中　S_i——第 i 层楼梯的水平投影面积（m^2）；

L——楼梯长度（m）；

A——楼梯宽度（m）；

C——楼梯井宽度（m）；

X——楼梯井长度（m）。

（7）现浇挑檐天沟的混凝土工程量计算。现浇钢筋混凝土挑檐天沟与板连接时，以外墙为分界线；与圈梁或梁连接时，以圈梁或梁的外边线为分界线。界限以外部分为挑檐天沟，如图 6-37 所示。其工程量包括水平段 A 和上弯部分 B 以及挑檐板和上反部分加劲小梁或小柱在内，执行悬桃板定额项目，并按以下公式计算其伸出外墙外边线或梁的外边线以外的水平投影面积。

$$V = L_{外}(A + B) + 4(A + B)^2 \tag{6-27}$$

式中　V——挑檐体积（m^3）；

$L_{外}$——外墙外边线总长（m）；

$(A + B)$——称挑檐外侧长（m）。

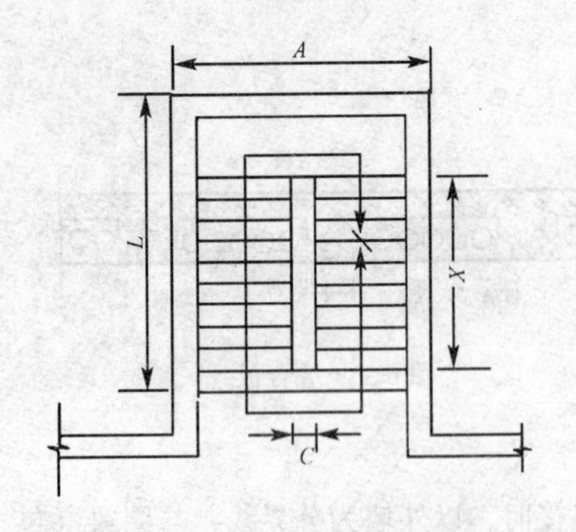

图 6-36　现浇整体楼梯平面图

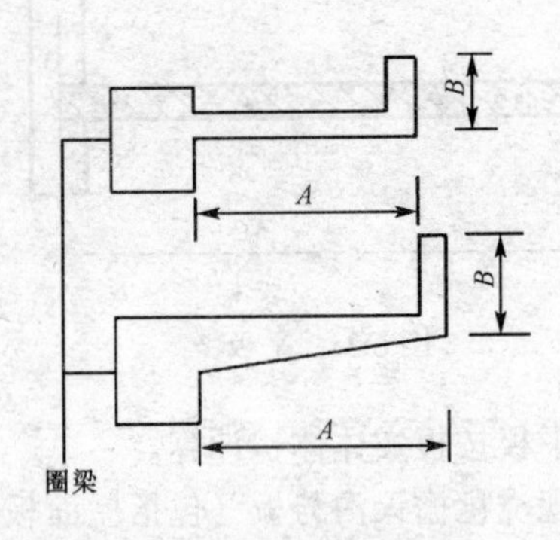

图 6-37　现浇挑檐断面图

(8) 现浇阳台和雨篷等悬挑板的混凝土工程量计算

现浇钢筋混凝土阳台、雨篷，工程量均按伸出外墙外边线的水平投影面积计算。伸出外墙的牛腿不另计算。带上反挑檐的雨篷，按展开面积计算。计算后，并入雨篷的工程量内。

(9) 现浇栏杆的混凝土工程量计算

现浇钢筋混凝土栏杆的工程量按栏杆净长度以延长米（m）计算。伸入墙内的长度已综合在定额内。钢筋混凝土栏板的工程量以立方米（m^3）体积计算，伸入墙内的栏板，合并计算。

(10) 预制柱、梁的现浇接头的混凝土工程量计算

按设计规定断面和长度的立方米（m^3）计算。

2. 预制混凝土工程量计算

(1) 混凝土工程量均按图示尺寸实体体积［以立方米（m^3）］计算，不扣除构件内钢筋，铁件及小于 300mm×300mm 以内孔洞面积。

(2) 预制桩按桩全长（包括桩尖）乘以桩断面（空心桩应扣除孔洞体积），以立方米（m^3）计算。

(3) 混凝土与钢杆件组合的构件，混凝土部分按构件实体积［以立方米（m^3）］计算，钢构件部分按吨计算，分别套相应的定额项目。

3. 构筑物钢筋混凝土工程量计算

(1) 构筑物混凝土除另有规定者外，均按图示尺寸扣除门窗洞口及 $0.3m^2$ 以外孔洞所占体积（以实体体积）计算。

(2) 水塔：

1) 筒身与槽底以槽底连接的圈梁底为界，以上为槽底，以下为筒身。

2) 筒式塔身及依附于筒身的过梁、雨篷挑檐等并入筒身体积内计算；柱式塔身、柱、梁合并计算。

3) 塔顶及槽底，塔顶包括顶板和圈梁，槽底包括底板挑出斜壁板和圈梁等合并计算。

(3) 贮水池不分平底、锥底、坡底，均按池底计算；壁基梁、池壁不分圆形壁和矩形壁，均按池壁计算；其他项目均按现浇混凝土部分相应项目计算。

4. 钢筋混凝土构件接头灌缝

(1) 钢筋混凝土构件接头灌缝：包括构件座浆、灌缝、堵板孔、塞板梁缝等。均按预制钢筋混凝土构件实体积以立方米计算。

(2) 柱与柱基的灌缝，按首层柱体积计算；首层以上柱灌缝按各层柱体积计算。

(3) 空心板堵孔的人工材料，已包括在定额内。如不堵孔时每 $10m^3$ 空心板体积应扣除 $0.23m^3$ 预制混凝土块和 2.2 工日。

九、构件运输及安装工程

(一) 预制混凝土构件运输及安装工程量计算规则

预制钢筋混凝土构件制作、运输、安装损耗率表 表 6-12

名　　称	制作废品率	运输堆放损耗	安装（打桩）损耗
各类预制构件	0.2%	0.8%	0.5%
预制钢筋混凝土桩	0.1%	0.4%	1.5%

预制混凝土构件运输及安装均按构件图示尺寸，以实体体积计算；预制混凝土构件运输及安装损耗率，按表 6-12 规定计算后并入构件工作量内。其中预制混凝土屋架、桁架、托架及长度在 9m 以上的梁、板、柱不计算损耗率。

1. 预制混凝土构件运输工程量计算

(1) 预制混凝土构件运输的最大运输距离取 50km 以内；钢构件和木门窗的最大运输距离 20km 以内；超过时另行补充。

(2) 加气混凝土板（块）、硅酸盐块运输每立方米折合钢筋混凝土构件体积 $0.4m^3$ 按一类构件运输计算工程量。

2. 预制混凝土构件安装工程量计算

(1) 焊接形成的预制钢筋混凝土框架结构，其柱安装，按框架柱计算，梁安装按框架梁计算，节点浇注形成的框架，按连体框架梁、柱计算。

(2) 预制钢筋混凝土工字型柱、矩型柱、空腹柱、双肢柱、空心柱、管道支架等安装，均按图示尺寸以立方米计算，执行柱安装定额项目。

(3) 组合屋架安装，以混凝土部分实体体积计算，钢杆件部分不另计算。

(4) 预制钢筋混凝土多层柱安装，首层柱按柱安装计算，二层及二层以上按柱接柱计算。

(二) 钢构件运输与安装的工程量计算规则

钢构件运输与安装的工程量，均按图示构件钢材重量以吨计算。

1. 钢构件运输工程量计算

钢构件运输的最大运输距离为 20km 以内，超过 20km 时，另行补充。

2. 钢构件安装工程量计算

(1) 依附于钢柱上的牛腿及悬臂梁等，并入柱身主材重量计算。

(2) 金属结构中所用钢板，设计为多边形者，按矩形计算，矩形的边长以设计尺寸中互相垂直的最大尺寸为准。

十、门窗及木结构工程

（一）木门窗制作、安装工程量计算规则

各类门、窗制作、安装工程量均按门、窗洞口面积计算。

(1) 门、窗盖口条、贴脸、披水条，按图示尺寸［以延长米（m）］计算，执行木装修项目。

(2) 普通窗上部带有半圆窗的工程量应分别按半圆窗和普通窗计算。其分界线以普遍窗和半圆窗之间的横框上裁口线为分界线。

(3) 门窗扇包镀锌铁皮，按门、窗洞口面积以平方米计算；门窗框包镀锌铁皮，钉橡皮条、钉毛毡按图示门窗洞口尺寸［以延长米（m）］计算。

（二）金属门窗制作、安装工程量计算规则

(1) 铝合金门窗制作、安装，铝合金、不锈钢门窗、彩板组合钢门窗、塑料门窗、钢门窗安装，均按设计门窗洞口面积计算。

(2) 卷闸门安装按洞口高度增加600mm乘以门实际宽度［以平方米（m^2）］计算。电动装置安装以套计算，小门安装以个计算。

(3) 不锈钢片包门框按框外表面面积［以平方米（m^2）］计算；彩板组角钢门窗附框安装按延长米计算。

（三）木结构工程量计算规则

(1) 木屋架的制作安装工程量计算

1）木屋架制作安装均按设计断面竣工木料［以立方米（m^3）］计算，其后备长度及配制损耗均不另外计算。

2）方木屋架一面刨光时增加3mm，两面刨光增加5mm，圆木屋架按屋架刨光时木材体积每立方米增加0.05m^3算。附属于屋架的夹板、垫木等已并入相应的屋架制作项目中，不另计算；与屋架连接的挑檐木、支撑等，其工程量并入屋架竣工木料体积内计算。

3）屋架的制作安装应区别不同跨度，其跨度应以屋架上下弦杆的中心线交点之间的长度为准。带气楼的屋架并入所依附屋架的体积内计算。

4）屋架的马尾、折角和正交部分半屋架，应并入相连接屋架的体积内计算。

5）钢木屋架区分圆、方木，按竣工木料［以立方米（m^3）］计算。

(2) 圆木屋架连接的挑檐木、支撑等如为方木时，其方木部分应乘以系数1.7折合成圆木并入屋架竣工木料内，单独的方木挑檐，按矩形檩木计算。

(3) 檩木按竣工木料以立方米计算。简支檩长度按设计规定计算，如设计无规定者，按屋架或山墙中距增加200mm计算，如两端出山，檩条长度算至博风板；连续檩条的长度按设计长度计算，其接头长度按全部连续檩木总体积的5%计算。檩条托木已计入相应的檩木制作安装项目中，不另计算。

(4) 屋面木基层，按屋面的斜面积计算。天窗挑檐重叠部分按设计规定计算，屋面烟囱及斜沟部分所占面积不扣除。

(5) 封檐板按图示檐口外围长度计算，博风板按斜长度计算，每个大刀头增加长度500mm。

(6) 木楼梯按水平投影面积计算，不扣除宽度小于300mm的楼梯井，其踢脚板、平台和伸入墙内部分，不另计算。

十一、楼地面工程

(一) 地面垫层工程量计算规则

地面垫层工程量，按底层室内主墙间净面积乘以设计垫层厚度以立方米（m^3）体积计算，应扣除凸出地面的构筑物、设备基础、室内铁道、地沟等所占体积，不扣除柱、垛、间壁墙、附墙烟囱及面积在 0.3m^2 以内孔洞所占的体积。主墙间净面积按以下公式计算：

$$S_{ij} = S_i - (L_{中} \times 外墙厚 + L_{内} \times 内墙厚) \tag{6-28}$$

式中 S_{ij}——i 层主墙间净面积（m^2）；

S_i——i 层建筑面积（m^2）；

$L_{中}$——i 层厚度大于 15cm 的外墙中心线总长，厚度小于 15cm 的不算主墙；

$L_{内}$——i 层厚度大于 15cm 的内墙净长线总长，厚度小于 15cm 的不算主墙。

(二) 地面面层、找平层工程量计算规则

(1) 整体面层、找平层的工程量，均按主墙间净面积［以平方米（m^2）］计算。应扣除凸出地面构筑物、设备基础、室内管道、地沟等所占面积，不扣除柱、垛、间壁墙、附墙烟囱以及面积在 0.3 m^2 以内的孔洞所占面积，但门洞、空圈、暖气包槽、壁龛的开口部分亦不增加。

(2) 块料面层工程量，按图示尺寸的实铺面积［以平方米（m^2）］计算。门洞、空圈、暖气包槽和壁龛等开口部分的工程量并入相应的面层工程量内计算。

(3) 楼梯面层工程量（包括踏步、平台及小于 500mm 宽楼梯井），按水平投影面积计算。

(4) 台阶面层工程量（包括踏步及最上一层踏步沿 300mm），按水平投影面积计算。

(三) 其他分项工程的工程量计算规则

(1) 踢脚板工程量，按延长米（m）计算。洞口、空圈长度不予扣除，洞口、空圈、垛、附墙烟囱等侧壁长度，亦不增加。

(2) 散水、防滑坡道的工程量，按图示尺寸［以平方米（m^2）］计算。

(3) 栏 杆、扶手包括弯头的工程量，按长度［以延长米（m）］计算。

(4) 楼梯踏步的防滑条工程量，按踏步两端距离减 300m［以延长米（m）］计算。

(5) 明沟按图示尺寸以延长米计算。

十二、屋面及防水工程

(一) 瓦屋面、金属压型板（包括挑檐部分）屋面工程量计算规则

瓦屋面、金属压型板屋面工程量，均按图 6-38 中尺寸的水平投影面积乘以屋面坡度系数［以平方米（m^2）］计算。屋面坡度系数如表 6-13 所示。不扣除房上烟囱、风帽底座、风道、屋面小气窗、斜沟等所占面积，屋面小气窗的出檐部分亦不增加。

(二) 卷材屋面工程量计算规则

(1) 卷材屋面工程量，按图示尺寸的水平投影面积乘以规定的坡度系数（见表 6-13）［以平方米（m^2）］计算。但不扣除房上烟囱、风帽底座、风道、屋面小气窗和斜沟等所占面积。屋面女儿墙、伸缩缝和天窗等处的弯起部分按图示尺寸并入屋面工程量计算。如图纸无规定时，伸缩缝、女儿墙的弯起按 250mm、天窗弯起按 500mm 计算。

(2) 卷材屋面的附加层、接缝、收头、找平层的嵌缝、冷底子油已计入定额内，不另

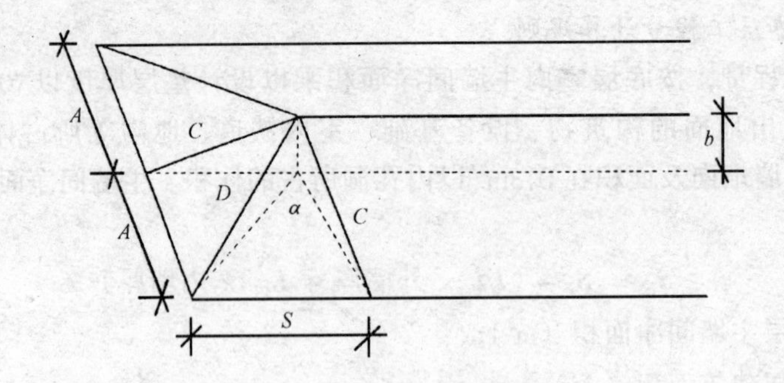

图 6-38

注：1. 两坡排水屋面面积为屋面水平投影面积乘以延尺系数 c；

2. 四坡排水屋面斜长度 $= A \times D$（当 $s = A$ 时）；

3. 沿山墙泛水长度 $= A \times C$。

计算。

（三）涂膜屋面工程量计算规则

涂膜屋面工程量同卷材屋面。涂摸屋面的油膏嵌缝、玻璃布盖缝，均以延长米（m）计算。

（四）屋面排水工程量计算规则

(1) 铁皮排水按图示尺寸以展开面积计算，如图纸没有注明尺寸时，可按表 6-14 折算。咬口和搭接等已计入定额项目中，不另计算。

(2) 铸铁、玻璃钢水落管的工程量，应区别不同直径按图示尺寸以延长米（m）计算。雨水口、水斗、弯头、短管按个计算。

屋面坡度系数表 表 6-13

坡度 $B/2A$	角度（α）	延尺系数 $A=1$	坡度 $B/2A$	角度（α）	延尺系数 $A=1$
1/2	45°	1.4142	1/10	11°19′	1.0198
	36° 52′	1.2500		8°32′	1.0112
	35°	1.2207		7°08′	1.0078
1/3	33°40′	1.2015	1/20	5°24′	1.0050
	33°01′	1.1926		4°45′	1.0035
	30°58′	1.1662	1/30	3°49′	1.0022
	30°	1.1547			
	28°49′	1.1413			
1/4	26°34′	1.1180			
	24°14′	1.0966			
1/5	21°48′	1.0770			
	19°17′	1.0594			
	16°42′	1.0440			
	14°02′	1.0308			

铁皮排水单体零件展开面积（m^2）折算表　　表6-14

	单位	水落管（m）	檐沟（m）	水斗（个）	漏斗（个）	下水口（个）	天沟（m）
铁皮排水	m^2	0.32	0.30	0.40	0.16	0.45	1.30
	单位	斜沟、天窗窗台泛水（m）	天窗侧面返水（m）	烟囱返水（m）	通气管泛水（m）	滴水檐头泛水（m）	滴水（m）
	m^2	0.50	0.70	0.80	0.22	0.24	0.11

（五）防水工程量计算规则

（1）建筑物地面防水、防潮层的工程量，按主墙间净面积［以平方米（m^2）］计算。扣除凸出地面的构筑物，设备基础等所占面积，不扣除柱、垛、间壁墙、烟囱及0.3 m^2以内孔洞所占面积。与墙面连接处高度在500mm以内者，按展开面积计算，并入地面防水、防潮层工程量内。与墙面连接高度超过500mm时，按立面防水层计算。

（2）建筑物墙基防水、防潮层的工程量，外墙按中心线，内墙按净长线乘以墙基宽度［以平方米（m^2）］面积计算。

（3）构筑物及建筑物地下室防水层工程量，按实铺面积［以平方米（m^2）］计算，不扣除0.3 m^2以内孔洞所占面积。平面与立面交接处的防水层，其上卷高度超过500mm时，按立面防水层计算。

（4）防水层卷材的附加层、接缝、收头、冷底子油等分项工程的人工、材料均已计入定额项目内，不再另行计算。

（5）变形缝的工程量，按延长米（m）计算。

十三、防腐、保温、隔热工程

（一）防腐工程量计算规则

（1）防腐工程项目的工程量，应区分不同防腐材料的种类及厚度，按设计实铺面积［以平方米（m^2）］计算。扣除凸出地面的构筑物、设备基础等所占面积，砖垛等凸出墙面部分按展开面积计算，并入墙面防腐工程量内。

（2）踢脚板，按实铺长度乘以踢脚板高度［以平方米（m^2）］计算，应扣除门洞所占面积，并相应增加其侧壁的展开面积。

（3）平面砌筑双层耐酸块料时，其工程量按单层面积乘以系数2计算。

（4）防腐卷材接缝、附加层、收头等人工、材料已计入在定额项目中，不再另行计算。

（二）保温隔热工程量计算规则

（1）保温隔热层的工程量，应区分不同保温隔热材料，除另有规定者外，均按实铺厚度［以立方米（m^3）］计算。

（2）保温隔热层的厚度，按隔热材料的净厚度计算（不包括胶接材料的厚度）。

（3）地面隔热层的工程量，按维护结构墙体间净面积乘以设计厚度［以立方米（m^3）］计算，不扣除柱、垛所占体积。

（4）墙体隔热层工程量，外墙按隔热层中心线，内墙按隔热层净长乘以图示尺寸的高度及厚度［以立方米（m^3）］计算，应扣除冷藏门洞口和管道穿墙洞口所占体积。

（5）柱包隔热层工程量，按图示柱的保温隔热层中心线的展开长度乘以图示尺寸高度及厚度［以立方米（m^3）］计算。

（6）池槽隔热层工程量，按图示池槽保温隔热层的长、宽及厚度［以立方米（m^3）］计算。其中，池壁按墙面计算，池底按地面计算。

（7）门洞口侧壁周围的隔热部分，按图示隔热层的长、宽及厚度［以立方米（m^3）］计算，并入墙面的保温隔热的工程量内。

（8）柱帽保温隔热层的工程量，按图示保温隔热层体积，并入顶棚保温隔热层的工程量内。

十四、装饰工程

（一）内墙抹灰工程量计算规则

（1）内墙抹灰工程量，等于内墙面长度乘以墙面的抹灰高度［以平方米（m^2）］计算。扣除门窗洞口空圈所占面积，不扣除踢脚板、挂镜线、0.3m^2 以内洞口和墙与构件交接处的面积，洞口侧壁和顶面亦不增加。墙垛和附墙烟囱侧壁面积与内墙面的抹灰工程量合并计算。

$$内墙面抹灰工程量 = L_{内i} \times h_i - \Sigma 门窗洞口及空圈面积 \quad (6\text{-}30)$$

式中 $L_{内i}$——i 层墙面净长线总长（m）；

h_i——i 层内墙面的抹灰高度（m），以主墙间的图示净长尺寸计算。其高度确定如下：

1）无墙裙的，其高度按室内地面或楼面至顶棚底面之间的距离计算；

2）有墙裙的，其高度按墙裙顶至顶棚底面之间的距离计算；

3）钉板条顶棚的内墙面，其高度按室内地面或楼面顶棚底面另加 100mm 计算。

（2）内墙裙抹灰工程量，按内墙裙的净长乘以墙裙的高度［以平方米（m^2）］计算。应扣除门窗洞口和空圈所占的面积，门窗洞口和空圈的侧壁面积不另增加，柱、垛及附墙烟囱的侧壁面积，并入内墙裙的抹灰面积内计算。

（二）外墙抹灰工程量计算规则

（1）外墙抹灰工程量，按外墙面的垂直投影面积［以平方米（m^2）］计算。应扣除门窗洞口、外墙裙和大于 0.3 m^2 孔洞所占面积，洞口的侧壁面积不增加。附墙垛、梁、柱的侧面的抹灰面积并入外墙面的抹灰工程量内计算。拦板、栏杆、窗台线、门窗套、扶手、压顶、挑檐、遮阳板、凸出墙外的腰线等，另按相应的规定计算。

$$外墙面抹灰工程量 = L_{外} \times H - \Sigma 门窗洞口及空圈面积 - 外墙裙面积 \quad (6\text{-}31)$$

式中 $L_{外}$——外墙外边线总长（m）；

H——室外地坪至沿口底之间的总高度（m）。

（2）外墙裙抹灰工程量，按其墙裙长度乘以墙裙高度［以平方米（m^2）］计算。扣除门窗洞口和大于 0.3m^2 孔洞所占面积。门窗洞口及孔洞的侧壁高亦不增加。

$$外墙裙工程量 = (L外 - \Sigma 外墙上门宽) \times 墙裙高度 \quad (6\text{-}32)$$

（3）窗台线、门窗套、挑檐、腰线、遮阳板等展开宽度在 300mm 以内者，抹灰工程量按装饰线长度［以延长米（m）］计算。如果展开宽度超过300mm以上时，图示尺寸按展开面积［以平方米（m^2）］计算，执行零星抹灰定额项目。

(4) 拦板、栏杆（包括立柱、扶手或压顶）抹灰工程量，按垂直投影面积乘以系数2.2［以平方米（m^2）］计算。

(5) 阳台底面抹灰工程量，按水平投影面积［以平方米（m^2）］计算。并入相应的顶棚抹灰的工程量内计算。阳台如带悬臂梁者，其工程量应再乘以系数1.30。

(6) 雨篷底面或顶面抹灰工程量，分别按水平投影面积［以平方米（m^2）］计算，并入相应的顶棚抹灰的工程量内。雨篷顶面带反沿或反梁者，其工程量应乘系数1.20，底面带悬臂梁者，其工程量应乘以系数1.20。雨篷外边线执行相应装饰定额或零星项目定额。

(7) 墙面勾缝工程量，按垂投影面积［以平方米（m^2）］计算，应扣除墙裙和墙面抹灰的面积，不扣除门窗洞口、门窗套、腰线等零星抹灰所占的面积，附墙柱和门窗洞口侧面的勾缝面积亦不增加。独立柱、房上烟囱勾缝面积按图示尺寸［以平方米（m^2）］计算。

（三）外墙装饰抹灰工程量计算规则

(1) 外墙各种装饰抹灰工程量，均按图示尺寸按实抹面积［以平方米（m^2）］计算。应扣除门窗洞口、空圈所占的面积，其侧壁面积亦不增加。

(2) 挑檐、天沟、腰线、栏杆、拦板、门窗套、窗台线、压顶等装饰抹灰的工程量，均按图示尺寸展示面积［以平方米（m^2）］计算，并入相应的外墙面装饰抹灰工程量内计算。

（四）块料面层工程量计算规则

(1) 墙面镶贴块料面层工程量，按图示尺寸实贴面积［以平方米（m^2）］计算。

(2) 墙裙镶贴块料面层工程量，以高度在1500mm以内为准，超过1500mm时，按墙面镶贴块料面层计算；高度在300mm以内时，按踢脚板镶贴块料面层计算。

（五）墙面其他装饰工程量计算规则

(1) 木隔墙、墙裙和护壁板工程量，均按图示长度乘以高度的实铺面积［以平方米（m^2）］计算。

(2) 玻璃隔墙的工程量，按上横档顶面至下横档底面之间的高度乘以两边立挺外边线之间的宽度［以平方米（m^2）］计算。

(3) 浴厕木隔断的工程量，按下横档底面至上横档顶面之间高度乘以图示隔断长度［以平方米（m^2）］计算。隔断上的门扇面积并入隔断的面积内计算。

(4) 铝合金、轻钢隔墙、幕墙的工程量，按四周框外围面积［以平方米（m^2）］计算。

（六）独立柱装饰工程量计算规则

(1) 独立柱一般抹灰、装饰抹灰工程量，按结构断面周长乘以柱高度［以平方米（m^2）］计算。

(2) 独立柱面镶贴块料装饰工程量，按柱外围饰面尺寸乘以柱的高度［以平方米（m^2）］计算。

（七）顶棚抹灰的工程量计算规则

(1) 顶棚抹灰的工程量，按主墙间净面积［以平方米（m^2）］计算。不扣除间壁墙、垛、柱、附墙烟囱，检查井和管道等所占面积。带梁顶棚，梁的两侧抹灰面积，应并入顶棚抹灰的工程量内计算。主墙间净面积与楼地面工程章节的含义相同。

(2) 密肋梁和井字梁顶棚抹灰的工程量，按展开面积［以平方米（m^2）］计算。

(3) 顶棚抹灰如带有装饰线时，区别按三道线以内或五道线以内［按延长米（m）］计算。线角的道数以一个凸出的棱角为一道线。

(4) 檐口顶棚（即挑沿底）抹灰面积，并入相同的顶棚抹灰的工程量内计算。

(5) 顶棚中折线、灯槽线、圆弧形线、拱形线等艺术形式抹灰工程量，按展开面积［以平方米（m^2）］计算。

（八）各种吊顶顶棚龙骨工程量计算规则

各种吊顶顶棚龙骨工程时按主墙间净面积［以平方米（m^2）］计算。不扣除间壁墙、检查口、附墙烟囱、柱、垛和管道所占面积，但顶棚中折线，迭落等圆弧形、高低吊灯槽等也不展开计算。

（九）喷涂、油漆、裱糊等工程量计算规则

(1) 楼地面、顶棚面、墙、柱、梁面的喷（刷）涂料、抹灰面油漆及裱糊工程量，均按上述楼地面、顶棚面、墙、柱面装饰工程相应的工程量计算规则规定计算。

(2) 木材面、金属面油漆工程量，分别按表 6-15 ~ 6-23 规定计算，并乘以表列系数［以平方米（m^2）］计算。

单层木窗工程量系数表（木材面油漆） 表 6-15

项目名称	系数	工程量计算方法
单层玻璃窗	1.00	按单面洞口面积
双层（一玻一纱）窗	1.36	
双层（但裁口）窗	2.00	
三层（二玻一纱）窗	2.60	
单层组合窗	0.83	
双层组合窗	1.13	
木百叶窗	1.50	

单层木门工程量系数表（木材面油漆） 表 6-16

项目名称	系数	工程量计算方法
单层木门	1.00	按单面洞口面积
双层（一玻一纱）木门	1.36	
双层（但裁口）木门	2.00	
单层全玻门	0.83	
木百叶门	1.25	
厂库大门	1.10	

木扶手（不带托板）工程量系数表 表6-17

项目名称	系数	工程量计算方法
木扶手（不带托板）	1.00	按延长米
木扶手（带托板）	2.60	
窗帘盒	2.04	
封檐板、顺水板	1.74	
挂衣板、黑板框	0.52	
生活园地框、挂镜线、窗帘棍	0.35	

其他木材面工程量系数表 表6-18

项目名称	系数	工程量计算方法
木板、纤维板、胶合板	1.00	长×宽
顶棚、檐口		
清水板条顶棚、檐口	1.07	
木方格吊顶顶棚	1.20	
吸音板、墙面、顶棚面	0.87	
鱼磷板墙	2.48	
木护墙、墙裙	0.91	
窗台板、筒子板、盖板	0.82	
暖气罩	1.28	
屋面板（带檩条）	1.11	斜长×宽
木间壁、木隔断	1.90	单面外围面积
玻璃间壁露明墙筋	1.65	
木栅栏、木栏杆（带扶手）	1.82	
木屋架	1.79	跨度（长）×中高×1/2
衣柜、壁柜	0.91	投影面积（不展开）
零星木装修	0.87	展开面积

木地板工程量系数表 表6-19

项目名称	系数	工程量计算方法
木地板、木踢脚线	1.0	长×宽
木楼梯（不包括地面）	2.30	水平投影面积

单层钢门窗工程量系数表 表6-20

项目名称	系数	工程量计算方法
单层钢门窗	1.00	洞口面积
双层（一玻一纱）钢门窗	1.48	
钢百叶门窗	2.74	
半截百叶钢门	2.22	
满钢门或包铁皮门	1.63	
钢折叠门	2.30	

续表

项　目　名　称	系　　数	工程量计算方法
射线防护门	2.96	框（扇）外围面积
厂库房平开、推拉门	1.70	
铁丝网大门	0.81	
间　壁	1.85	长×宽
平板屋面	0.74	斜长×宽
瓦垄板屋面	0.89	斜长×宽
排水、伸缩缝盖板	0.78	展开面积
吸　气　罩	1.63	水平投影面积

其他金属面工程量系数表　表6-21

项　目　名　称	系　　数	工程量计算方法
钢屋架、天窗架、挡风架、屋架梁、支撑、檩条	1.00	重量（t）
墙架（空腹式）	0.50	
墙架（格板式）	0.82	
钢柱、吊车梁、花式梁柱、空花构件	0.63	
操作台、走台、制动梁钢梁车挡	0.71	
钢栅栏门、栏杆、窗栅	1.71	
钢　爬　梯	1.18	
轻型屋架	1.42	
踏步式钢扶梯	1.05	
零星铁件	1.32	

平板屋面涂刷磷化、锌黄底漆工程量系数表　表6-22

项　目　名　称	系　　数	工程量计算方法
平板屋面	1.00	斜长×宽
瓦垄板屋面	1.20	
排水、伸缩缝盖板	1.05	展开面积
吸气罩	2.20	水平投影面积
包镀锌铁皮门	2.20	洞口面积

抹灰面工程量系数表　表6-23

项　目　名　称	系　　数	工程量计算方法
槽形底板、混凝土折板	1.30	长×宽
有梁底板	1.10	
密肋、井字梁底板	1.50	
混凝土平板式楼梯板	1.30	水平投影面积

（十）顶棚面装饰工程量计算规则

（1）顶棚装饰面积，按主墙间实铺面积［以平方米］计算，不扣除间壁墙、检查口、附墙烟囱、附墙垛和管道所占面积，应扣除独立柱及与顶棚相连的窗帘盒所占的面积。

（2）顶棚中的折线：迭落等圆弧形、拱形、高低灯槽及其他艺术形式顶棚面层均按展开面积计算。

十五、金属结构制作工程

金属结构制作工程量，按图示钢材尺寸［以吨（t）］计算，不扣除孔眼、切边的重量，焊条、铆钉、螺栓等重量已包括在定额内，不另计算。计算不规则或多边形钢板重量时，均以其最大对角线乘最大宽度的矩形面积计算。

（1）实腹柱、吊车梁、H型钢工程量均按图示尺寸计算，其中腹板及翼板宽度，按每边增加25mm计算。

（2）制动梁的工程量包括制动梁、制动桁架、制动板的重量；墙架的制作工程量包括墙架柱、墙架梁及连接柱杆的重量；钢柱制作工程量包括附属于柱上的牛腿和悬臂梁的重量。

（3）轨道制作工程量，只计算轨道的重量，不包括轨道垫板、压板、斜垫、夹板及连接角钢等重量。

（4）铁栏杆制作，仅适用于工业厂房中平台、操作台的栏杆。民用建筑中的铁栏杆等按定额楼地面工程中楼梯栏杆和扶手的有关规定计算。

（5）钢漏斗制作工程量，矩形按图示尺寸分片计算，圆形按图示展开尺寸，并依钢板宽度分段计算，每段均以其上口展开长度与钢板宽度按矩形计算。依附于漏斗的型钢并入漏斗重量内计算。

十六、建筑工程垂直运输

建筑物垂直运输机械的台班用量，应区分不同建筑物的结构类型及高度，按建筑物的建筑面积［以平方米（m^2）］计算。

构筑物垂直运输机械的台班用量，以座计算。超过规定高度时，再按每超过1m的定额项目计算，其超过高度不足1m时，亦按1m计算。

十七、建筑物超高增加人工、机械

建筑物超高的各项降效系数中包括的内容指建筑物基础以上的全部工程项目。但不包括建筑物的垂直运输和各类构件的水平运输及各项脚手架等工程项目。

建筑物超高的人工降效，按规定内容中的全部人工费乘以定额系数计算。

建筑物超高的吊装机械降效，按《全国统一建筑工程基础定额》的第六章构件运输及安装工程中相应子目中的全部机械费乘以定额系数计算。

建筑物超高的其他机械降效，按规定内容中的全部机械费（不包括吊装机械）乘以定额系数计算。

建筑物施工用水加压增加水泵台班用量，按建筑面积［以平方米（m^2）］计算。

第三节　单位工程工料分析

一、工料分析的概念

工料分析是按各个分项工程，根据定额中的用工量及材料耗用量分别乘以各分项工程的工程量，就可求出各分项工程的用工量和材料耗用量。表6-24所示的为工料分析表，表中的单量为定额规定的用工量及材料耗用量，合量则为工程量与单量的乘积。

工料分析表　　表6-24

顺序号	定额号	分项工程名称	单位	工程量	人工数		材料名称						·····
					分量	合量	分量	合量	分量	合量	分量	合量	·····

完成各工料分析表后，以单位工程为对象，分别将人工和材料进行汇总，最后得到单位工程人工和材料汇总表。

单位工程人工及材料汇总表如表6-25、表6-26所示。

人工分析汇总表　　表6-25

序号	工种名称	工日数	备注

材料分析汇总表　　表6-26

序号	材料名称	规格	单位	数量	备注

二、工料分析的作用

(1) 是编制单位工程劳动力、材料、构（配）件和施工机械等需要量计划的依据；

(2) 是编制施工进度计划、安排生产、统计完成工作量的依据；

(3) 是签发施工任务单，考核工料消耗和进行各项经济活动分析的依据；

(4) 是施工图预算同施工预算进行“两算”对比的依据。

第四节　施工图预算的审查

一、审查施工图预算的意义

施工图预算编完之后，需要认真进行审查。加强施工图预算的审查，对于提高预算的准确性、正确贯彻党和国家的有关方针政策、降低工程造价具有重要的现实意义。

(1) 审查施工图预算，有利于控制工程造价，克服和防止预算超概算。

(2) 审查施工图预算，有利于加强固定资产投资管理，节约建设资金。

(3) 审查施工图预算，有利于施工承包合同价的合理确定和控制。因为，施工图预算对于招标工程，它是编制标底的依据。对于不宜招标工程，它是合同价款结算的基础。

(4) 审查施工图预算，有利于积累和分析各项技术经济指标，不断提高设计水平。通过审查工程预算，核实了预算价值，为积累和分析技术经济指标，提供了准确数据，进而通过有关指标的比较，找出设计中的薄弱环节。以便及时改进，不断提高设计水平。

二、审查施工图预算的内容

审查施工图预算的重点，应该放在工程量计算和预算单价套用是否正确，各项费用标准是否符合现行规定等方面。

(一) 审查工程量

(1) 审查土方工程量。平整场地、挖地槽、挖地坑、挖土方工程量的计算是否符合现行定额计算规定和施工图纸标注尺寸，有无重算和漏算。回填土工程量和余土外运，计算是否正确。

(2) 审查打桩工程量。各种不同桩料，计算是否正确；桩料长度如果超过一般桩料长度需要接桩时，接头数计算是否正确。

(3) 审查砖石工程量。墙基和墙身的划分是否符合规定。不同厚度的内、外墙是否分别计算，应扣除的门窗洞口及埋入墙体各种钢筋混凝土梁、柱等是否已扣除。不同砂浆标号的墙和定额规定按立方米或按平方米计算的墙，有无混淆、错算或漏算。

(4) 审查混凝土及钢筋混凝土工程量。现浇与预制构件是否分别计算，有无混淆；现浇柱与梁，主梁与次梁及各种构件计算是否符合规定，有无重算或漏算；有筋与无筋构件是否按设计分别计算，有无混淆；钢筋混凝土的含钢量与预算定额的含钢量发生差异时，是否按规定予以增减调整。

(5) 审查木结构工程量。门窗是否分别不同种类，按门、窗洞口面积计算；木装修的工程量是否按规定分别以延长米或平方米计算。

(6) 审查楼地面工程量。楼梯抹面是否按踏步和休息平台部分的水平投影面积计算；细石混凝土地面找平层的设计厚度与定额厚度不同时，是否按其厚度进行换算。

(7) 审查屋面工程量。卷材屋面工程是否与屋面找平层工程量相等；屋面保温层的工程量是否按屋面层的建筑面积乘保温层平均厚度计算，不做保温层的挑檐部分是否按规定不作计算。

(8) 审查构筑物工程。当烟囱和水塔定额是以座编制时，地下部分已包括在定额内，按规定不能再另行计算。审查是否符合要求，有无重算。

(9) 审查装饰工程量。内墙抹灰的工程量是否按墙面的净高和净宽计算，有无重算或漏算。

(10) 审查金属构件制作工程量。金属构件制作工程量多数以吨为单位。在计算时，型钢按图示尺寸求出长度，再乘每米的重量；钢板要求算出面积，再乘以每平方米的重量。审查是否符合规定。

(11) 审查水暖工程量。室内外排水管道、暖气管道的划分是否符合规定；各种管道的长度、口径是否按设计规定和定额计算；室内给水管道不应扣除阀门、接头零件所占的长度，但应扣除卫生设备（浴盆、卫生盆、冲洗水箱、淋浴器等）本身所附带的管道长度，审查是否符合要求，有无重算；室内排水工程采用承插铸铁管，不应扣除异形管及检查口所占长度，室外排水管道是否已扣除了检查与连接所占的长度；暖气片的数量是否与设计一致。

(12) 审查电气照明工程量。灯具的种类、型号、数量是否与设计图一致；线路的敷设方法、线材品种等，是否达到设计工程量。工程量计算是否正确。

(13) 审查设备及其安装工程量。设备的种类、规格、数量是否与设计相符，工程量计算是否正确，有无把不需安装的设备作为安装的设备计算安装工程费用。

(二) 审查预算单价的套用

(1) 预算中所列各分项工程预算单价是否与现行预算定额的预算单价相符，其名称、规格、计量单位和包括的工程内容是否与单位估价表一致。

(2) 审查换算的单价，是否是定额允许换算的，换算是否正确。

(3) 审查补充定额和单位估价表的编制是否符合编制原则，单位估价表计算是否正确。

(三) 审查其他有关费用

其他直接费包括的内容，各地不一，具体计算时，应按当地的现行规定执行。审查时要注意是否符合规定和定额要求。同时，还要注意以下几个方面：

(1) 其他直接费和现场经费及间接费的计取基础是否符合现行规定，有无不能作为计费基础的费用，列入计费的基础。

(2) 预算外调增的材料差价是否计取了间接费。直接费或人工费增减后，有关费用是否相应做了调整。

(3) 有无巧立名目，乱计费、乱摊费用现象。

三、审查施工图预算的方法

审查施工图预算方法较多，主要有全面审查法、标准预算审查法、分组计算审查法、筛选审查法、重点抽查法、对比审查法、利用手册审查法和分解对比审查法等八种。

1. 全面审查法

全面审查又叫逐项审查法，就是按预算定额顺序或施工的先后顺序，逐一地全部进行审查的方法。其具体计算方法和审查过程与编制施工图预算基本相同。此方法的优点是全面、细致、经审查的工程预算差错比较少，质量比较高。缺点是工作量大。对于一些工程量比较小、工艺比较简单的工程，编制工程预算的技术力量又比较薄弱，可采用全面审查法。

2. 标准预算审查法

对于利用标准图纸或通用图纸施工的工程，先集中力量，编制标准预算，以此为标准审查预算的方法。按标准图纸设计或通用图纸施工的工程一般上部结构和作法相同，可集中力量细审一份预算或编制一份预算，作为这种标准图纸的标准预算，或用这种标准图纸的工程量为标准，对照审查，而对局部不同部分作单独审查即可。这种方法的优点是时间短、效果好、好定案；缺点是只适用按标准图纸设计的工程，适用范围小。

3. 分组计算审查法

分组计算审查法是一种加快审查工程量速度的方法，把预算中的项目划分为若干组，并把相邻且有一定内在联系的项目编为一组，审查或计算同一组中某个分项工程量，利用工程量间具有相同或相似计算基础的关系，判断同组中其他几个分项工程量计算的准确程度的方法。

一般土建工程可分为以下几个组：

(1) 地槽挖土、基础砌体、基础垫层、槽坑回填土、运土。

(2) 底层建筑面积、地面面层、地面垫层、楼面面层、楼面找平层、楼板体积、天棚抹灰、天棚刷浆、屋面层。

(3) 内墙外抹灰、外墙内抹灰、外墙内面刷浆、外墙上的门窗和圈过梁、外墙砌体。

在第 (1) 组中，先将挖地槽土方、基础砌体体积（室外地坪以下部分）、基础垫层计算出来，而槽坑回填土、外运的体积按下式确定：

回填土量 = 挖土量 -（基础砌体 + 垫层体积）

余土外运量 = 基础砌体 + 垫层体积

在第 (2) 组中，先把底层建筑面积、楼（地）面面积计算出来。而楼面找平层、顶棚抹灰、刷白的工程量与楼（地）面面积相同；垫层工程量等于地面面积乘垫层厚度，空心楼板工程量由楼面工程量乘楼板的折算厚度（三种空心板折算厚度见表 6-27）；底层建筑面积加挑檐面积，乘坡度系数（平屋面不乘）就是屋面工程量；底层建筑面积乘坡度系数（平屋面不乘）再乘保温层的平均厚度为保温层工程量。

空心板折算厚度 　　**表 6-27**

空心板种类	标准图号	折算厚度（cm）
130mm 厚非预应力空心板	LG304	8
160mm 厚非预应力空心板	LG304	9.6
120mm 厚预应力空心板	LG304	8.15

在第 (3) 组中，首先把各种厚度的内外墙上的门窗面积和过梁体积分别列表填写，然后再计算工程量。门窗及墙体构件统计表格形式见表 6-28 和表 6-29。

门窗统计表 　　**表 6-28**

门窗编号	门窗洞口尺寸（m）（长×宽）	每个面积 m^2	个数	合计面积 m^2	1层					2层以上每层				
					外墙		内墙			外墙		内墙		
					一砖	一砖半	半砖	一砖	一砖半	一砖	一砖半	半砖	一砖	一砖半

注：如果 2 层以上各层的门窗数不同时，应把不同层次单独计算。

在第 (3) 组中，先求出内墙面积，再减门窗面积，再乘墙厚减圈过梁体积等于墙体积（如果室内外高差部分与墙体材料不同时，应从墙体中扣除，另行计算）。外墙内面抹灰可用墙体乘定额系数计算，或用外抹灰乘 0.9 来估算。

4. 对比审查法

墙体构件统计表 **表6-29**

构件名称或代号	构件尺寸（长×宽×高）	每个构件体积 m^3	根数	合计 m^3	1 层					2层以上每层				
					外墙		内墙			外墙		内墙		
					一砖	一砖半	半砖	一砖	一砖半	一砖	一砖半	半砖	一砖	一砖半

注：如果2层以上，有不同时，应把不同层次单独计算

是用已建成工程的预算或虽未建成但已审查修正的工程预算对比审查拟建的类似工程预算的一种方法。对比审查法，应根据工程的不同条件，区别对待，一般有以下几种情况：

(1) 两个工程采用同一个施工图，但基础部分和现场条件不同。其新建工程基础以上部分可采用对比审查法；不同部分可分别采用相应的审查方法进行审查。

(2) 两个工程设计相同，但建筑面积不同。根据两个工程建筑面积之比与两个工程分部分项工程量之比例基本一致的特点，可审查新建工程各分部分项工程的工程量。或者用两个工程每平方米建筑面积造价以及每平方米建筑面积的各分部分项工程量，进行对比审查，如果基本相同时，说明新建工程预算是正确的，反之，说明新建工程预算有问题，找出差错原因，加以更正。

(3) 两个工程的面积相同，但设计图纸不完全相同时，可把相同的部分，如厂房中的柱子、屋架、屋面、砖墙等，进行工程量的对比审查，不能对比的分部分项工程按图纸计算。

5. 筛选审查法

筛选法是统筹法的一种，也是一种对比方法。建筑工程虽然有建筑面积和高度的不同，但是它们的各个分部分项工程的工程量、造价、用工量在每个单位面积上的数值变化不大，我们把这些数据加以汇集，优选，归纳为工程量、造价（价值）、用工三个单方基本值表，并注明其适用的建筑标准。这些基本值犹如“筛子孔”，用来筛选各分部分项工程，筛下去的就不审查了，没有筛下去的就意味着此分部分项的单位建筑面积数值不在基本值范围之内，应对该分部分项工程详细审查。当所审查的预算的建筑面积标准与“基本值”所适用的标准不同，就要对其进行调整。

筛选法的优点是简单易懂，便于掌握，审查速度和发现问题快。但解决差错，分析其原因需继续审查。因此，此法适用于住宅工程或不具备全面审查条件的工程。

6. 重点抽查法

是抓住工程预算中的重点进行审查的方法。审查的重点一般是：工程量大或造价较高、工程结构复杂的工程，补充单位估价表，计取的各项费用（计费基础、取费标准等）。

重点抽查法的优点是重点突出，审查时间短，效果好。

7. 利用手册审查法

是把工程中常用的构件、配件，事先整理成预算手册，按手册对照审查的方法。如工程常用的预制构配件：洗池、大便台、检查井、化粪池、碗柜等，几乎每个工程都有，把这些按标准图集计算出工程量，套上单价，编制成预算手册使用，可大大简化预结算的编审工作。

8. 分解对比审查法

一个单位工程，按直接费与间接费进行分解，然后再把直接费按工种和分部工程进行分解，分别与审定的标准预算进行对比分析的方法，叫分解对比审查法。

分解对比审查法一般有三个步骤：

第一步，全面审核某种建筑的定型标准施工图或复用施工图的工程预算，经审定后作为审核其他类似工程预算的对比基础。而且将审定预算按直接费与应取费用分解成两部分，再把直接费分解为各工种工程和分部工程预算，分别计算出他们的每平方米预算价格。

第二步，把拟审的工程预算与同类型预算单方造价进行对比，若出入在1%～3%以内（根据本地区要求），再按分部分项工程进行分解，边分解边对比，对出入较大者，进一步审核。

第三步，对比审核。其方法是：

(1) 经分析对比，如发现应取费用相差较大，应考虑建设项目的投资来源和工程类别及其取费项目和取费标准是否符合现行规定；材料调价相差较大，则应进一步审查《材料调价统计表》，将各种调价材料的用量、单位差价及其调增数量等进行对比。

(2) 经过分解对比，如发现土建工程预算价格出入较大，首先审核其土方和基础工程，因为±0.00以下的工程往往相差较大。再对比其余各个分部工程，发现某一分部工程预算价格相差较大时，再进一步对比各分项工程或工程细目。在对比时，先检查所列工程细目是否正确，预算价格是否一致。发现相差较大者，再进一步审查所套预算单价，最后审核该项工程细目的工程量。

施工图预算审查的步骤：

1. 做好审查前的准备工作

(1) 熟悉施工图纸。施工图是编审预算分项数量的重要依据，必须全面熟悉了解，核对所有图纸，清点无误后，依次识读。

(2) 了解预算包括的范围。根据预算编制说明，了解预算包括的工程内容。例如：配套设施、室外管线、道路以及会审图纸后的设计变更等。

(3) 弄清预算采用的单位估价表。任何单位估价表或预算定额都有一定的适用范围，应根据工程性质，搜集熟悉相应的单价、定额资料。

2. 选择合适的审查方法，按相应内容审查

由于工程规模、繁简程度不同，施工方法和施工企业情况不一样，所编工程预算繁简和质量也不同，因此需选择适当的审查方法进行审查。

3. 编制调整预算

综合整理审查资料，并与编制单位交换意见，定案后编制调整预算。审查后，需要进行增加或核减的，经与编制单位协商，统一意见后，进行相应的修正。

第五节　计算机辅助概预算编制

一、系统分析

回顾前面各章的学习内容，我们可以把编制建筑工程概预算的一般步骤，大致可归结

为如图 6-39 所示的步骤。

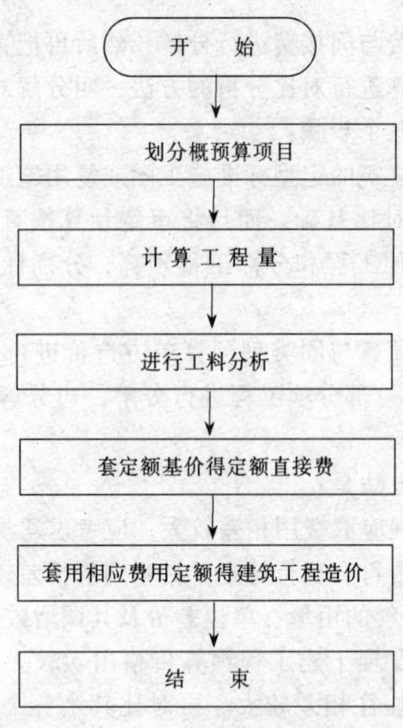

图6-39　建筑工程概预算编制流程图

分析编制建筑工程概预算的过程，不难发现根据图纸计算出原始工程量之后的过程均是很有规律的纯计算工作，而且计算过程都是以建筑工程概预算定额为基础，主要是进行数据的加、减、乘、除工作。计算的数据和费用数量非常大，套用定额计算也是固定的方式。人工手算时几乎都是机械地套用定额和计算过程，而且还会带来大量的重复工作量。

利用计算机辅助编制建筑工程概预算，可以很好地解决上述纯人工编制概预算的问题，将概预算编制人员从大量重复性的计算工作中解放出来，提高编制速度，使编制的概预算能更为准确地反映实际工程造价水平。

利用计算机辅助编制建筑工程概预算，须预先将概预算定额输入计算机内预先设定的定额数据库中，再输入原始工程量，计算机即可按规定的工作程序进行工程量数据套定额的计算，最后得出所需要的工程造价以及工料机汇总的数量。工程量数据输入完毕之后，计算自动进行，一般只需几十秒即可得出结果，并将结果显示在屏幕上或打印输出。

二、系统功能设计

系统软件设计时，必须对数据处理算法、如何模块化以及选用操作系统平台和开发语言等有关问题进行综合考虑。目前通用的操作系统平台是 Windows95/98 系统，开发工具可选用各种可视化程序设计语言，如 VB、VC、VFP 等。系统采用 VB 与 VFP 开发环境，其特点是功能强大，易于实现与 Windows 相融合的图形界面，代码编制工作量较小，易于学习和使用，对硬件环境要求不高。

根据以上所述计算机辅助概预算系统的分析思路，可以确定系统的功能结构图如 6-40 所示。

各子系统的功能如下：

（一）数据录入

数据录入子系统的功能主要是输入原始工程量，形成初始数据库，并对其进行处理后以供进行概预算分析和工料分析。原始工程量输入是本部分的主要工作内容，原始工程量是由技术人员通过对建筑工程施工图进行分析后计算出来的，是编制工程概预算的基础数据。在录入原始工程量之前首先要求确定工程编号。工程编号在应用系统中，用于识别所计算的各个建筑工程。一个工程编号唯一地对应一个建筑工程，系统计算过程中形成的各类数据都以工程编号来明确操作对象。一个建筑工程的编号最初是在原始工程量输入中给定的，以后各步的计算系统都会自动地根据工程编号搜寻对应的数据。

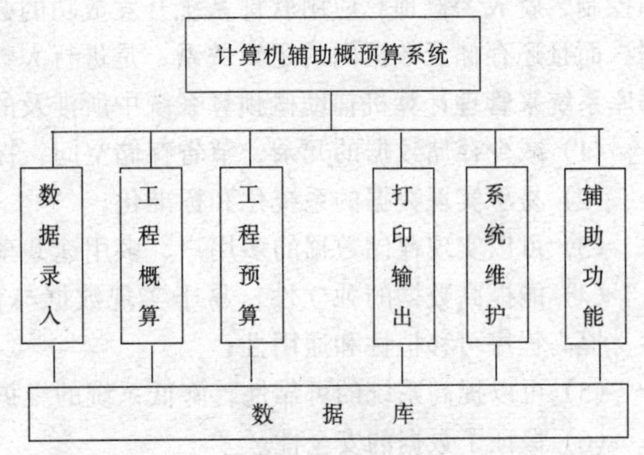

图6-40　计算机辅助概预算系统功能结构图

（二）工程概算

工程概算子系统主要完成套用定额的计算工作。由于建筑工程概算和预算所套用的定额不同，计算公式也有差别，必须分别进行计算，因此系统将工程概算和工程预算分为二个子系统进行设计开发，但其使用方法和操作界面与工程预算子系统完全类似。

（三）工程预算

工程预算子系统是应用系统的核心模块，主要完成定额套用、预算分析、工料分析等工作。

（四）打印输出

打印输出子系统的功能是将系统计算、分析的结果进行格式化后输出到屏幕或打印机上。在输出正式稿之前，用户可进行预览。通过该模块，用户可以得到完整的建筑工程概预算书。

（五）系统维护

系统维护子系统的功能是完成对定额库管理和更新，以及对各类价差、系数进行调整和管理。

（六）辅助功能

辅助功能子系统为用户提供了一个接口，用户可在不退出应用系统的情况下，完成文件拷贝、磁盘管理等功能。

三、系统数据库设计

系统的数据库主要是用来存放和管理定额及各类公用数据。随着时间的推移，建筑工程预算将会进行一些调整，人工、材料、机械台班的价格以及各类系数等都会发生变化，计算机辅助概预算软件系统应该能够适应这些变化，通过系统维护功能实现对这些数据调整和管理，系统数据库设计就是从这一目的出发的。

（一）数据库系统的选择

计算机辅助概预算系统处理的数据量较大，数据之间的逻辑关系复杂，为了使系统具有较高的运行效率，就必须对其中所涉及的数据结构、数据单元进行严格的定义和设计。因此采用数据库系统对概预算计算中所使用的数据进行存储和管理，实现数据的统一管理和控制，就成为概预算应用软件系统开发成功的必由之路。数据库系统不仅存储单一的数据，而且还存储了数据间的逻辑关系，是进行大数据量存储和管理的高效率工具。使用数据库系统来管理计算机辅助概预算系统中所涉及的公共数据，其优点在于：

（1）减少存储数据的冗余，节省存储空间，提高数据的一致性；

（2）易于实现数据的系统化和标准化；

（3）可以实现存储数据的多用户、多用途共享；

（4）能提高数据的独立性，易于实现数据与程序的分离，从而降低程序设计的复杂性，提高程序可移植性和通用性；

（5）可以提高系统的可靠性，降低系统的维护费用；

（6）保证了数据的安全性。

目前，商品化的数据库系统以关系型数据库为主导，技术比较成熟，拥有大量的用户。常用的关系数据库系统有 Visual FoxPro、Oracle、Sybase 等，其中 Visual FoxPro 兼容了以前的 Dbase、FoxBase 各个版本，具有广泛的应用基础，在建筑工程领域中使用较多，因此系统推荐使用 Visual FoxPro 作为数据库管理系统。

（二）定额库的设计

定额库是系统中数据量最大的库，定额的形式均为综合形式的二维表。为了使定额库在使用和维护时更加方便，在建库之前，必须对定额二维表进行规范化、标准化处理。其步骤是：

（1）非规范化的综合形式定额数据二维表原始形式，如表 6-30。

定额数据二维表原始形式 表 6-30

定额编号	工程项目	工程单位	基价	人工费	材料费	机械费	工料机名 1		工料机名 2		……
							单价	数量	单价	数量	

（2）消去组合项，化为第一范式关系，如表 6-31。

第一范式关系 表 6-31

定额编号	工程项目	工程单位	基价	人工费	材料费	机械费	工料机名一	单价一	数量一	工料机名二	单价二	数量二	……

（3）以“定额编号”为主关键字，进一步取消表内非主属性对主关键字的非完全依赖性，化为第二范式关系，如表 6-32。

第二范式关系 表 6-32

定额编号	工程项目	单位	基价	人工费	材料费	机械费	工料机名一	单价一	工料机名二	单价二	……

(4) 此关系中，各属性间还存在传递依赖性，进一步分解成项目名称单价表和工料机名称单价表二个第三范式关系，其中工料机名称单价表以“工料机编号”为主关键字。最后，所分解的关系还要考虑到具体的数据库管理系统要求的限制条件及其数据处理效率。因此，综合形式的定额数据库，在系统中的定义形式如表6-33、6-34、6-35。

定额库形式（一） 表6-33

定额编号	工程项目	单位	基价	人工费	材料费	机械费

定额库形式（二） 表6-34

工料机编号	工料机名称	单位	单价

定额库形式（三） 表6-35

定额编号	工料机编号一	数量一	工料机编号二	数量二	……

需要说明的是，定额库形式（三）依然是一个第一范式关系，表中的工料机定额“数量”，不仅依赖于“定额编号”这个主关键字，还依赖于“工料机编号”，这种双重依赖关系使套用定额更加简洁明了。由于每项定额所包含的工料机数量不尽相同，为了减少数据冗余，用统计的方法抽样决定每个记录包含的工料机类型数量，多余统计抽样数的记录，可以在下一个记录中继续填写，其关键字不变。

关于定额表中关键字“定额编号”的标准化编码如下定义：

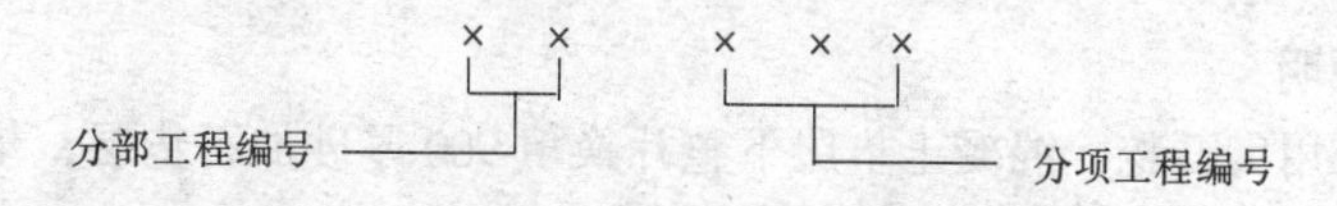

根据系统的功能设计，系统建立的数据库如下：

(1) 预算定额数据库。用于存储用户所在地区的定额数据，其中包括工料机名称单价库、定额项目名称单价库、定额数据库、定额换算库、补充定额库等。

(2) 资源价格数据库。用于存储各种资源在用户所在地的计划价格。

(3) 资源实际价格数据库。用于存储各种资源在用户所在地的实际购买价格。

(三) 定额库的维护管理

为了适应定额数据及各类价格数据的不断变化，上述各数据库中的数据应随时更新维护，通过系统提供的辅助功能，可方便地实现对上述各库的内容进行检索、查询和修改。

四、应用系统的实现

应用软件的开发工具可单独使用 VFP 环境提供的程序设计语言，也可使用其他高级语言（如 VB）与 VFP 语言混合编程，后一种方法具有更好的灵活性，可形成脱离 VFP 环境的运行代码，使得应用程序的风格、界面更加友好。但也增加了编程的难度。应用系统对运行环境无特殊要求，一般 386 以上微机安装 Windows 操作系统即可满足要求。

应用计算机辅助建筑工程概预算编制，可大大减轻概预算人员的计算工作量，提高工程项目概预算编制的效率，有助于企业加强管理，降低成本，提高经济效益。随着信息经济时代的到来，计算机在建筑工程领域中的应用将会更加普及，计算机辅助建筑工程概预算编制也是未来的发展方向。

第六节　一般土建工程施工图预算编制实例

一、工程概况及建筑说明

(1) 本工程为三层砖混结构住宅楼，共 9 户，建筑面积为 604.0548m^2，设计按 7 度抗震烈度设防。

(2) 室内均设 150 高水泥砂浆踢脚线，仅打底，厚度与内墙粉刷面平；

(3) 檐口均设滴水线做法参陕 97J02 图集 5，3，A，C，楼梯采用陕 G502（82）Ⅱ号楼梯，栏杆参陕 93J41 第 9 页 8 型楼梯节点 2；

(4) 该单元设室内垃圾道，垃圾道内砖墙防水砂浆抹面，该单元设一个信报箱（每户一格），每户阳台（除生活阳台外）均设一副晒衣架，做法参陕 ZJ（84）P43－4；阳台每间均设 Φ32 钢管水舌伸出栏板外 150；

(5) 水落管为 Φ100UPVC 塑料管，铸铁落水斗，做法参陕 J21（71）P7；

(6) 底层外墙窗及阳台均设铁栅，按陕 93J11 第 8 页施工；生活阳台为 PVC 塑钢封闭，厨房、卫生间钢筋混凝土现浇板上设防水层（CTJ－93－3 防水、防渗胶粉），窗栅与墙面平齐；

(7) 室内地沟采用陕 93J31C 型丙类地沟。

(8) 建筑用料详见“建筑用料表”；门窗详见“门窗统计表”；利用图集详见“利用图集目录”。

二、结构说明

(1) 地基采用大开挖，混凝土垫层下整片换填 900 厚砂加石垫层，垫层采用级配良好的砂加石换填，砂加石垫层宽度为外轴线混凝土垫层外 600。

(2) 垫层混凝土标号 C10，钢筋混凝土条形基础混凝土标号 C20；保护层厚度 30。

(3) 混凝土井设在砂加石垫层下，开挖时每下挖 900 现浇混凝土护壁一个。混凝土井毛石混凝土标号 C15，混凝土井井壁必须垂直。

(4) 基础砖砌体及 ±0.00 以上砌体均采用 MU10 机制砖，M7.5 水泥砂浆砌筑。

(5) 构造柱截面为 240×240，纵向筋角柱 4Φ16；其余为 4Φ14。

(6) 梁板柱等现浇混凝土构件均采用 C20 混凝土；保护层厚度板为 15mm，其余 25mm，现浇板中未注明的分布筋均为 Φ6@200。

(7) 预制楼梯采用陕 96G42 图集，楼板铺设前必须坐浆，板缝宜大于 20mm，且当板缝大于 50mm 时要加筋，加筋板带见设计详图，灌缝采用 C20 细石混凝土。

(8) 构造柱周围 130 大头角改为混凝土与构造柱同时现浇，过梁遇构造柱时现浇。

(9) 除本设计提到外，其余均按照现行建筑工程施工验收规范有关规定执行。

三、图纸目录（见本章附图）

图　别	图　纸　内　容	图　别	图　纸　内　容
建施－1	南立面图	结施－4	标准层结构平面图
建施－2	北立面图	结施－5	屋面结构平面图
建施－3	西侧立面图	结施－6	基础剖面图
建施－4	东侧立面图	结施－7	XB－1、WXB－1阳台隔板大样图
建施－5	一层平面图	结施－8	阳台隔板、阳台栏板平面图
建施－6	标准层平面图	结施－9	WYTB、WSL、QL大样图
建施－7	1－1剖面图	结施－10	SL－1、LL、QL大样图
建施－8	屋顶平面图	结施－11	SL－2、M－1大样图
结施－1	基础平面布置图、混凝土井剖面图	结施－12	L－2、L－3、TL、GL－1、GL－2大样图
结施－2	地沟平面图	结施－13	WLL、WL－1雨篷大样图
结施－3	标准层、顶层圈梁平面布置图		

四、本预算实例包括内容：

(1) 编制说明；

(2) 工程量计算表；

(3) 建筑工程预算表。

建筑用料表（陕97J01）

项　目	类　别	编　号	备　注
外墙面	混合砂浆	6－8，9	丙烯酸外墙涂料
内墙面	中级石灰砂浆	9－5	刷106白涂料二道
散　水	混凝土	3－6	宽1000
地　面	水泥地面	13－17	室内只拉毛，不压光（除楼梯间外）
	水泥地面	13－18A	仅用于厕所厨房，只拉毛，不压光
楼　面	水泥砂浆	14－1	室内只拉毛，不压光（除楼梯间外）
	水泥砂浆	14－2	仅用于厕所厨房，只拉毛，不压光
平　顶	抹灰刷白	15－4，5	刷106白涂料二道
檐　口	双曲瓦	6－66	颜色见立面图
楼梯扶手	调和漆	17－19	果绿色
木门窗油漆	调和漆	17－4	乳白色
铁栅油漆	银粉漆	17－17	
踢脚线	水泥砂浆	12－1，9－8	
雨　篷	双曲瓦	6－66	颜色见立面图
台　阶	混凝土	4－1	
勒　脚	水刷小豆石	8－1，6－44	底窗台上平以下，1000 mm分格

续表

项　目	类　别	编　号	备　注
厕所，厨房墙裙	水泥砂浆	11-1，9-8	全高，只拉毛，不压光
屋　面 （按屋面验收规范GB50207—94执行）	混凝土屋面板 三毡四油一砂 有保温层 有找坡层	16-18 防-2 保-4（厚100） 隔-1	1.40厚细石混凝土整浇层（双面钢筋网 $\phi6@200$） 2.1:6水泥炉渣找坡，最薄处30厚 3.100厚水泥蛭石保温层 4.找平层分格缝作法4.3-4.2 5.细部构造4.4.1-4.4.9

门窗统计表

类别	编号	洞口尺寸（mm×mm）	数量	门窗采用图集编号	过梁采用图号	备注
木门	M1	900×2100	9	参陕J-61（71）M1-0921	GL-1	木板门
	M2	900×2100	18	陕94J66 FM1-0921	GL-1	轻质复合板门
	M3	800×2100	9	陕94J66 FM3-0821	GL-1	轻质复合板门带百页不带玻
塑钢门	M6	1500×2400	18	PVC塑钢门	L-1兼	推拉门
塑钢窗	C-1	1500×1500	9	PVC塑钢窗	QL下沉兼	推拉窗
	C-2	900×1500	3	PVC塑钢窗	QL下沉兼	
	C-3	1200×1200	2	PVC塑钢窗	GL-2	

利用图集目录

序号	构件	图集号
1	预应力多孔板	陕96G42
2	木门	陕94J66　陕J-61（71）
3	阳台	陕ZJ（84）　4号阳台
4	结构详图	陕ZG-（84）
5	屋面上人孔	陕ZG-（84）P21
6	通风道	88J2（-）P20-SFD2
7	垃圾道	陕ZG-（84）1号垃圾道
8	地沟	陕93J-31B型地沟

预算编制说明：

一、编制依据

（1）某住宅楼工程全套施工图；

（2）陕西省建筑工程综合预算定额（1999）；

（3）陕西省建筑工程99费用定额五类工程；

(4) 陕西省建设工程材料信息价2000年第2、3期价格。

二、预算中有关问题说明

(1) 土方未计取外运、外购;

(2) 空心板、木门按10km运输计入;

(3) 构造柱生根于基础带基内垫层上;

(4) 进户门锁按18元计入，执手锁按24元计入;

(5) 防渗胶粉按3.5kg/m²、6.8元/kg计入，复合板门按68元/m²计入。

工程量计算表

序号	分部分项名称	计　算　式	单位	数量
1	建筑面积	(9.84×16.74+16.74×1.50+3.84×1.50×2) ×3 = (164.7216+25.11+11.52) ×3=604.0548	m²	604.05
2	外墙中心线	(9.6+16.5) ×2=52.20	m	52.20
3	外墙外边线	(9.84+16.74) ×2=53.16	m	53.16
4	内墙净长线 (240) 内墙净长线 (120)	(16.5−0.24) + (3.3−0.24) ×3+ (4.8−0.24) ×5+3.3×3 =16.26+3.06×3+4.56×5+9.9=58.14 (1.50−0.24) ×3=3.78	m	58.14
5	机械挖土方	(16.5+2.5) × (9.6+2.5) ×3=689.7	m³	689.7
6	300厚级配砂石垫层	689.7÷3×0.9=206.91	m³	206.91
7	C10混凝土垫层	2−2　(1.85×2+1.7) ×1×0.1=0.54 3−3　8.3×4×1.6×0.1=5.31 4−4　0.35×3×0.7×0.1=0.0735 6−6　(52.2+16.7) ×1.3×0.1=8.762 0.06× (2.46×6.18−1.2×0.75−2.6×0.24+3.06×4.56×4+3.36 ×4.56×2+3.06×3.06×2+1.5×3.36×3+1.5×22.98) =10.11	m³	24.80
8	混凝土有梁带基	2−2　(2.05×2+1.9) ×0.8×0.3+8.79×0.37×0.3=1.44+0.98 =2.42 3−3　34×1.4×0.3+38.12×0.37×0.3=18.51 4−4　0.55×3×0.5×0.3+3.39×0.25×0.3=2.73 6−6　(52.2+16.13+0.38×2) ×0.3×1.1+69.83×0.37×0.3 =30.55	m³	54.21
9	砖　基　础	2−2　9.18×1.16×0.24=2.56 3−3　36.48×1.16×0.24=10.16 4−4　2.52×1.16×0.115=0.34 6−6　70.2×1.16×0.24=19.54 底阳台下砖基础: 23.7×0.24×0.97=5.52	m³	38.12
10	垃圾道C20垫层	1.73×0.6×0.2=0.21	m³	0.21
11	构造柱混凝土	16×0.24×0.24× (1.16+8.5) =8.90 16×0.24×0.3×8.38=9.65	m³	18.55
12	挖混凝土井	0.575×0.575×π×10.15×6=63.26	m³	63.26
13	C15毛石混凝土	0.475×0.475×π×9.9×6=42.10	m³	42.10

续表

序号	分部分项名称	计　　算　　式	单位	数量
14	井盖 C20 混凝土（桩承台）	0.55×0.55×π×0.25×6=1.43	m³	1.43
15	C20 护壁混凝土	9.9×1.05×π×0.1×6=19.59	m³	19.59
16	护壁钢筋双向 Φ6@200	(9.9/0.2+1)×3.3+17×9.9×0.222×6=446.15	kg	446.15
17	混凝土井配筋	15Φ18 10.45×15×1.999×6=1880.16 Φ10 内环圈 52×2.67×0.617×6=513.99 Φ8 外环圈 36×2.67×0.3956=227.80	kg	1880.16 741.79
18	井盖筋 Φ10@200	0.95×0.95/0.04×0.8×0.617×6=70.34	kg	70.34
19	圈过梁混凝土	底圈梁（包括 SL－1，2 混凝土，未含外挑） (52.2+16.5－0.24+4.56×8+3.06×3)×0.24×0.24+0.24×2.4×0.06×6+2.4×0.24×0.11×4=7.034 26×3×0.12×0.24=0.104 2.46×0.24×0.3=0.177(TL 混凝土) 一层圈梁 L－1 (15.3×2)×0.240.38=2.79 L－2 1.26×0.24×0.25×3=0.23 L－3 1.26×3×0.24×0.15+1.26×3×0.13×0.12=0.20 9.12×2×0.24×0.15+9.12×2×0.13×0.12=0.941 B,C (15.78+3.06×2)×0.24×0.15=0.788 屋顶圈梁(15.3+3.36×4+3.06×4)×0.24×0.24=2.35 WL－1　15.54×2×0.5×0.24=3.73 9.12×2×0.5×0.24=2.18 WSL－1 并入圈挑梁；3×0.24×0.35×6=1.51 1.38×0.24×0.325×6=0.65 WSL－2 并入圈挑梁：3×0.24×0.35×4=1.01 1.38×0.24×0.325×4=0.43 GL－2　2.46×0.24×0.15×3=0.27	m³	24.40
20	底梁配筋	6Φ12［(336.3－2.46×3－2.05×29)＋15.96］×6×0.888=1520.77 3Φ18 2.94×3×1.999×3=52.89 3Φ14 2.94×3×1.21×3=32.02 Φ6@200 1347.4×0.96×0.222=287.16	kg	1520.77
21	梁及框架梁（矩形）混凝土	底层 SL－1 挑：1.5×0.24×0.3×12=1.3 LL：3.84×0.12×0.38×6=1.05 SL－2 挑：1.38×0.24×0.325×4=0.61 LL：0.12×0.38×16.74=0.763 标准层 SL－1 挑：1.38×0.24×0.3×6×2=1.19 SL－2 挑：1.38×0.24×0.325×4×2=0.86 LL：84×0.12×0.38×2=0.35 16.74×0.12×0.38×2=4.56 屋顶 WLL：3.84×0.12×0.38×2=0.35 16.5×0.12×0.38=0.75 基础 L－2：1.26×0.24×0.25×3=0.23	m³	12.01
22	平板混凝土	1.06×2.46×2×0.07=0.37	m³	0.37

续表

序号	分部分项名称	计算式	单位	数量
23	YTB 板混凝土	3.84×1.74×0.08×6=3.21 16.74×1.74×0.08=2.33 （16.74×1.74×0.08+16.74×0.13×0.24）×2=5.71 3.84×1.74×0.08+3.984×0.13×0.24×12=2.62 有梁 XB－1 板：3×1.5×0.08×3×2=2.38 8.22×0.12×0.1×3×2=0.59 L－2：1.26×0.24×0.17×3×2=0.31 WXB－1：2.38/2=1.19 L－2：0.31/2=0.16 WYTB：8.33/2=4.17	m^3	22.67
24	GL－1 混凝土（预制构件用）	0.24×0.12×1.4×9×3=1.09	m^3	1.09
25	GL－1 钢筋	2Φ12 1.4×2×0.888×9×3=67.13	kg	78.64
		Φ6@200 8×0.24×0.222×9×3=11.51		
26	多孔板混凝土	（56×0.14+16×0.153+28×0.14+8×0.153+38×0.118+16×0.129+19×0.118+8×0.129+4×0.114+4×0.085）×1.015=26.05×1.015=26.44	m^3	26.44
27	多孔板钢筋	（56×5.9+16×6.36+28×8.03+8×10.99+38×5.28+16×5.69+19×7.41+8×9.17+4×4.09+4×3.24）×1.05=1344.07	kg	1344.07
28	雨　　篷	梁混凝土：0.24×0.36×2.46×1=0.21 板：1.14×0.05×2.94×1=0.17 予板：1.2×0.06×2.94×1=0.21	m^3	0.59
29	挑沿混凝土 4/2	（16.74+7.68）×0.2×0.06=0.29 拦板（16.74+7.68）×0.06×0.72=1.05	m^3	0.29 1.05
30	挑沿混凝土 1/13	11.46×0.48×0.06=0.33 拦板 11.46×0.69×0.06=0.48	m^3	0.33 0.48
31	挑沿混凝土 2/13	9.06×0.48×0.06=0.26 拦板 9.06×0.06×0.69=0.38	m^3	0.26 0.38
32	挑沿混凝土 3/13	1.5×4×0.48×0.06=0.17 拦板 1.5×4×0.72×0.06=0.26	m^3	0.17 0.26
33	挑沿混凝土 5/13	11.34×0.06×0.58=0.39 拦板 11.34×0.56×0.06=0.38	m^3	0.39 0.38
34	垫层	23.7×0.5×0.15=1.78	m^3	1.78
35	楼梯混凝土	1.06×2.46×2×0.07+0.56×26.88=15.42	m^3	15.42
36	全板镶板门 M1	0.9×2.1×9=17.01（240 内墙）	m^2	17.01
37	轻质复合板门 M2	0.9×2.1×18=34.02（240 内墙）	m^2	34.02
38	带百叶不带玻复合板门 M7	0.8×2.1×9=15.12（120 内墙）	m^2	15.12
39	推拉 PVC 塑钢门 M6	1.5×2.4×18=64.80（240 外墙）	m^2	64.80

续表

序号	分部分项名称	计 算 式	单位	数量
40	推拉 PVC 塑钢窗 C1	1.5×1.5×9=20.25（240外墙）	m^2	20.25
41	PVC 塑钢窗 C2	0.9×1.5×3=4.05（240外墙）	m^2	4.05
42	PVC 塑钢窗 C3	1.2×1.2×2=2.88（240外墙）	m^2	2.88
43	240外墙	（52.20－14 ×0.24）×2.42×3－64.8－20.25－4.05－2.88－1.95×1.645－0.15×2.7×2＋0.1×48.84=263.46	m^2	263.46
44	240内墙	[（58.14－2×0.24）×2.52－0.12×1.4×3]×3－17.01－34.02＋0.1×57.9=389.16	m^2	389.16
45	120内墙	（3.78×2.57－0.25×1.74－5.04）×2＋3.78×2.57－0.4×1.74－5.04=12.46	m^2	12.46
46	铁栅	1.5×1.5×2＋1×0.9×1.5＋1.4×（16.74＋13.68）=48.44	m^2	48.44
47	楼梯	3.5×2.7×2－0.06×1.9×2=18.67	m^2	18.67
48	楼梯扶手	2.625＋2.373＋2.419＋2.64＋1.2=11.26	m	11.26
49	散水	28.58×1=28.58	m^2	28.58
50	3：7灰土	0.15×1.3×（28.58＋3）=6.16 0.1×（3.06×4.56×4＋3.36×4.56×2＋3.06×3.06×2＋1.5×24.18＋1.26×1.92×3）=14.87	m^3	20.55
51	压光水泥地面	2.46×6.18－1.2×0.75－2.6×0.24＋1.26×2.46×2=19.88	m^2	19.88
52	拉毛水泥地面	14.87/0.1－1.26×1.92×3－1.5×3.36×2－1.5×6.48－1.5×1.5=119.40	m^2	119.40
53	35厚细石混凝土垫层	1.26×1.92×3×3=21.77	m^2	21.77
54	拉毛水泥搂面	（3.06×4.58×8＋3.36×4.56×2＋3.06×3.06×3＋1.5×29.7－1.5×6.48×1）×2=410.49	m^2	410.49
55	拉毛防水水泥地面	1.26×1.92×3×3＋1.5×3.36×6＋1.5×6.48×3=81.17	m^2	81.17
56	增加5mm厚拉毛防水	1.26×1.92×6＋1.5×3.36×3＋1.5×6.48×3=58.80	m^2	58.80
57	预制顶棚混合砂浆	（3.06×4.56×4＋3.36×4.56×2＋3.06×3.06×2）×3＋2.46×4.56×3=377.30	m^2	377.30
58	现浇顶棚混合砂浆	1.5×3.36×2×3＋16.74×1.5×3＋1.26×1.92×9＋1.26×1.02×9＋1×2.46＋（6＋16.74×2）×0.48=173.06	m^2	173.06
59	混凝土台阶	1.2×1=1.2	m^2	1.2
60	地沟C型丙类靠墙	800×1400:31.68	m	31.68
61	地沟C型丙类不靠墙	800×1400:9	m	9
62	地沟C型丙类靠墙	600×800:7.5	m	7.5

续表

序号	分部分项名称	计　　算　　式	单位	数量
63	地沟 C 型丙类不靠墙	600×800∶4.5	m	4.5
64	厕所厨房设防水层防渗胶粉	1.26×1.92×9+1.5×3.36×6+1.5×6.48×3=81.18	m^2	81.18
65	40 厚细石现浇混凝土屋面板	17.68×11.48+0.42×8.56+4.68×2×1.98=225.09	m^2	225.09
66	1∶6 水泥炉渣	0.08×9.84×16.74+0.05×（17.68×1.98+0.48×9.84×2+1.04×9.84+4.68×2×1.98+0.42×8.56）=17.02	m^3	17.02
67	三毡四油一砂 350 石油沥青油毡	（17.68×11.48+0.42×8.56+4.68×2×1.98）×1.06=238.60	m^2	238.60
68	冷底子油一道	同上	m^2	238.60
69	热玛啼脂	同上	m^2	238.60
70	水泥蛭石	0.1×9.84×16.74=16.47	m^3	16.47
71	塑料落水管	8.5×4+0.65×4=36.6	m	36.6
72	铸铁落水口	4	个	4
73	塑料落水斗	4	个	4
74	晒衣架	9	个	9
75	钢管水柱 Φ32	18	个	18
76	信报箱	1	个	1
77	垃圾道	2.63×1×0.28/100=0.0074	m^3	0.0074
78	垃圾道出口	1	个	1
79	垃圾道入口	1	个	1
80	外墙面混合砂浆刷小百合丙烯酸	273.64+14×0.24×2.42×3+0.38×（9.84×2+16.74×2）×3−9.84×2×0.9−6.6×0.9−75.09=259.89	m^2	259.89
81	外墙勒脚普通水刷小豆石	9.84×2×0.9+6.6×0.9=42.05	m^2	42.05
82	栏板外侧水刷石	（6+7.68+3+16.74）×1.9×1.1+（6+7.68+3+16.74）×0.7=93.24	m^2	93.24
83	厕所水泥砂浆墙裙只拉毛不压光	[（1.92+1.26）×2×2.65×2+（1.92+1.26）×2×2.75−0.9×1.5×3−0.8×2.1×3]×3=126.32	m^2	126.32
84	厨房栏板内侧水泥砂浆	（6×1.5+3.72×2+16.5）×3×1×1.1=108.70	m^2	108.70
85	通风道	6.21×2×0.42/100=0.05	m^3	0.05
86	栏板外侧混合砂浆	1.4×（6×1.5+3.72×6+16.5）×3×1.1=152.18	m^2	152.18
87	栏板外侧丙烯酸	同上	m^2	152.18

续表

序号	分部分项名称	计　算　式	单位	数量
88	水泥砂浆外墙面拉毛不压光	（6.48×1+3.48×2）×3×2.8－32.4－6.75+0.1（6.48×1+3.48×2）=75.09	m^2	75.09
89	水泥砂浆粉阳台隔板	（2.48×1.5×3×2+2.58×1.5×3×1）×2=67.86	m^2	67.86
90	27厚中级石灰砂浆	273.64+391.08×2+12.46×2－126.32+12.31×（2×0.24×2.52×3+0.15×57.9）=966.71	m^2	966.71
91	刷106涂料二道	966.71+377.30+173.06+1=1517.07	m^2	1517.07
92	檐口双曲瓦	0.816×（12.02×2+16.74×2+6）=51.83	m^2	51.83
93	雨篷双曲瓦	1.25×2.46×1=3.08	m^2	3.08
94	木门窗油漆	17.01+34.02+15.12×1.25=69.93	m^2	69.93
95	垃圾道内砖墙防水砂浆抹面	2.225×（0.88×2+0.62×2）－0.52×0.67=6.33	m^2	6.33

单位工程概预算表

项目名称：某住宅楼人工土方　　　　第　页　共　页

序号	定额编号	项目名称	工程量		价值（元）		其中（元）	
			单位	数量	单价	合价	人工费	材料费
1	1－15	挖枯井、灰土井（挖深在）8m以内	10 m^3	6.33	228.49	1446.34	1446.34	
2	1－16	挖枯井、灰土井（挖深在）8M以上每增1m（单价×2.15）	10 m^3	6.33	108.73	688.26	688.26	
3	1－20	钻探及回填孔	100 m^2	4.18	329.53	1377.44	993.29	384.15
		合　计				3512.04	3127.89	384.15
一		项目直接费			3512.04	3512.04		
		其中：人工费			3127.89	3127.89		
二		直 接 费			3512.04	3512.04		
三		其他直接费	%	7.54	3127.89	235.84		
四		现场经费	%	17.98	3127.89	562.40		
五		直接工程费			4310.28	4310.28		
六		间 接 费	%	9.91	3127.89	309.97		
七		差别利润	%	25.00	3127.89	781.97		
八		不含税工程造价			5402.22	5402.22		
九		养劳保险统筹费	%	3.55	5402.22	191.78		

续表

序号	定额编号	项 目 名 称	工 程 量		价值（元）		其中（元）	
			单 位	数 量	单 价	合 价	人工费	材料费
十		四项保险费	%	0.80	5402.22	43.22		
十一		安全、文明施工地定额补贴费	%	1.60	5402.22	86.44		
十二		税 金	%	3.44	5723.66	196.89		
十三		含税工程造价			5920.55	5920.55		

单位工程概预算表

项目名称：某住宅楼机械土方　　　　第 页　共 页

序号	定额编号	项 目 名 称	工 程 量		价值（元）		其中（元）	
			单 位	数 量	单 价	合 价	人工费	材料费
1	1-82	挖掘机挖土 不装车	1000 m^3	0.69	2625.23	1811.41		
		合计				1811.41		
一		项目直接费			1811.41			
二		直 接 费			1811.41			
三		其他直接费	%	0.33	1811.41	5.98		
四		现场经费	%	3.37	1811.41	61.04		
五		直接工程费			1878.43	1878.43		
六		间 接 费	%	3.75	1878.43	70.44		
七		差别利润	%	4.75	1948.87	92.57		
八		不含税工程造价			2041.44			
九		养劳保险统筹费	%	3.55	2041.44	72.47		
十		四项保险费	%	0.80	2041.44	16.33		
十一		安全、文明施工地定额补贴费	%	1.60	2041.44	32.66		
十二		税 金	%	3.44	2162.90	74.40		
十三		含税工程造价			2237.30	2237.30		

单位工程概预算表

项目名称：某住宅楼土建　　　　第 页　共 页

序号	定额编号	子 目 名 称	工 程 量		价值（元）		其中（元）	
			单位	数量	单价	合价	人工费	材料费
一		桩基工程				13618	5545	7163
1	2-43换	人工挖土灌混凝土桩混凝土护壁	10 m^3	4.21	3211.76	13522	5507	7130

续表

序号	定额编号	子 目 名 称	工 程 量		价值（元）		其中（元）	
			单位	数量	单价	合价	人工费	材料费
2	2-103	钢筋笼安装		0.74	128.47	96	38	33
二		砖石工程				26374.03	6572.26	18901.44
1	3-1	砖 基 础	10 m^3	3.81	1190.33	4535.16	926.25	3544.75
2	3-2	砖内墙 1/2 砖	100m^2	0.13	1647.21	214.14	61.15	145.55
3	3-4	砖内墙 一砖	100m^2	3.91	3195.77	12495.46	3064.5	8943.69
4	3-12	砖外墙 一砖	100m^2	2.74	3331.85	9129.27	2520.36	6267.45
三		混凝土及钢筋混凝土工程				73148.97	16909.76	48689.68
1	4-3	混凝土 C20、砾石、425＃水泥	m^3	172.46	199.57	34418.40	6374.12	24696.27
2	4-29	预应力混凝土（先张法）C30 砾石、425＃水泥	m^3	26.44	223.69	5914.36	789.50	4621.45
3	4-42	圆钢 10 以内	t	略				
4	4-44	螺纹钢 10 以上	t	略				
5	4-45	预埋铁件	t	略				
6	4-47	先张法 预应力冷拔丝 5 以内	t	1.3	4140.59	5384.07	491.62	4780.65
7	4-54	模板 带形基础 有梁式	m^3	54.21	51.78	2806.99	682.50	1864.82
8	4-61	模板 桩承台 独立式	m^3	1.43	42.54	61	21	35
9	4-71	模板 构造柱	m^3	18.55	125.82	2333.96	998.36	1104.84
10	4-73	模板 梁及框架梁 矩形	m^3	12.01	238.60	2865.59	1104.92	1506.65
11	4-75	模板 圈过梁	m^3	24.40	200.99	4904.16	1878.07	2790.87
12	4-85	模板有梁板 板厚 10cm 以内	m^3	22.67	235.80	5345.59	1933.75	2793.17
13	4-88	模板 平板 板厚 10cm 以内	m^3	0.37	246.36	91.15	33.44	47.79
14	4-91	模板 挑沿 悬挑构件	m^3	1.44	447.24	644.03	225.78	374.76
15	4-93	模板 整体楼梯 普通	10m^2	1.87	495.53	926.64	391.95	447.10
16	4-95	模板 雨篷	10m^2	0.59	372.02	219.49	85.56	110.71
17	4-99	模板（现浇构件用）拦板	10m^2	2.55	507.75	1294.76	292.10	936.74
18	4-100	模板（现浇构件用）扶手压顶	m^3	0.54	573.03	309.44	99.47	194.79
19	4-123	模板（现浇构件用）过梁	m^3	1.09	220.93	240.81	48.70	93.40
20	4-151	模板 预应力多孔板 厚 120	m^3	26.44	159.07	4205.81	1079.28	1546.21
21	4-164	预制构件灌缝 空心板 厚 120	10m^3	2.64	441.14	1164.61	373.72	733.02
22	4-168	预制构件灌缝 过梁	10m^3	0.11	164.68	18.11	5.92	11.44
四		金属构件制作及门窗安装工程				850.03	203.68	609.47

续表

序号	定额编号	子目名称	工程量		价值（元）		其中（元）	
			单位	数量	单价	合价	人工费	材料费
1	B5-1	木门窗 钢栅栏	100 m^2	0.48	1770.89	850.03	203.68	609.47
五		构件运输及安装工程				3512.34	716.16	165.86
1	6-2	Ⅰ类预制混凝土构件 运距5km以内	10m^3	2.66	992.64	2640.42	229.05	56.74
2	6-41	木门窗 运距5km以内	100m^2	0.17	217.75	37.02	4.28	
3	6-64	过梁 安装0.4m^3以内	10m^3	0.11	1556.87	171.26	35.03	12.50
4	6-86	空心板安装 不焊接	10m^3	2.65	250.43	663.64	447.80	96.62
六		木作工程				11587.01	1199.06	9931.97
1	7-40	模板镶板门 全木板 无亮 制作	100m^2	0.17	13628.52	2316.85	143.91	2121.06
2	7-41	模板镶板门 全木板 无亮 安装	100m^2	0.17	988.73	168.08	73.54	87.51
3	7-56换	复合板门 制作	100m^2	0.49	13541.27	6635.22	467.04	6036.51
4	7-57	复合板门 安装	100m^2	0.49	978.98	479.70	207.20	252.24
5	7-138换	执手锁 安装	10个	2.7	272.90	736.83	88.67	648
6	7-139换	弹子锁 安装	10个	0.9	196.45	176.81	14.67	162
7	7-301	木扶手 型钢栏杆	10m	1.13	950.02	1073.52	204.03	624.65
七		楼地面工程				43788.40	13084.05	27826.20
1	8-2	垫层 3:7灰土	m^3	20.55	46.46	954.75	414.90	518.68
2	8-6	垫层 人工级配砂石	m^3	206.91	64.40	13325	3488.50	9691.66
3	8-21	垫层 炉渣混凝土	m^3	17.02	116.98	1991.00	324.91	1404.49
4	8-22	垫层 C10砾石混凝土	m^3	24.80	164.19	4071.91	700.10	2948.47
5	8-24	垫层 C15砾石混凝土	m^3	0.21	170.27	35.76	5.93	26.24
6	8-31	水泥砂浆找平层 每减5mm	100m^2	-5.25	134.94	-708.44	-259.09	-410.60
7	8-31	水泥砂浆找平层 每减5mm	100m^2	-0.81	134.94	-109.30	-39.97	-63.35
8	8-31	水泥砂浆找平层 每增5mm	100m^2	0.59	134.94	79.61	39.12	46.14
9	8-35	细石混凝土找平层 30mm厚	100m^2	0.22	641.35	141.10	31.77	97.42
10	8-36	细石混凝土找平层每增5mm	100m^2	0.22	107.36	23.62	5.36	16.32
11	8-38	水泥砂浆 压光楼地面	100m^2	0.20	994.70	198.94	99.03	93.08
12	8-38	水泥砂浆 压光楼地面	100m^2	5.25	994.70	6216.88	2599.59	2443.25
13	8-38换	水泥砂浆防水 压光楼地面	100m^2	0.81	1085.70	879.42	401.02	450.81
14	8-38	水泥砂浆 楼梯	100m^2	0.19	2851.04	541.70	304.70	222.34
15	8-41	水泥砂浆 台阶	100m^2	0.01	5498.67	54.99	17.47	34.49
16	8-44	混凝土散水	100m^2	0.29	2218.31	643.31	252.32	372.02

续表

序号	定额编号	子目名称	工程量		价值（元）		其中（元）	
			单位	数量	单价	合价	人工费	材料费
17	8-47	钢筋细石混凝土 整体面层40mm厚	$100m^2$	2.25	1974.04	4441.59	1277.24	2981.27
18	8-384换	C型地沟丙型 不靠墙 1400×800 基本断面	100m	0.09	24033.42	2163	697	1371
19	8-384换	C型地沟丙型 不靠墙 800×600 基本断面	100m	0.05	16233.84	811.69	214	480
20	8-393换	C型地沟丙型 靠墙 1300×800 基本断面	100m	0.32	21640.21	6924.87	2193.15	4370.47
21	8-393换	C型地沟丙型 靠墙 800×600 基本断面	100m	0.08	14760.05	1107	317	732
八		屋面工程				15822.06	2293.79	13230.89
1	9-22	屋面水泥蛭石块保温	$10m^3$	1.65	1343.48	2216.74	175.59	2019.60
2	9-53	单刷冷底子油 第一遍	$100m^2$	2.39	142.04	339.48	50.48	276.86
3	9-59	刷石油沥青玛琋脂 一遍 平面	$100m^2$	2.39	941.70	2250.66	677.64	1464.19
4	9-60	刷石油沥青玛琋脂 每增加一遍 平面	$100m^2$	2.39	176.03	420.71	32.03	376.54
5	9-70	沥青卷材350油毡 二毡三油一砂 平面	$100m^2$	2.39	2538.37	6066.70	1084.89	4877.23
6	9-71	沥青卷材350油毡 每增一毡一油 平面	$100m^2$	2.39	592.76	1416.70	130.57	1249.71
7	9-117换	防渗胶粉	$100m^2$	0.81	2416.32	1957.22	27.5	1928
8	9-152	铸铁落水口	10个	0.40	176.94	70.78	36.16	34.62
9	9-155	塑料排水管	100m	0.37	2698.76	998.54	49.60	948.94
10	9-156	塑料水落斗	10个	0.4	211.32	84.53	29.33	55.20
九		装饰工程				37919.51	14849.15	21985.63
1	10-22	内墙面中级石灰砂浆三遍 砖墙23mm厚	$100m^2$	9.67	653.76	6321.86	4008.51	1939.13
2	10-51	水泥砂浆 内砖墙面18mm厚	$100m^2$	2.01	732.50	1472.33	751.14	659.62
3	10-52换	水泥砂浆 内混凝土墙面18mm厚	$100m^2$	1.09	1057.81	1153.01	611.36	507.52
4	10-52	水泥砂浆 内混凝土墙面18mm厚	$100m^2$	0.68	776.82	528.24	272.49	234.51
5	10-70	水泥石灰砂浆 现浇混凝土顶棚面抹灰	$100m^2$	1.73	683.67	1182.75	619.46	517.86

续表

序号	定额编号	子目名称	工程量		价值（元）		其中（元）	
			单位	数量	单价	合价	人工费	材料费
6	10－71	水泥石灰砂浆 预制混凝土顶棚面抹灰	100m²	3.77	782.72	2950.85	1470.90	1363.84
7	10－76	水泥石灰砂浆 外砖墙 18mm厚	100m²	2.60	807.87	2100.46	1155.93	871.36
8	10－77换	水泥石灰砂浆 外混凝土墙 18mm厚	100m²	1.52	1213.51	1844.54	1005.12	791.84
9	10－110	防水砂浆 一遍 墙面	100m²	0.06	755.09	45.31	15.99	27.48
10	10－119换	抹灰面 减5厚 水泥砂浆	100m²	－1.09	144.85	－157.89	－53.30	－95.59
11	10－133换	水刷豆石浆 砖墙面、墙裙	100m²	0.42	1612.02	677.05	366.03	293.61
12	10－134换	水刷豆石浆 混凝土墙面、墙裙	100m²	0.93	2264.81	2106.27	1169.73	900.38
13	10－191	抹灰面 水质涂料 三遍	100m²	18.17	541.34	8212.13	1700.71	6511.42
14	10－197	抹灰面 丙烯酸外墙涂料	100m²	4.12	1452.34	5983.64	506.27	5257.12
15	10－213	油漆一遍 单层木门	100m²	0.70	1326.27	928.39	345.90	582.49
16	10－760	贴三曲瓦面 其他面	100m²	0.55	4673.77	2570.57	902.91	1623.04
十		补充子目及材料				729.60	288.74	400.84
1	B:－1	厕所通风道	100m	0.12	800.47	96.06	29.18	56.18
2	B:－2	通风道屋面出风口	个	2.00	39.81	79.62	43.43	34
3	B:－3	垃圾道	100m	0.03	3411.72	102.35	26.63	67.5
4	B:－4	室内垃圾箱	个	1.00	129.46	129.46	93	30.33
5	B:－5	晒衣架	付	9.00	22.04	198.36	67.67	118
6	B:－6	垃圾箱入口	个	1.00	63.75	63.75	28.83	34.83
7	B:－7	信箱	个	1.00	60.00	60.00		60.00
		合计				227349.95	61661.65	148904.98
一		项目直接费			234170.45	234170.45		
		1. 定额基价			227349.95	227349.95		
		2. 脚手架摊销费	%	3.00	227349.95	6820.50		
二		人工调整	%	－11.40	61661.65	－7029.43		
三		外购混凝土构件管理费	%	3.00	15504.24	465.13		
四		直接费			227606.15	227606.15		
五		其他直接费	%	2.93	227606.15	6668.86		
六		现场经费	%	2.89	227606.15	6577.82		
七		直接工程费			240852.83	240852.83		
八		间接费	%	2.02	240852.83	4865.23		

续表

序号	定额编号	子目名称	工程量		价值（元）		其中（元）	
			单位	数量	单价	合价	人工费	材料费
九		贷款利息	%	3.02	240852.83	7273.76		
十		差别利润	%	1.00	252991.82	2529.92		
十一		不含税工程造价			252991.82	252991.82		
		外购混凝土构件增值税	%	6.66	15504.24	1032.58		
		外购混凝土差价增值税	%	2.41	15504.24	373.65		
十二		养老保险统筹费	%	3.55	252991.82	8981.21		
十三		四项保险费	%	0.80	252991.82	2023.93		
十四		安全、文明施工定额补贴费	%	1.60	252991.82	4047.87		
十五		税金	%	3.44	268044.83	9220.74		
十六		含税工程造价			278671.8	278671.8		

附图

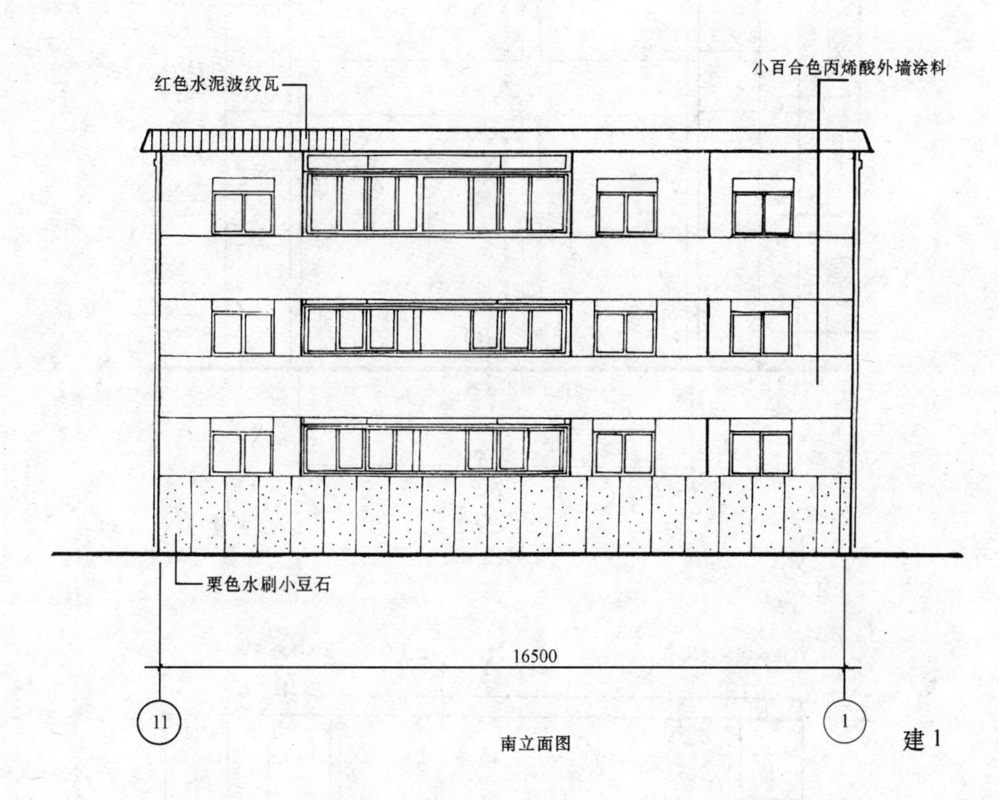

南立面图

建 1

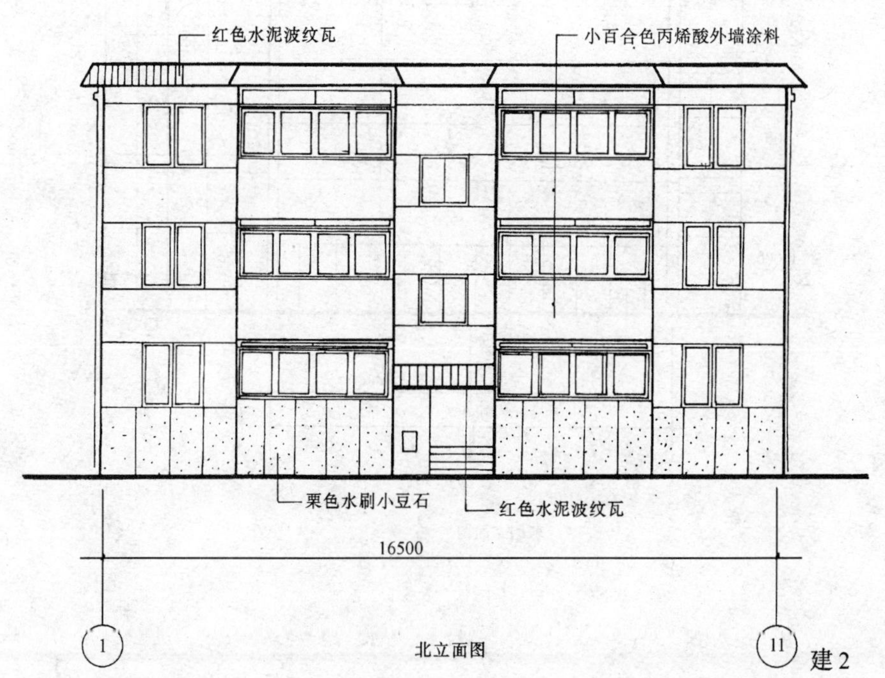

北立面图

建 2

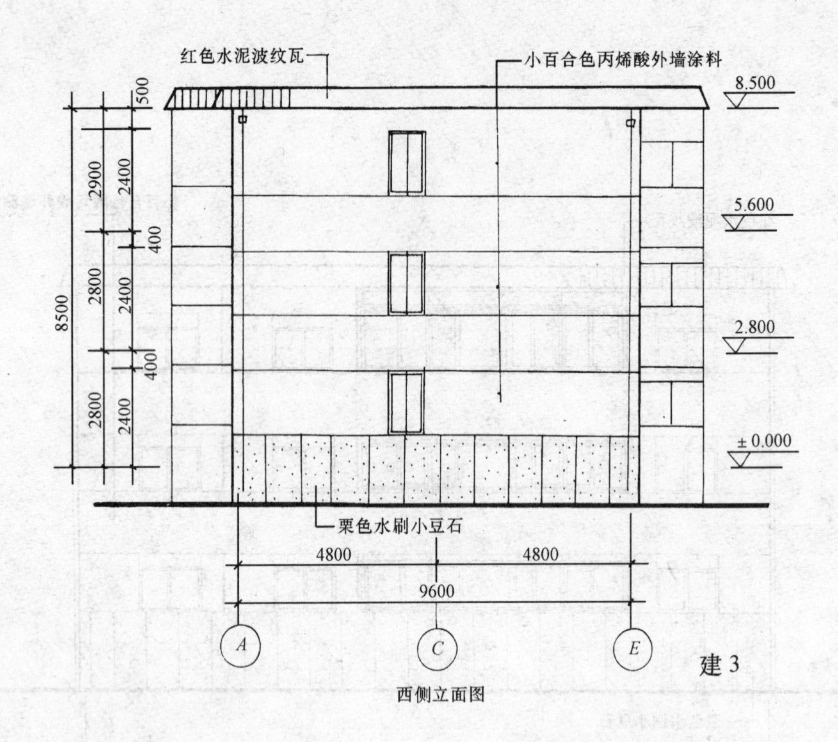
红色水泥波纹瓦
小百合色丙烯酸外墙涂料
8.500
5.600
2.800
±0.000
500
2900
2400
400
2800
2400
400
2800
2400
8500
栗色水刷小豆石
4800
4800
9600
A
C
E
建3
西侧立面图

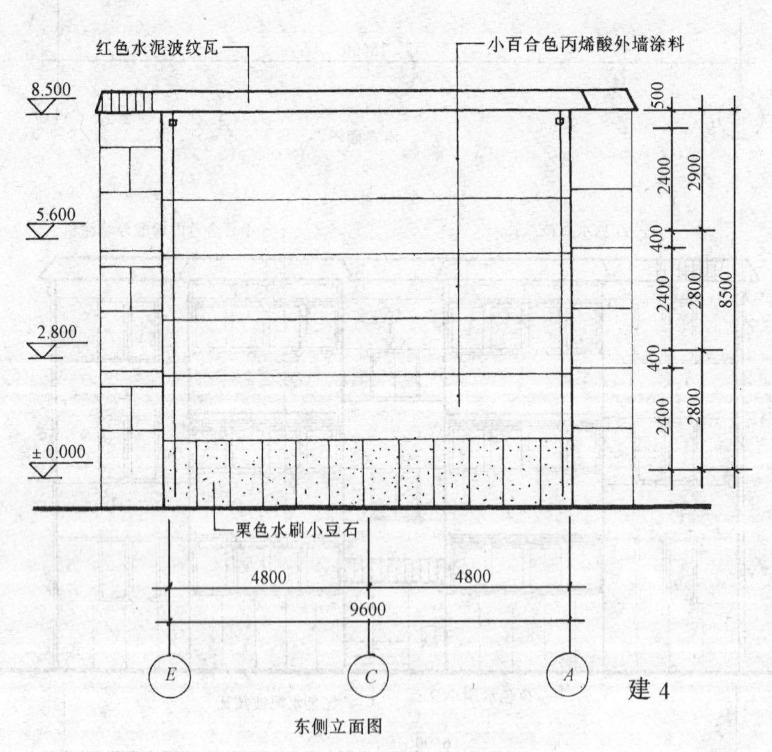
红色水泥波纹瓦
小百合色丙烯酸外墙涂料
8.500
5.600
2.800
±0.000
500
2400
2900
400
2400
2800
8500
400
2400
2800
栗色水刷小豆石
4800
4800
9600
E
C
A
建4
东侧立面图

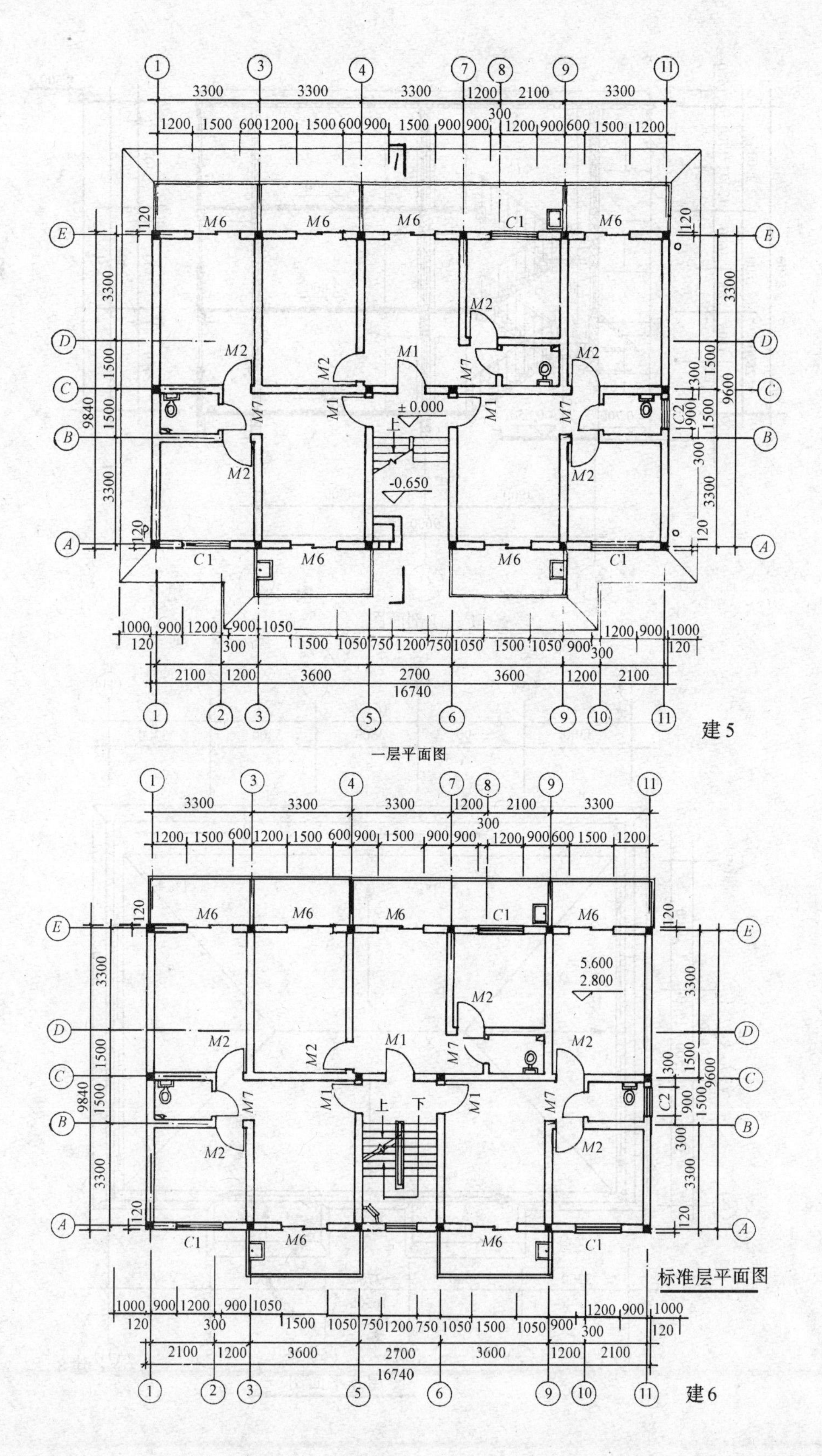
建5
一层平面图
标准层平面图
建6

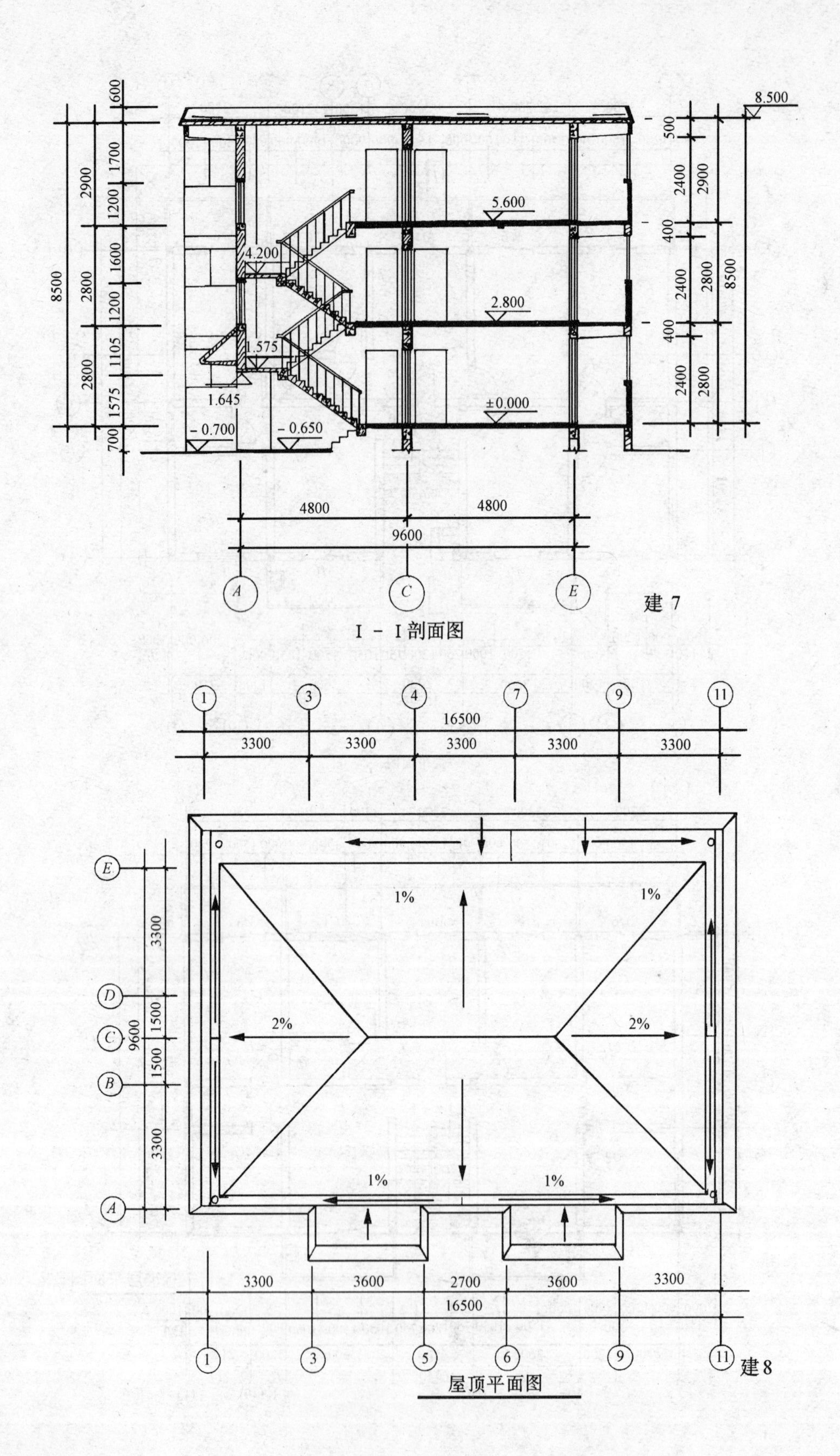

建 7

I－I剖面图

建8

屋顶平面图

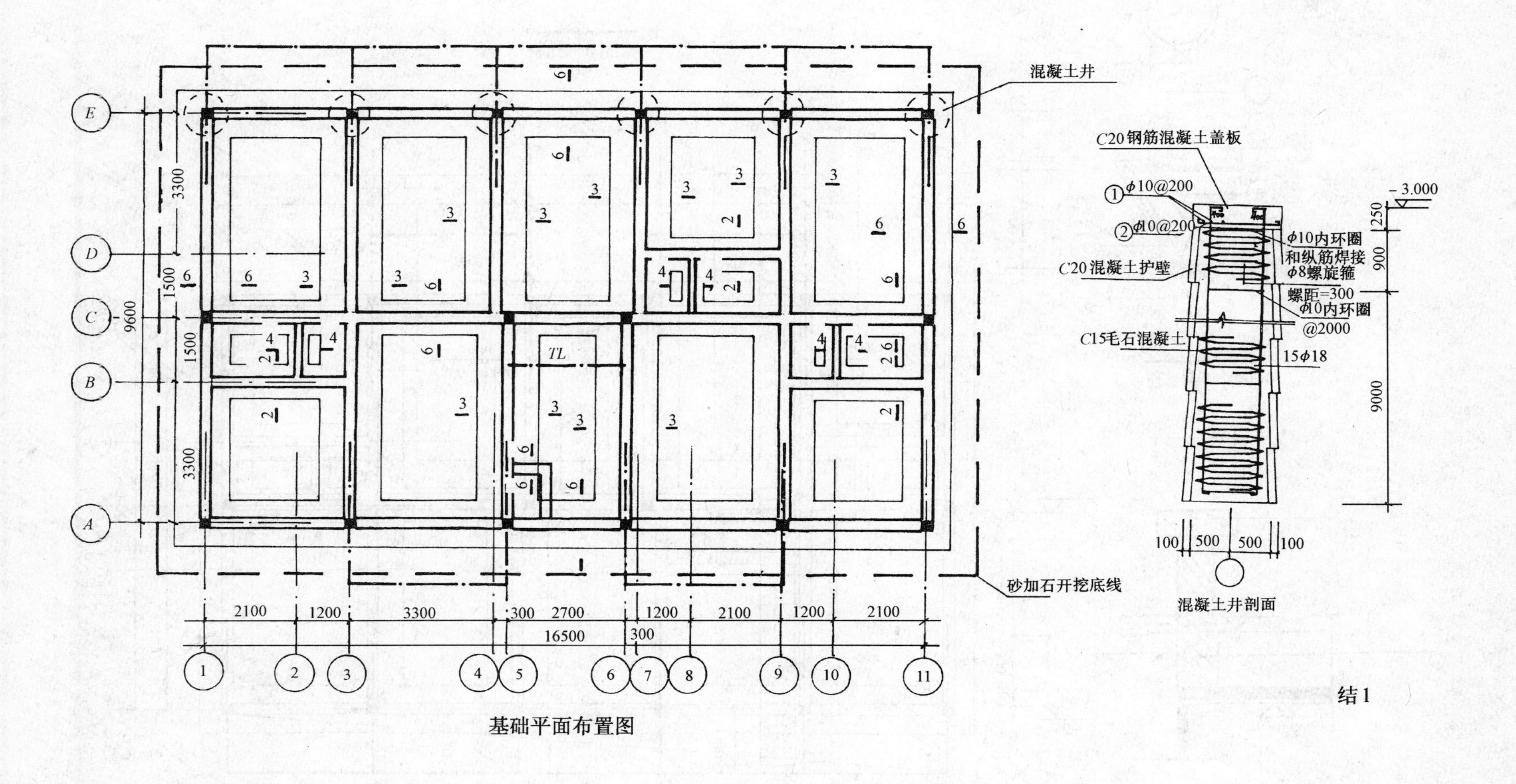
混凝土井
C20钢筋混凝土盖板
①ϕ10@200
②ϕ10@200
ϕ10内环圈
和纵筋焊接
ϕ8螺旋箍
C20混凝土护壁
螺距=300
ϕ10内环圈
@2000
C15毛石混凝土
15ϕ18
-3.000
250
900
9000
100 500 500 100
混凝土井剖面
砂加石开挖底线
3300
1500
1500
3300
9600
2100 1200 3300 300 2700 1200 2100 1200 2100
300
16500
TL
结1
基础平面布置图

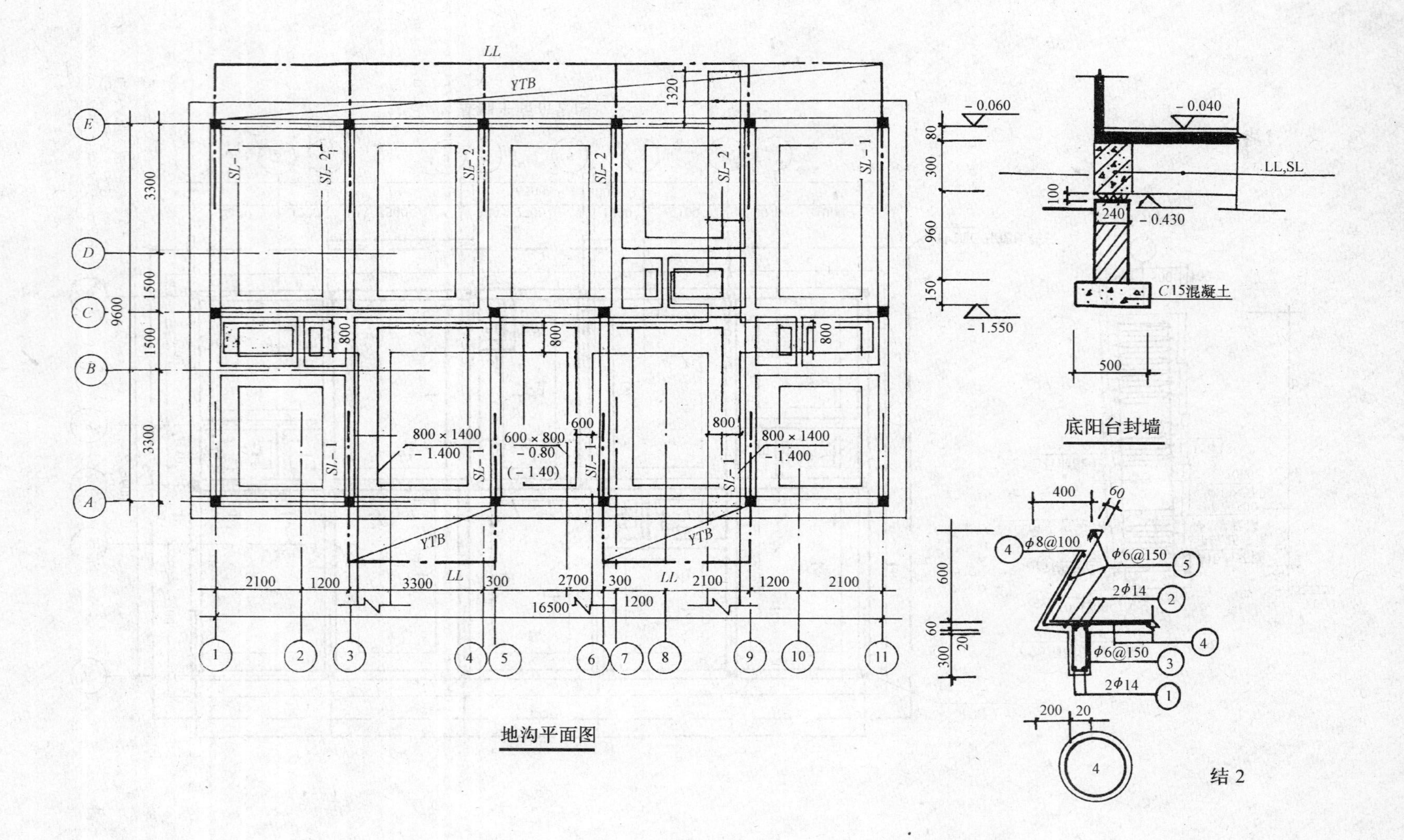
LL
YTB
1320
SL-1
SL-2
800
800 × 1400
-1.400
600 × 800
-0.80
(-1.40)
600
LL
2100
1200
3300
300
2700
16500
9600
1500
-0.060
-0.040
LL,SL
100
240
-0.430
C15混凝土
-1.550
80
960
150
500
底阳台封墙
400
60
ϕ8@100
ϕ6@150
2ϕ14
200
20
地沟平面图
结 2

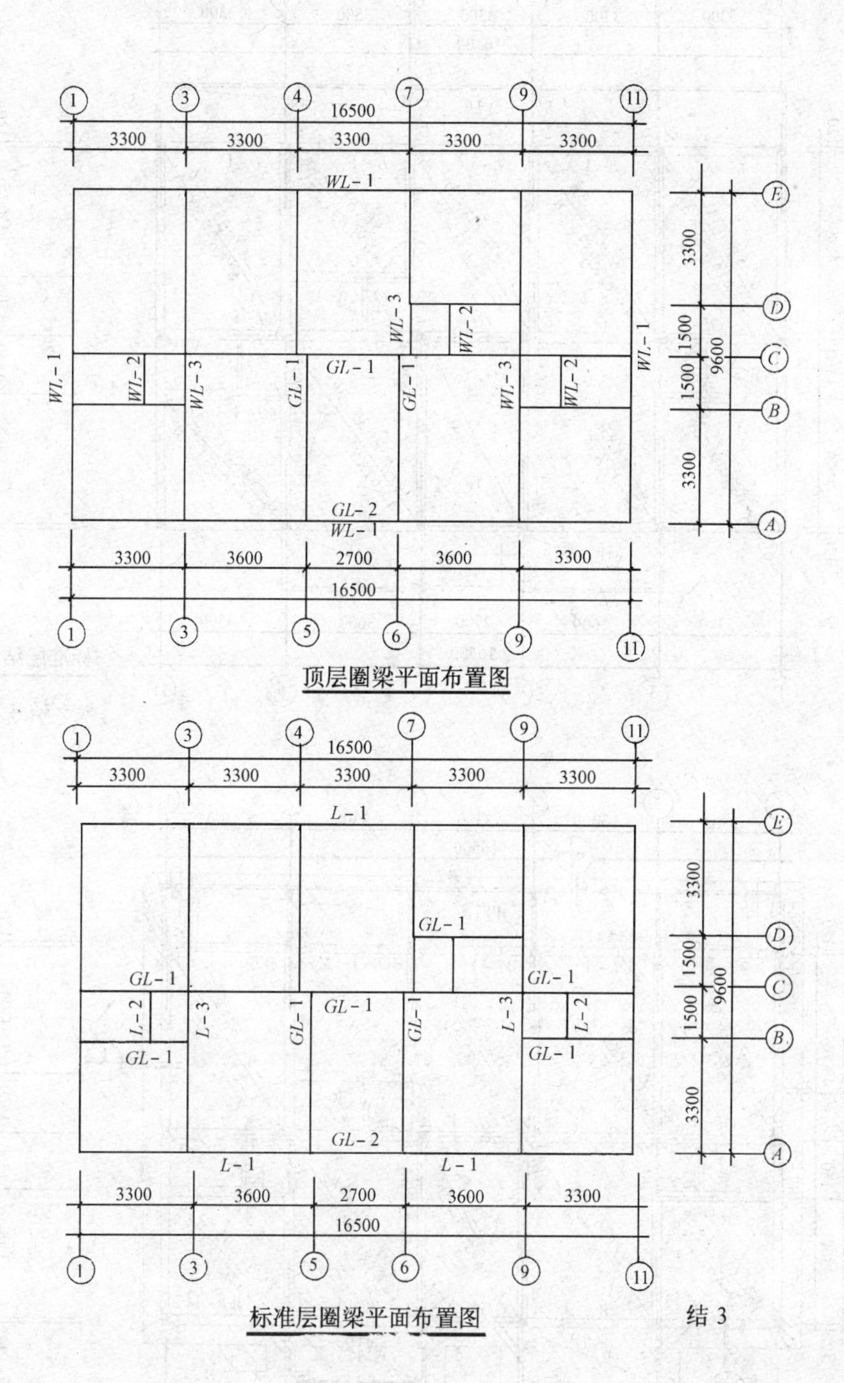

顶层圈梁平面布置图

标准层圈梁平面布置图 结 3

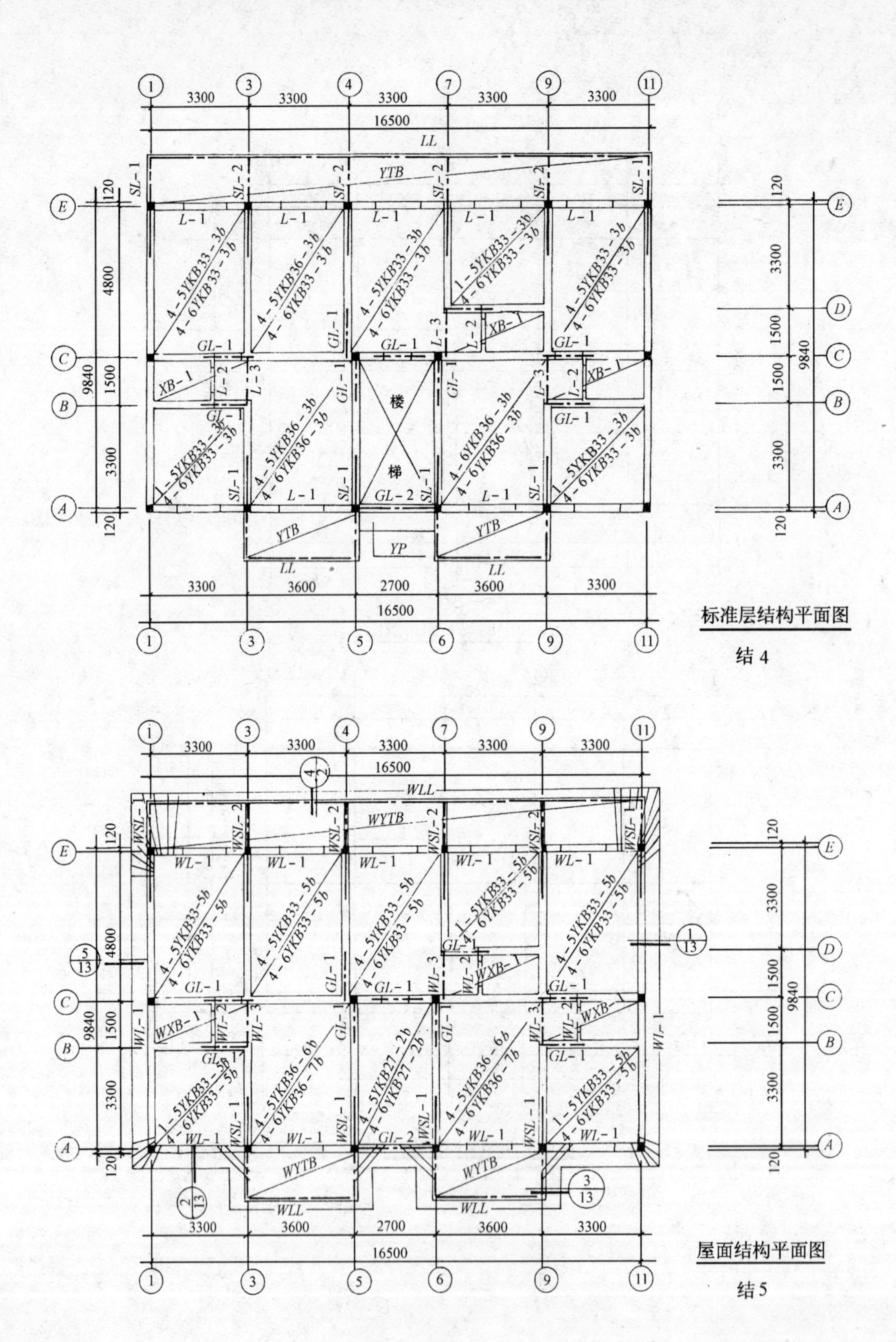

标准层结构平面图

结 4

屋面结构平面图

结 5

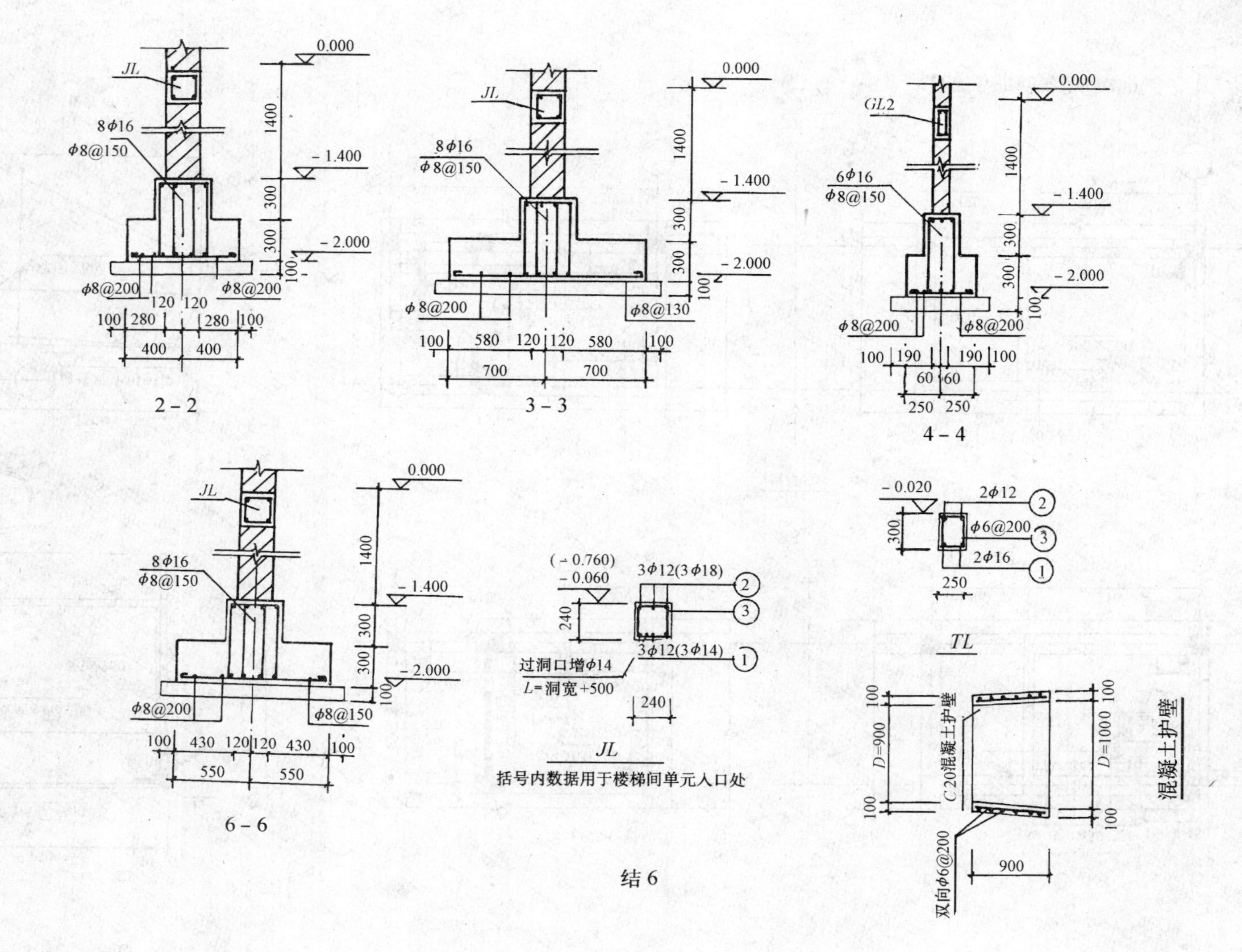

0.000
-1.400
-2.000
JL
8φ16
φ8@150
φ8@200
2-2
3-3
φ8@130
GL2
6φ16
4-4
6-6
(-0.760)
-0.060
3φ12(3φ18)
3φ12(3φ14)
过洞口增φ14
L=洞宽+500
JL
括号内数据用于楼梯间单元入口处
-0.020
2φ12
φ6@200
2φ16
TL
C20混凝土护壁
双向φ6@200
D=900
D=1000
混凝土护壁

结 6

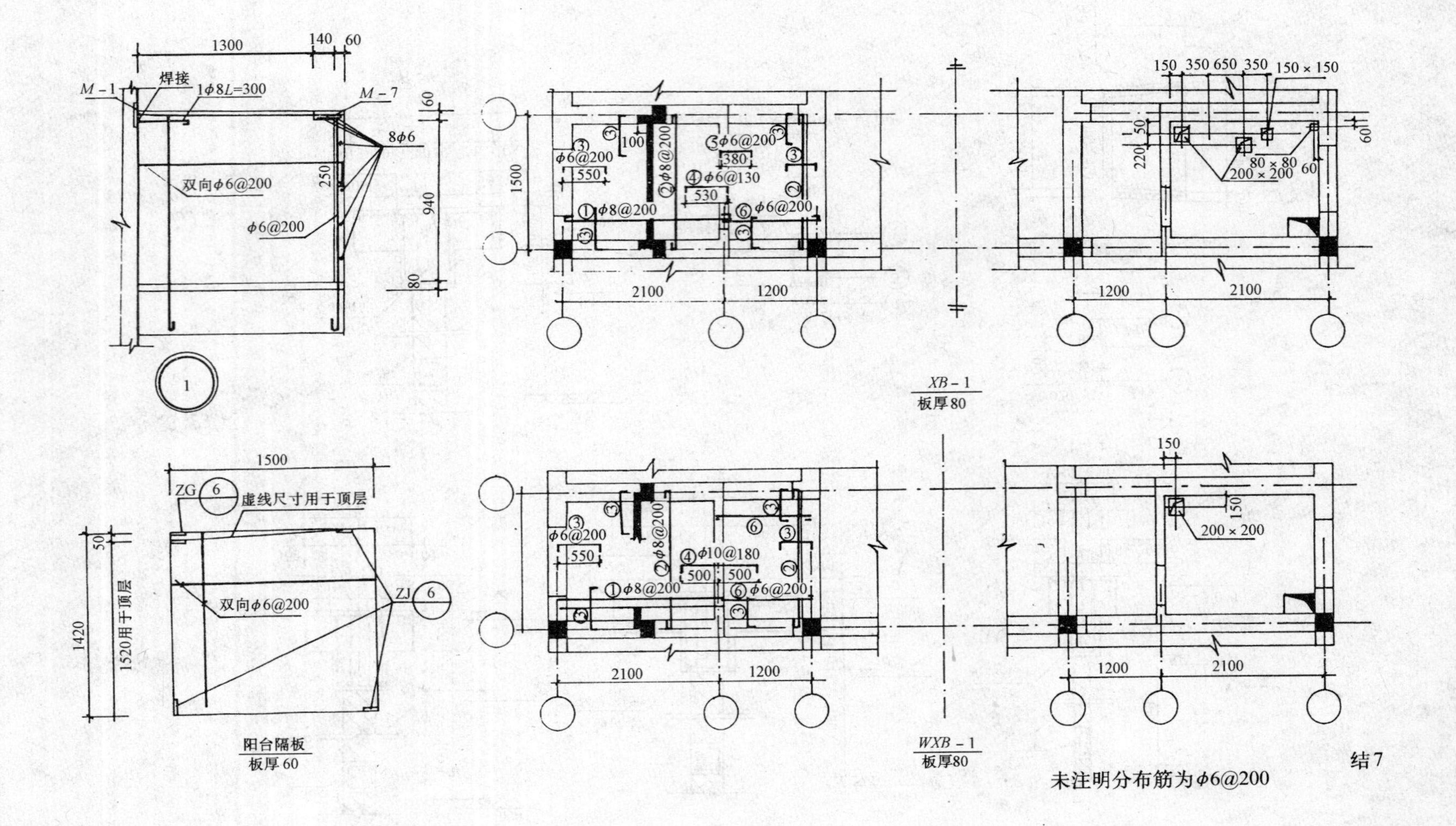
1300
140
60
M－1
焊接
1φ8L=300
M－7
8φ6
双向φ6@200
φ6@200
250
940
80
1
1500
ZG 6
虚线尺寸用于顶层
ZJ 6
双向φ6@200
1420
1520用于顶层
50
阳台隔板
板厚60
①φ8@200
②φ8@200
③φ6@200
④φ6@130
⑤φ6@200
⑥φ6@200
550
100
380
530
2100
1200
XB－1
板厚80
150 350 650 350 150×150
80×80
200×200
220
50
60
④φ10@180
500
WXB－1
板厚80
200×200
150
结7
未注明分布筋为φ6@200

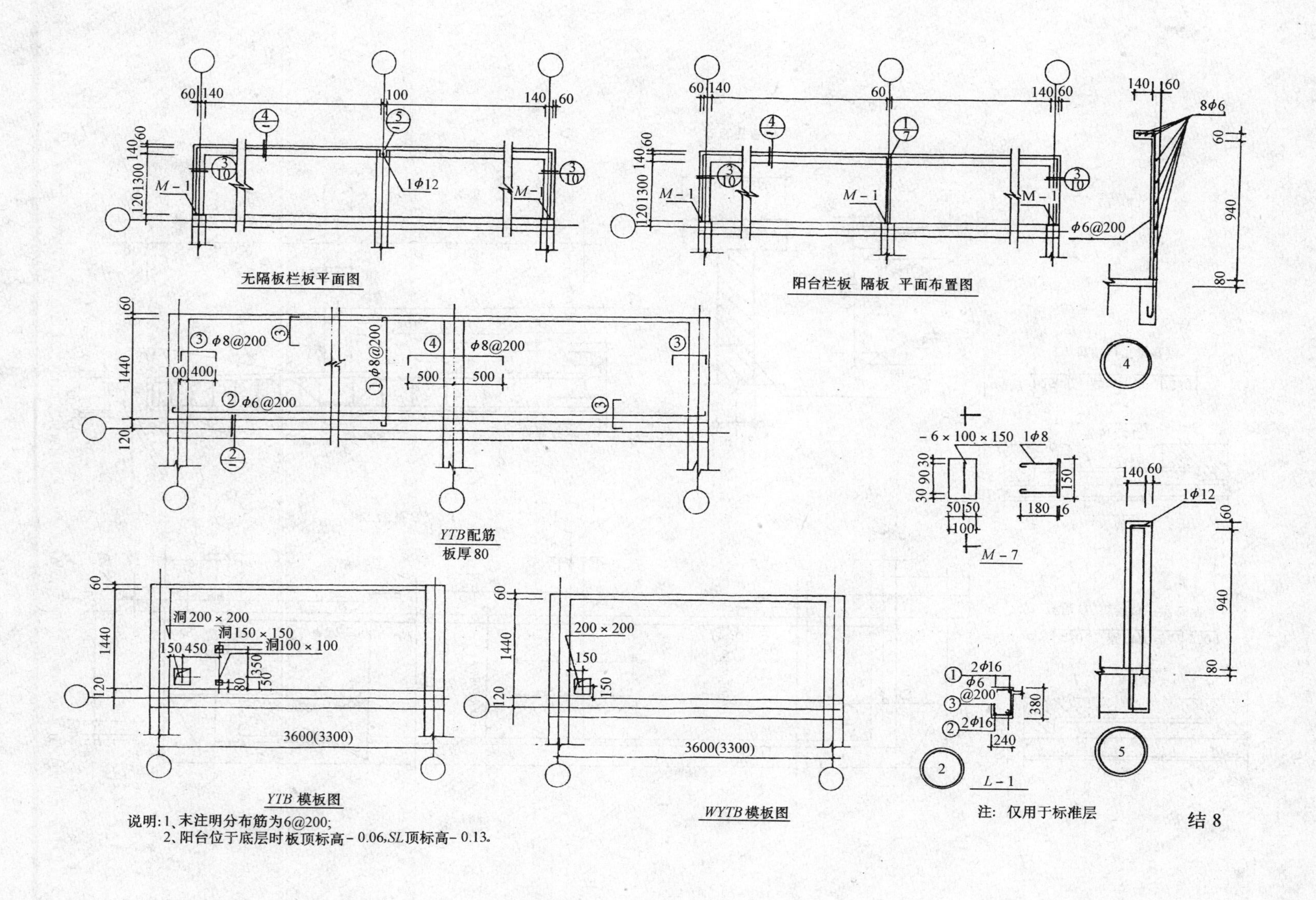

说明：1、未注明分布筋为6@200；
2、阳台位于底层时板顶标高－0.06，SL顶标高－0.13。

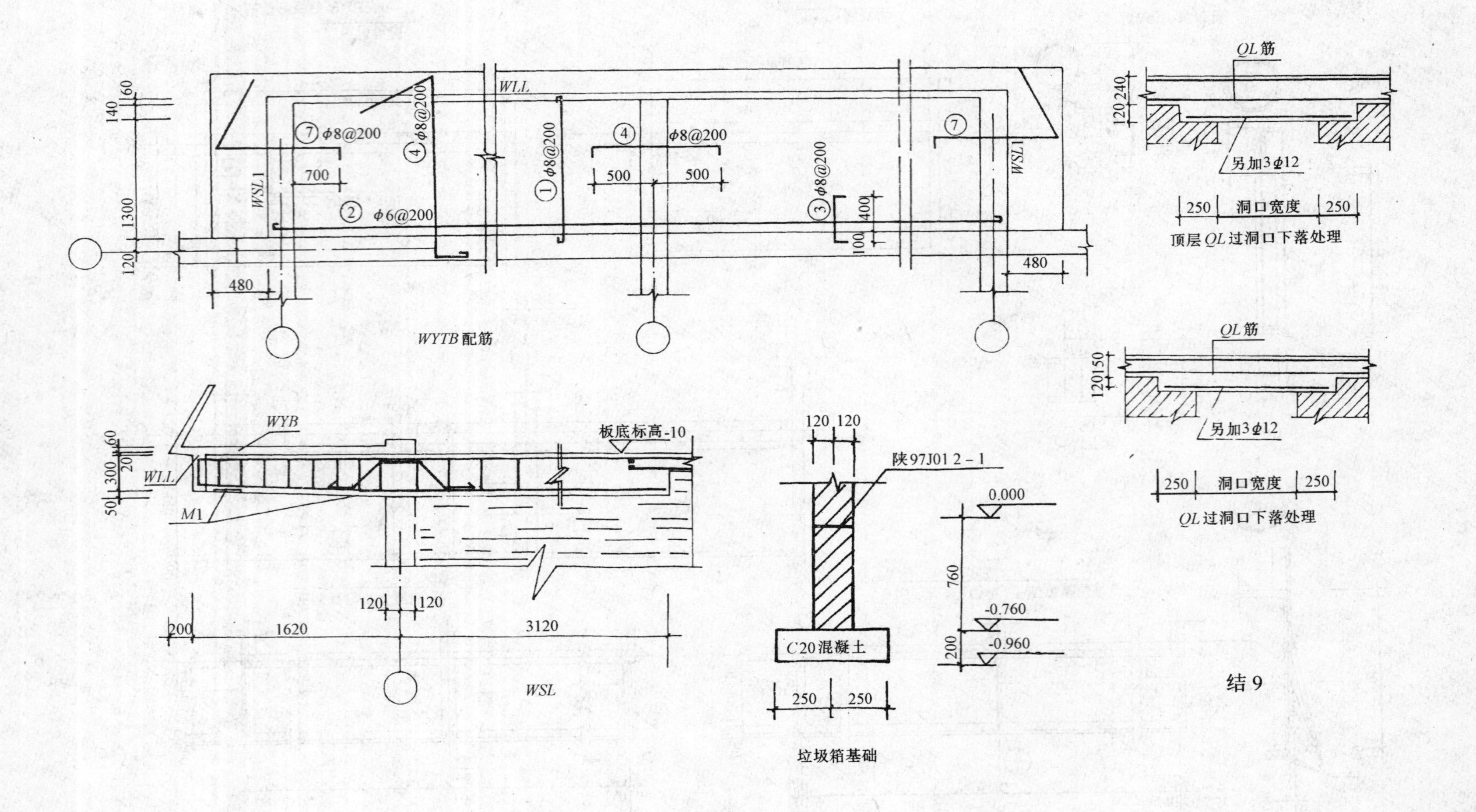
WLL
⑦ ϕ8@200
④ ϕ8@200
WSL1
② ϕ6@200
① ϕ8@200
④ ϕ8@200
③ ϕ8@200
⑦
WYTB 配筋
WYB
板底标高-10
WLL
M1
WSL
陕97J01 2-1
C20混凝土
垃圾箱基础
QL筋
另加3ϕ12
洞口宽度
顶层QL过洞口下落处理
QL筋
另加3ϕ12
洞口宽度
QL过洞口下落处理
结9

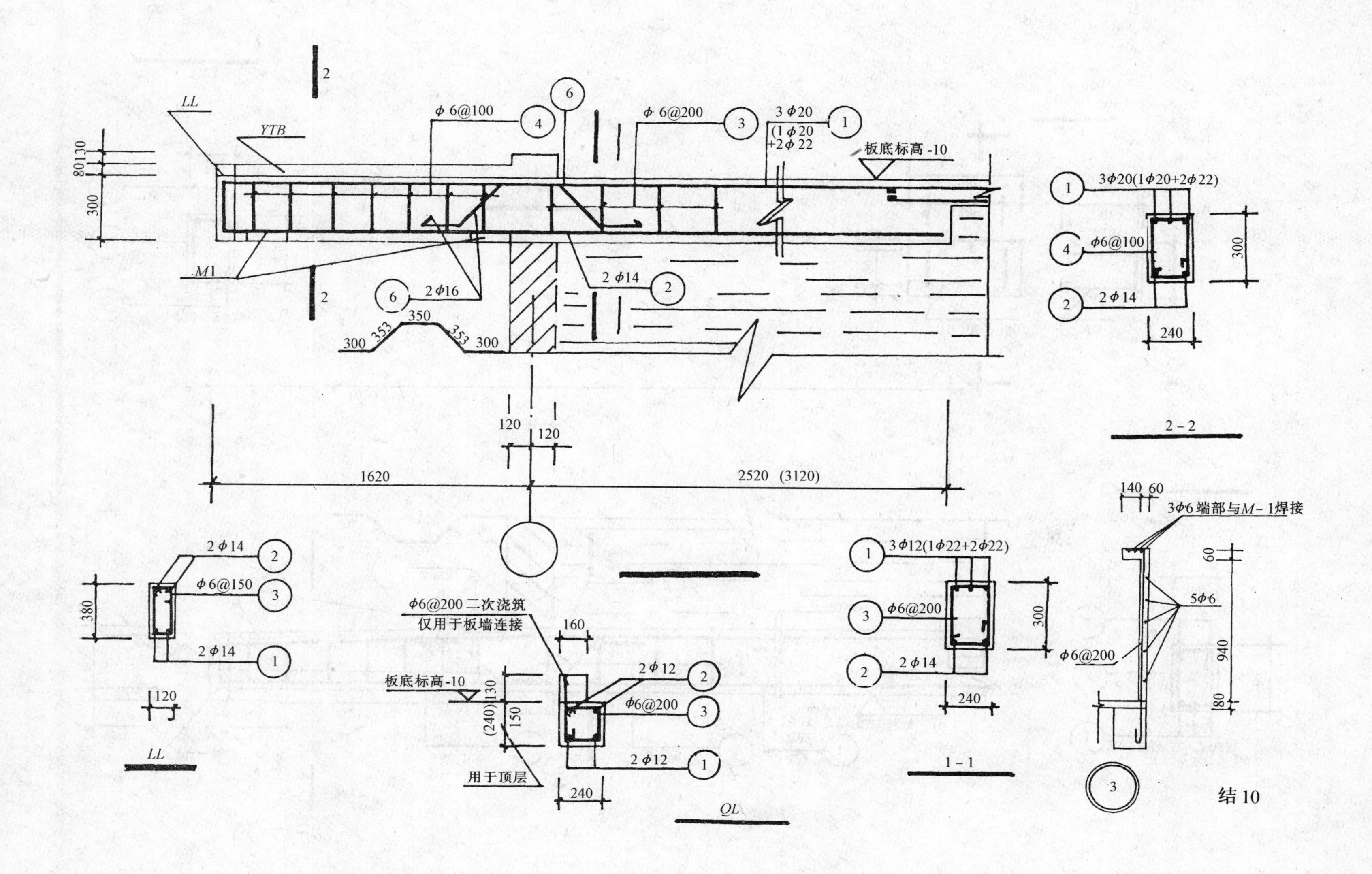
LL
YTB
M1
φ6@100
φ6@200
3φ20
(1φ20
+2φ22
板底标高 -10
2φ14
2φ16
300
353
350
1620
2520 (3120)
120
3φ20(1φ20+2φ22)
φ6@100
2φ14
2-2
140 60
3φ6端部与M-1焊接
5φ6
φ6@200
940
3φ12(1φ22+2φ22)
φ6@200
2φ14
1-1
2φ14
φ6@150
380
LL
φ6@200二次浇筑
仅用于板墙连接
板底标高-10
2φ12
φ6@200
2φ12
用于顶层
QL
结10

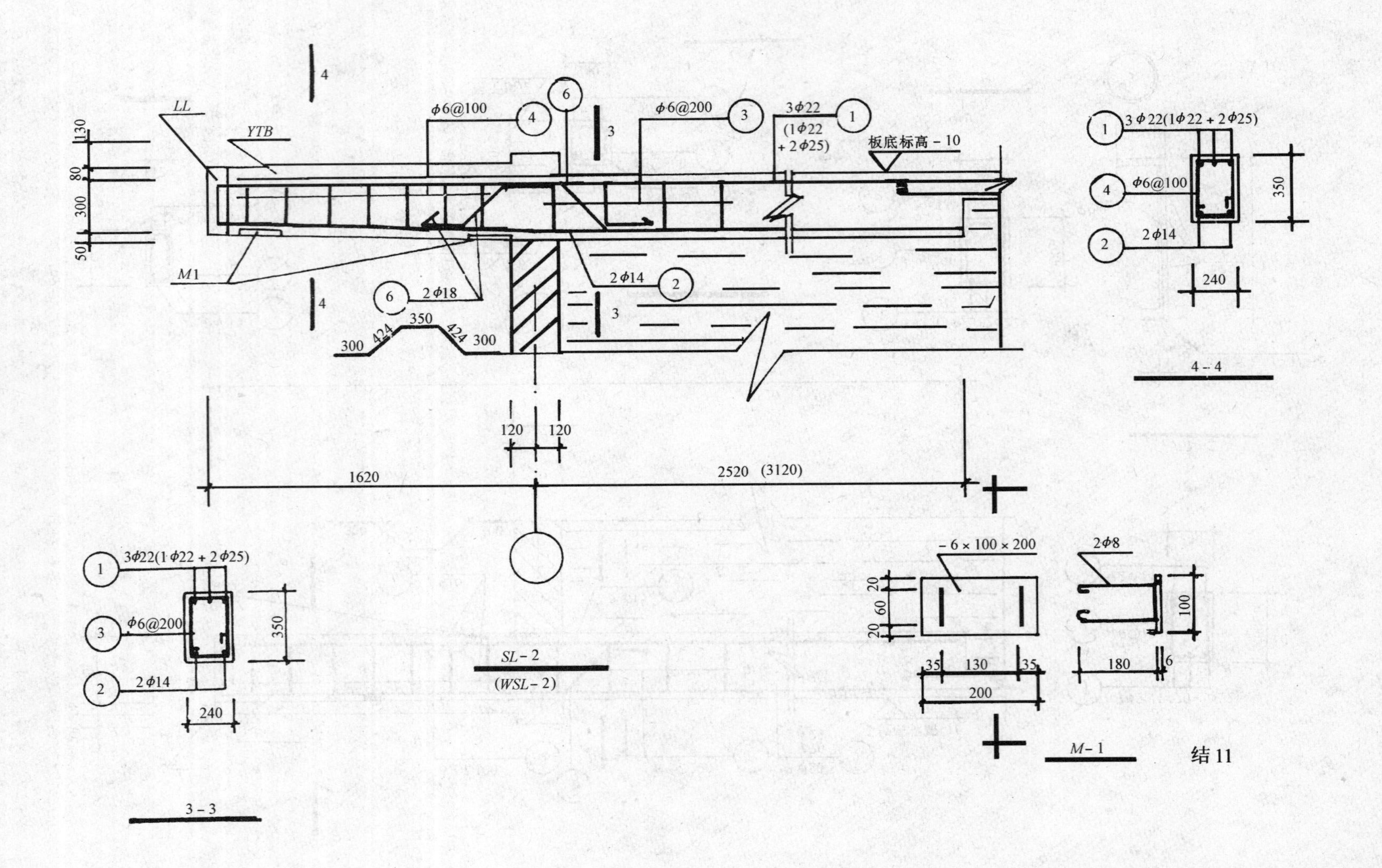

LL
YTB
M1
130
80
300
50
Φ6@100
Φ6@200
3Φ22
(1Φ22
+2Φ25)
板底标高 -10
2Φ14
2Φ18
300
424
350
424
300
120
120
1620
2520 (3120)
SL-2
(WSL-2)
3Φ22(1Φ22+2Φ25)
Φ6@100
2Φ14
350
240
4-4
3Φ22(1Φ22+2Φ25)
Φ6@200
2Φ14
350
240
3-3
-6×100×200
20
60
20
35
130
35
200
2Φ8
100
180
6
M-1
结11

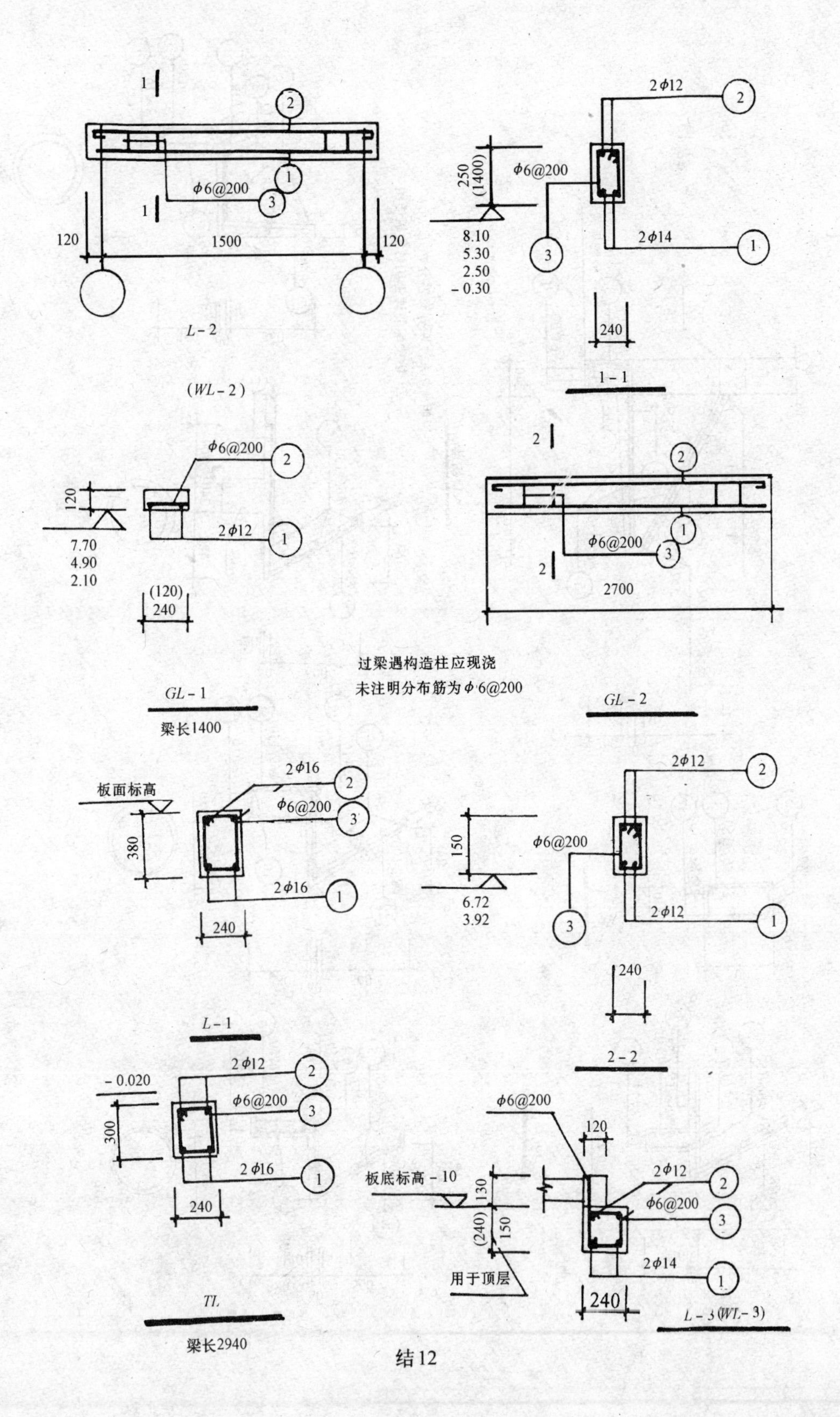
1
2
φ6@200
1
3
1
120
1500
120
L－2
(WL－2)
2φ12
2
250
(1400)
φ6@200
8.10
5.30
2.50
－0.30
3
2φ14
1
240
1－1
φ6@200
2
120
7.70
4.90
2.10
2φ12
1
(120)
240
2
2
1
φ6@200
3
2
2700
过梁遇构造柱应现浇
未注明分布筋为φ6@200
GL－1
梁长1400
GL－2
板面标高
2φ16
2
φ6@200
3
380
2φ16
1
240
L－1
2φ12
2
150
φ6@200
6.72
3.92
3
2φ12
1
240
2－2
－0.020
2φ12
2
φ6@200
3
300
2φ16
1
240
TL
梁长2940
φ6@200
120
板底标高－10
130
2φ12
2
φ6@200
3
(240)
150
2φ14
1
用于顶层
240
L－3(WL－3)

结12

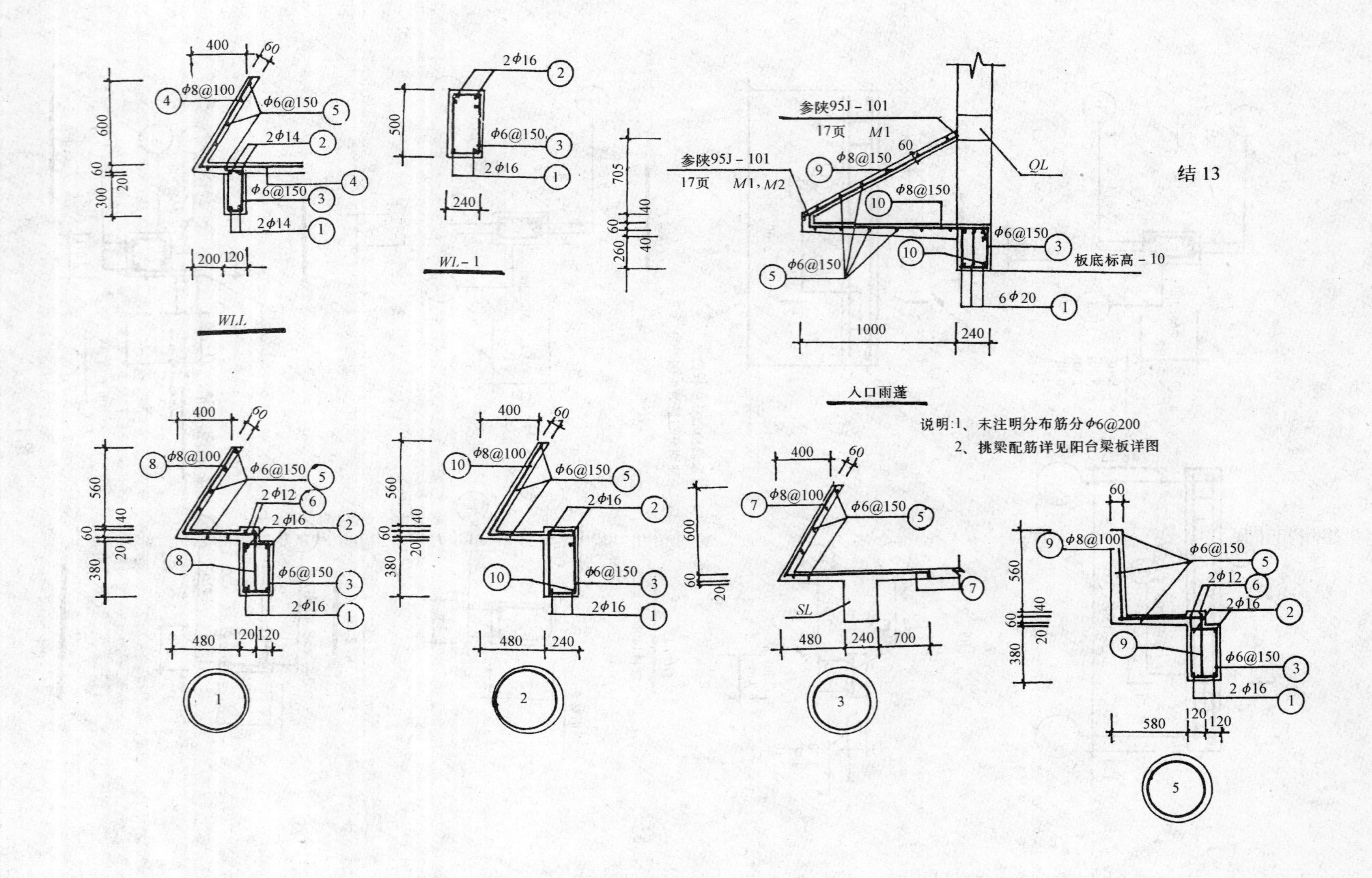
结 13
WLL
WL－1
参陕95J－101
17页 M1
参陕95J－101
17页 M1，M2
QL
板底标高－10
6φ20
SL
φ8@150
φ8@100
φ6@150
2φ16
2φ14
2φ12
入口雨蓬
说明:1、未注明分布筋分φ6@200
2、挑梁配筋详见阳台梁板详图

第七章　建筑工程设计概算的编制

第一节　设计概算的作用及分类

一、设计概算的基本概念

设计概算是设计文件的重要组成部分。国家计委、财政部颁发的有关文件明确规定：设计单位必须在报批设计文件的同时报批概算，各主管部门必须在审批设计的同时认真审批概算，设计单位必须严格按照批准的初步设计（或扩大初步设计）和总概算进行施工图设计。所以要求设计概算文件必须完整地反映工程设计的内容，严格执行国家有关的方针、政策和制度，实事求是地根据工程所在的建设条件（包括自然条件、施工条件等可能影响造价的各种因素），正确地按有关依据性资料进行编制。

设计概算的编制应包括编制期价格、费率、利率、汇率等确定静态投资和编制期到竣工验收前的工程和价格变化等多种因素的动态投资两部分。静态投资作为考核工程设计和施工图预算的依据；动态投资作为筹措、供应和控制资金使用的限额。

二、设计概算的作用

设计概算在工程建设中起着非常重要的作用，主要表现在以下几个方面：

1. 设计概算是编制建设项目投资计划、确定和控制建设项目投资的依据。

国家规定，编制年度固定资产投资计划，确定计划投资总额及其构成数额，要以批准的初步设计及设计概算为依据，没有批准的初步设计及其概算的建设工程不能列入年度固定资产投资计划。

经审查批准的建设项目设计总概算的投资额，是该工程建设投资的最高限额。在工程建设过程中，年度固定资产投资计划安排，银行拨款或贷款、施工图设计及其预算、竣工决算等，未经按规定的程序批准，都不能突破这一限额，以确保国家固定资产投资计划的严格执行和有效控制。

2. 设计概算是衡量设计方案技术经济合理性和选择最佳设计方案的依据。

设计概算是设计方案技术经济合理性的综合反映，当建设项目的各个设计方案提出后，可以利用设计概算或总概算的造价指标及主要材料消耗指标，进行技术经济分析，评价设计方案的先进性、合理性，找出在设计方案中存在的浪费和保守现象，选择最佳的设计方案，也有利于促进工程质量不断提高。

3. 设计概算是签订建设工程合同和贷款合同的依据。

建设工程合同价款的多少是以设计概算为依据的，而且总承包合同不得超过设计总概算的投资额。

设计概算是银行拨款或签订贷款合同的最高限额，建设项目的全部拨款或贷款以及各单项工程的拨款或贷款的累计总额，不能超过设计概算。如果建设项目的投资计划所列投资额或拨款与贷款突破概算时，必须查明原因后由建设单位报请上级主管部门调整或追加设计概算总投资额，凡未批准之前，银行对其超支部分拒不拨付。

4. 设计概算是控制施工图设计和施工图预算的依据。

经批准的设计概算是建设项目投资的最高限额，设计单位必须按照批准的初步设计和总概算进行施工图设计，施工图预算不得突破设计概算。如确需突破概算时，应按规定程序报批经审批。

5. 设计概算是工程造价管理及编制招标标底和投资报价的依据。

设计总概算一经批准，就作为工程造价管理的最高限额，并据此对工程造价进行严格的控制。以设计概算进行招投标的工程，招标单位编制标底是以设计概算造价为依据的，并以此作为评标定标的依据。承包单位为了在投标竞争中取胜，也以设计概算为依据，编制出合适的投标报价。

6. 设计概算是考核建设项目投资效果的依据。

通过设计概算与竣工决算对比，可以分析和考核投资效果的好坏，同时还可以验证设计概算的准确性，有利于加强设计概算管理和建设项目的造价管理工作。

三、编制设计概算的准备工作

在编制设计概算之前，要认真调查研究，做好以下准备工作：

(1) 根据设计说明，总平面图和全部工程项目一览表等资料，对工程项目的内容、性质、建设单位的要求等，作一般了解。

(2) 拟定出设计概算的编制大纲，明确编制工作的主要内容、重点、编制步骤及审查方法。

(3) 根据编制大纲，广泛收集基础资料，如概算定额、概算指标、当地建筑市场情况等，合理选择编制依据。

四、编制设计概算的依据

编制设计概算的主要依据有：

(1) 批准的建设项目的设计任务书和主管部门的有关规定。

(2) 初步设计项目一览表。

(3) 能满足编制设计概算的各专业经过校审的设计图纸，文字说明和主要设备清单及材料表，其中：

1) 土建工程：建筑专业提交建筑平、立、剖面图和初步设计文字说明（应说明或注明装修标准、门窗尺寸）；结构专业提交平面布置图、构件断面尺寸和特殊构件配筋率。

2) 给排水、电气、弱电、采暖通风、空气调节、动力（锅炉、煤气等）等专业提交各单位工程的平面布置图、系统图、文字说明、主要设备及材料表，如无材料表则应提交主要材料估算量。

3) 室外工程：有关各专业提交平面布置图。总图专业提交土石方工程量和道路、挡土墙、围墙等构筑物的断面尺寸。如无图纸的应提交工程量。

(4) 当地和主管部门的现行建筑工程和专业安装工程概、预算定额、单位估价表、地区材料、构配件预算价格（或市场价格）、间接费用定额和有关费用规定等文件。

(5) 现行的有关设备原价（出厂价或市场价）及运杂费等。

(6) 现行的有关其他费用定额、指标和价格。

(7) 建设场地的自然条件和施工条件。

(8) 类似工程的概、预算及技术经济指标。

五、设计概算的编制原则

为提高建设项目设计概算编制质量，科学合理确定建设项目投资，设计概算编制应坚持以下原则：

(1) 严格执行国家的建设方针和经济政策。设计概算是一项重要的技术经济工作，要严格按照党和国家的方针、政策办事，坚决执行勤俭节约的方针，严格执行规定的设计标准。

(2) 要完整、准确地反映设计内容。编制设计概算时，要认真了解设计意图，根据设计文件、图纸准确计算工程量，避免重算和漏算。设计修改后，要及时修正设计概算。

(3) 要坚持结合拟建工程的实际，反映工程所在地当时价格水平。为提高设计概算的准确性，要求实事求是地对工程所在地的建设条件，可能影响造价的各种因素进行认真的调查研究。在此基础上正确使用定额、指标、费率和价格等各项编制依据，按照现行工程造价的构成，根据有关部门发布的价格信息及价格调整指数，考虑建设期的价格变化因素，使概算尽可能地反映设计内容、施工条件和实际价格。

六、设计概算的分类及组成

设计概算按照编制程序分为三级，即单位工程概算、单项工程综合概算和建设项目总概算。其相互关系及组成内容如下：

- 建设项目总概算
  - 单项工程综合概算
    - 各单位建筑工程概算
    - 各单位设备及安装工程概算
  - 工程建设其他费用概算
  - 预备费、投资方向调节税等概算

1. 单位工程概算

单位工程概算是确定单位工程建设费用的文件，是编制单项工程综合概算的依据，也是单项工程综合概算的组成部分。单位工程概算按其性质分为建筑工程概算和设备及安装工程概算两大类。建筑工程概算包括土建工程概算，给排水、采暖工程概算，通风、空调工程概算，电气照明工程概算，弱电工程概算，特殊构筑物工程概算等；设备及安装工程概算包括机械设备及安装工程概算，电气设备及安装工程概算等，以及工具、器具及生产家具购置费概算等。

2. 单项综合工程概算

单项工程综合概算是确定一个单项工程所需建设费用的文件，它是由单项工程中的各单位工程概算汇总编制而成的，是建设项目总概算的组成部分。单项工程综合概算的组成内容如图 8-1。

- 单项工程综合概算
  - 建筑工程概算
    - 一般土建工程概算
    - 给排水、采暖工程概算
    - 通风、空调工程概算
    - 电气、照明工程概算
    - 弱电工程概算
    - 特殊构筑物工程概算
  - 设备及安装工程概算
    - 机械设备及安装工程概算
    - 电气设备及安装工程概算
    - 工具、器具及生产家具购置费用概算
  - 工程建设其他费用概算（不编总概算时列入）

图 7-1　单项工程综合概算组成

3. 建设项目总概算

建设项目总概算是确定整个建设项目从筹建到竣工验收、交付使用时所需全部费用的文件。它是由各个单项工程综合概算、工程建设其他费用概算、预备费和投资方向调节税概算等汇总编制而成的，其组成内容如图 7-2。

- 建设项目总概算
  - 工程费用概算
    - 主要生产工程项目综合概算
    - 辅助生产工程项目综合概算
    - 公用系统工程项目综合概算
    - 行政福利设施综合概算
    - 住宅与生产设施综合概算
    - 场外工程项目综合概算
  - 工程建设其他费用概算
    - 土场使用费
    - 建设单位管理费
    - 勘察设计和研究试验费
    - 联合试运转费和生产准备费
    - 办公和生产家具购置费
    - 供电贴费
    - 引进技术和进口设备项目的
    - 施工机构迁移费
    - 临时设施费
    - 工程监理费
    - 工程保险费
  - 预备费概算
  - 专项费用概算
    - 固定资产投资方向调节税
    - 财务费用（含建设期贷款利息）
    - 经营性项目铺底流动资金

图 7-2　建设项目总概算组成

第二节　单位工程概算的编制

单位工程概算是确定某一单项工程内的某个单位工程建设费用的文件。单位工程概算是一个独立建筑物中分专业工程计算费用的概算文件，如土建工程、给水排水工程、电气工程和采暖、通风、空调及其他专业工程等。它是单项工程综合概算文件的组成部分。

单位工程概算分一般建筑工程概算和设备及安装工程概算两大类。

一、建筑工程概算的编制方法

建筑工程概算和编制方法有概算定额法、概算指标法、类似工程预算法等。

（一）概算定额法

概算定额法又叫扩大单价法或扩大结构定额法。采用概算定额法编制单位工程概算比较准确，只有当初步设计达到一定深度，建筑结构比较明确时，可采用这种方法编制单位工程概算。它是依据概算定额编制单位工程概算的方法，类似用预算定额编制单位工程预算。其编制步骤如下：

1. 熟悉定额的内容及其使用方法

计算设计概算中的工程量的方法与计算施工图预算中的工程量的方法有区别。概算定额的项目划分和包括工程内容有较大的扩大和综合。如带型砖基础，砖基础项目中包括了挖运土方、加固钢筋、混凝土圈梁、防潮层、回填土等项目，因此，在计算设计概算中的工程量时，必须先熟悉概算定额中每一个项目包括的工程内容，以便计算出正确的工程量，避免重复或遗漏。

2. 熟悉设计图纸，了解设计意图、施工条件和施工方法

由于初步设计图纸比较粗略，一些结构构造尚未能详尽地表示出来，因此要熟悉常用的构造方案和设计意图；再者，要了解地质情况、常水位线位置、排水措施、土壤类别、挖土方法、运土工具、运土距离以及施工条件和施工方法，这些都会影响编制设计概算的准确性。

3. 计算单位工程扩大分项工程的工程量

根据概算定额中的分部分项定额编制号顺序列出各扩大分项工程项目；依据概算定额中的工程量计算规则，计算各扩大分项工程的工程量，并将所算出的各分项工程量按定额编号顺序添入概算计算表中。对一些次要零星工程项目可以省略不计，最后以占直接费的百分比计算。特别在初步设计或扩大初步设计时，许多细部做法未表示出来，因此，对这些次要零星工程只能以百分比表示。

4. 计算单位工程定额直接费

单位工程定额直接费的计算式可表示为：

概算定额直接费 = $\sum$（扩大分项工程的工程量 × 相应概算定额基价）

上式中概算定额直接费计算结果，均取整数，小数后四舍五入。

在概算定额的执行期到某一项工程竣工使用要经过一段时间，这一期间应考虑价格变

动因素；所在地区的工资标准及材料预算价格与概算定额也可能不一致。这些都需要重新编制扩大单位估价表或测定系数加以调整。

5. 计算概算直接工程费

概算直接工程费的计算可用下式表示：

概算直接工程费 = 定额直接费 + 其他直接费 + 现场经费

式中 其他直接费 = 定额直接费 × 其他直接费费率

现场经费 = 定额直接费 × 现场经费费率

6. 计算间接费

将直接工程费乘以间接费率，即得间接费。

7. 计算计划利润

将直接工程费加上间接费，再乘以计划利润率，即得计划利润。

8. 计算劳动保险费

将直接工程费加上间接费和计划利润，再乘以劳动保险费费率，即得劳动保险费。

9. 计算材料价差

用综合系数调整材料价差或对单项材料价差进行调整。

10. 计算税金

将直接工程费加上间接费、计划利润、劳动保险费及材料价差后，再乘以税率，即得税金。

11. 计算单位工程概算造价

将直接工程费与间接费、计划利润、劳动保险费及材料价差以及税金相加，即得单位工程概算造价。

12. 计算单位工程的单方造价

用单位工程造价除以建筑面积，便可以求得单位工程的每平方米造价，即单位工程的单方造价，是建筑工程技术经济指标之一。用以下公式表示：

单位工程概算的单方造价 = 单位工程概算造价 ÷ 建筑面积

13. 进行概算工料分析

运用工料分析表进行，计算单位工程所需的主要材料用量和主要工程的用工量。

14. 编写概算编制说明

（二）概算指标法

概算指标法是用拟建的厂房、住宅的建筑面积或体积乘以技术条件相同或基本相同的概算指标编制概算的方法。

当初步设计深度不够、图纸和工程数据等资料不齐全时，不能准确地计算工程量，但工程采用的技术比较成熟，而又有类似概算指标可以利用时，可用概算指标法编制单位工程概算。其编制步骤如下：

（1）根据初步设计图纸及设计资料，按设计要求和建筑结构特征，如结构类型、檐高、层高、基础、内外墙、楼板、屋架、屋面、地坪、门窗、内外部装饰等用料及做法，与概算指标中的“简要说明”和“结构特征”对照，选择相应的概算指标。

（2）根据初步设计图纸计算单位工程建筑面积。

（3）将建筑面积乘以概算指标内的每平方米建筑面积直接费指标，求出单位工程概算直接费。当需要调整时，按下述方法进行。

（4）当求出概算直接费后，即可按照利用概算定额编制概算的步骤计算出其他直接费、现场经费、间接费、计划利润、税金等。

（5）汇总出概算造价和计算单方造价，并作工料分析。

（6）编写概算编制说明。

由于拟建工程（设计对象）往往与类似工程的概算指标的技术条件不尽相同，而且概算指标编制年份的设备、材料、人工等价格与拟建工程当时当地的价格也不会一样。因此，必须对其进行调整。其调整方法是：

1）当设计对象的结构特征与概算指标有局部不同时，其调整方法有两种：

第一种调整方法的公式为：

结构变化修正概算指标（元/m^2）$= J + Q_1 P_1 - Q_2 P_2$

式中　J——原概算指标；

Q_1——换入新结构的含量；

Q_2——换出旧结构的含量；

P_1——换入新结构的单价；

P_2——换出旧结构的单价。

第二种调整方法的公式为：

结构变化修正概算指标的工、料、机数量 = 原概算指标的工、料、机数量 + 换入结构件工程量 × 相应定额工、料、机消耗量 − 换出结构件工程量 × 相应定额工、料、机消耗量

以上两种方法，前者是直接修正结构件指标单价，而后者是修正结构件指标工、料、机数量。

2）设备、人工、材料、机械台班费用的调整

设备、工料、机修正概算费用 = 原概算指标的设备、工料、机费用

$$+ \sum \left[\begin{matrix}\text{换入设备工}\\\text{料、机数量}\end{matrix} \times \begin{matrix}\text{拟建地区}\\\text{相应单价}\end{matrix} \right] - \sum \left[\begin{matrix}\text{换出设备工}\\\text{料、机数量}\end{matrix} \times \begin{matrix}\text{原概算指标设}\\\text{备、工料、机单价}\end{matrix} \right]$$

（三）类似工程预算法

当工程设计对象目前无完整的初步设计图纸，或虽有初步设计图纸，但无合适的概算定额和概算指标，而设计对象与已建成或在建工程相似，结构特征也相同时，可以采用类似工程预算法来编制单位工程概算。但必须对建筑结构差异和价差进行调整。

建筑结构差异的调整方法与概算指标法的调整方法相同。

而类似工程造价的价差调整常有两种方法：

第一种调整方法，当类似工程造价资料有具体的人工、材料、机械台班的用量时，可按类似工程造价资料中的主要材料用量、工日数量、机械台班用量乘以拟建工程所在地的主要材料预算价格、人工单价、机械台班单价，计算出直接费，再乘以当地的综合费率，

即可得出所需的造价指标。

第二种调整方法，当类似工程造价资料只有人工、材料、机械台班费用和其他直接费、现场经费、间接费时，可按下面公式调整：

$$D = AK$$

$$K = a\%K_1 + b\%K_2 + c\%K_3 + d\%K_4 + e\%K_5 + f\%K_6$$

式中 D——拟建工程单方概算造价；

A——类似工程单方预算造价；

K——综合调整系数。

$a\%$、$b\%$、$c\%$、$d\%$、$e\%$、$f\%$——类似工程预算的人工费、材料费、机械台班费、其他直接费、现场经费、间接费占预算造价的比重。其中

$$a\% = \frac{\text{类似工程人工费（或工资标准）}}{\text{类似工程预算造价}} \times 100\%$$

$b\%$、$c\%$、$d\%$、$e\%$、$f\%$类同；

K_1、K_2、K_3、K_4、K_5、K_6——拟建工程地区与类似工程预算造价在人工费、材料费、机械台班费、其他直接费、现场经费和间接费之间的差异系数。其中

$$K_1 = \frac{\text{类似工程预算的人工费（或工资标准）}}{\text{拟建工程概算人工费（或地区工资标准）}}$$

K_2、K_3、K_4、K_5、K_6 类同。

二、设备及安装工程概算的编制方法

设备及安装工程概算的主要内容有设备购置费概算和设备安装工程概算两大部分。

（一）设备购置费概算

设备购置费由设备原价和运杂费两项组成。

国家标准设备原价可根据设备型号，规格性能、材质、数量及附带的配件，向制造厂家询价或向设备、材料信息部门查询或按主管部门规定的现行价格逐项计算。非主要标准设备和工器具、生产家具的原价可按主要标准设备原价的百分比计算，百分比指标按主管部门或地区有关规定执行。

国产非标准设备原价在初步设计阶段进行设计概算时可按下列两种方法确定：

1. 非标设备台（件）估价指标法

根据非标设备的类别、重量、性能、材质、精密程度等情况，以每台设备规定的估价指标计算，即：

非标准设备原价 = 设备台数 × 每台设备估价指标（元/台）

2. 非标设备吨重估价指标法

根据非标设备的类别、性质、质量、材质等，按设备单位重量（t）规定的估价指标计算，即：

非标准设备原价 = 设备吨重 × 每吨重设备估价指标（元/台）

设备运杂费按各部、省、市、自治区规定的运杂费率乘以设备原价计算，即

设备运杂费 = 设备原价 × 运杂费率（%）

设备购置概算价值 = 设备原价 + 设备运杂费

（二）设备安装工程概算造价的编制方法

1. 预算单价法

当拟建工程的初步设计较深，有详细的设备清单时，可直接按安装工程预算定额单价编制设备安装工程概算。根据计算的设备安装工程量，乘以安装工程预算综合单价，经汇总求得。其程序基本同于安装工程施工图预算。

用预算单价法编制概算，计算比较具体，精确性较高。

2. 扩大单价法

当拟建工程的初步设计深度不够，设备清单不完备，只有主体设备或仅有成套设备的重量时，可采用主体设备、成套设备或工艺线的综合扩大安装单价编制概算。

3. 概算指标法

当初步设计的设备清单不完备，或安装预算单价及扩大综合单价不全，无法采用预算单价法和扩大单价法时，可采用概算指标编制概算。概算指标形式较多，概括起来主要可按下列几种指标进行计算：

(1) 按占设备价值的百分比（安装费率）的概算指标计算

设备安装费 = 设备原价 × 设备安装费率（%）

式中设备安装费率（百分比值）是由主管部门制定或由设计单位根据已完类似工程确定。该指标常用于设备价格波动不大的定型产品和通用设备产品。

(2) 按每吨设备安装费的概算指标计算

设备安装费 = 设备吨重 × 每吨设备安装费指标（元/t）

式中每吨设备安装费指标也是由主管部门或设计单位根据已完类似工程资料确定。该指标常用于设备价格波动较大的非标准设备和引进设备的安装工程概算。

(3) 按座、台、套、组、根或功率等为计量单位的概算指标计算。如工业炉，按每台安装费指标计算；冷水箱，按每组安装费指标计算。

(4) 按设备安装工程每平方米建筑面积的概算指标计算。

有些设备安装工程可以按不同的专业内容（如通风、动力、照明、管道等）采用每平方米建筑面积的安装费用概算指标计算安装费。

（三）设备及安装工程概算书的编制

设备及安装工程概算书主要包括编制说明和设备及安装工程概算表两部分。

1. 编制说明

主要内容是用简明的文字对工程概况、编制依据、编制方法和其他有关问题加以概括地说明。

2. 设备及安装工程概算表

其形式如表 7-1 所示。

工程项目名称：________ **设备及安装工程概算表** **概算书编号：________** **表 7-1**

<table>
<tr><th rowspan="4">序号</th><th rowspan="4">编制依据</th><th rowspan="4">设备及安装工程名称</th><th rowspan="4">单位</th><th rowspan="4">数量</th><th colspan="2">重量（t）</th><th colspan="6">概算价值（元）</th></tr>
<tr><th rowspan="3">单位重量</th><th rowspan="3">总重量</th><th colspan="3">单 价</th><th colspan="3">总 价</th></tr>
<tr><th rowspan="2">设备</th><th colspan="2">安装工程</th><th rowspan="2">设 备</th><th rowspan="2">总 计</th><th>安装工程</th></tr>
<tr><th>合计</th><th>其中：工资</th><th>其中：工资</th></tr>
<tr><td>1</td><td>2</td><td>3</td><td>4</td><td>5</td><td>6</td><td>7</td><td>8</td><td>9</td><td>10</td><td>11</td><td>12</td><td>13</td></tr>
<tr><td></td><td></td><td></td><td></td><td></td><td></td><td></td><td></td><td></td><td></td><td></td><td></td><td></td></tr>
<tr><td></td><td></td><td></td><td></td><td></td><td></td><td></td><td></td><td></td><td></td><td></td><td></td><td></td></tr>
</table>

审核：________ 编制：________ 编制时间：______

第三节　单项工程综合概算的编制

单项工程综合概算是确定单项工程建设费用的综合性文件，它是根据单项工程内各个单位工程概算汇总编制而成的，是建设项目总概算的组成部分。

一、单项工程综合概算的内容

单项工程综合概算的内容一般包括编制说明和综合概算表。

1. 编制说明

编制说明列在单项工程综合概算表的前面，一般包括：

(1) 编制依据，主要说明设计文件、定额、材料及费用计算的依据；

(2) 编制方法，主要说明编制概算时是利用概算定额，还是利用概算指标等；

(3) 主要设备及工程材料的数量，主要说明主要机械设备、电气设备及建筑安装工程主要材料（钢材、木材、水泥等）的数量；

(4) 其他需要说明的有关问题。

2. 综合概算表

综合概算表是根据单项工程内的各个单位工程概算及工程建设其他费用概算（当不编总概算时，只编综合概算时才列此项费用）等资料，按统一规定的表格进行编制的，其形式如表 7-2 所示。

综合概算表所包括的内容，见本章第一节单项工程综合概算的组成内容。

二、综合概算编制步骤

单项工程综合概算可按下列步骤编制：

(1) 在编制各单位工程概算的基础上，采用综合概算表的格式，将各单位工程概算价值按项目填入综合概算表内；

(2) 当各单位工程未计算间接费、计划利润和税金等项费用时，可将各单位工程直接工程费合并后，再根据间接费定额、计划利润及税金取费标准，计算其间接费、计划利润及税金等；

(3) 计算工程建设其他费用，列入综合概算表相应栏内（当不编总概算，只编综合概算时，才列此项费用）；

综合概算表 表7-2

建设项目______

单项工程______ 综合概算价值____元

序号	工程或费用名称	概算价值						指标			占投资额（%）	备注
		建筑工程费	安装工程费	设备购置费	工具器具及生产用家具购置费	工程建设其他费用	合计	单位	数量	指标		
1	2	3	4	5	6	7	8	9	10	11	12	13
(1)	一般土建工程											
(2)	给水排水工程											
(3)	电器照明工程											
	合计											

审核______ 核对______ 编制______ ____年____月____日

(4) 将各单位工程概算造价和建设工程其他费用相加，求出单项工程综合概算造价；

(5) 计算单项工程综合概算的技术经济指标。

第四节 工程建设其他费用概算

工程建设其他费用是指从工程项目筹建到该工程竣工验收交付使用止的整个建设期间，除建筑安装工程费用和设备、工器具购置费以外的，为保证工程建设顺利完成和交付使用后能够正常发挥效用而发生的各项费用的总和。

工程建设其他费用概算是属于整个建设项目所必须，而又独立于单项工程之外的各项工程建设费用的文件。它是建设项目总概算的重要组成部分。

工程建设其他费用，按其内容大体可分为五类。第一类为土地转让费；第二类是与工程建设有关的其他费用；第三类是与未来企业生产和经营有关的其他费用；第四类为预备费；第五类为专项费用。

一、土地使用费

由于工程项目固定于一定地点与地面相连接，必须占用一定量的土地，它就必然要发生为获得建设用地而支付的费用，这就是土地使用费。它是指通过划拨方式取得土地使用权而支付的土地征用及迁移补偿费用，或者通过土地使用权出让方式取得土地使用权而支付的土地使用出让金。

(一) 土地征用及迁移补偿费

土地征用及迁移补偿费，是指建设项目通过划拨方式取得无限期的土地使用权，依照《中华人民共和国土地管理法》等规定所支付的费用。其总和一般不得超过被征土地年产值的20倍，土地年产值则按该地被征用前3年的平均产量和国家规定的价格计算。其内容包括：

1. 土地补偿费

征用耕地（包括菜地）的补偿标准，为该耕地年产值的3~6倍。各类耕地的具体补偿标准，由省、自治区、直辖市人民政府在此范围内制定。征用园地、鱼塘、藕塘、苇塘、宅基地、林地、牧场、草原等的补偿标准，由省、自治区、直辖市人民政府制定，征用无收益的土地，不予补偿。

2. 青苗补偿费和被征用土地上附着物补偿费

青苗补偿费是指对被征用土地上种植的作物补偿的费用标准，一般按当年计划产量的价值和生长阶段结合计算。征用城市郊区的菜地时，还应按有关规定向国家缴纳新菜地开发建设基金。被征用土地上附着物补偿费是指被征用土地上的房屋、树木、水井等附着物的赔偿费用，其标准由省、自治区、直辖市人民政府制定。

3. 安置补助费

征用耕地、菜地的，每个农业人口的安置补助费为该地每亩年产值的2~3倍，每亩耕地的安置补助费最高不得超过其年产值的10倍。

4. 缴纳的耕地占用税或城镇土地使用税、土地登记费及征地管理费等

县市土地管理机关从征地费中提取土地管理费的比率，要按征地工作量大小，视不同情况，在1%~4%幅度内提取。

5. 征地动迁费

其内容包括：征用土地上的房屋及附属构筑物、城市公共设施等拆除、迁建补偿费、搬迁运输费及企业单位因搬迁造成的减产、停工损失补贴费、拆迁管理费等。

6. 水利水电工程水库淹没处理补偿费

其内容包括农村移民安置迁建费，城市迁建补偿费，库区工矿企业、交通、电力、通信、广播、管网、水利等的恢复、迁建补偿费，库底清理费，防护工程费，环境影响补偿费用等。

（二）土地使用权出让金

土地使用权出让金，指建设项目通过土地使用权出让方式，取得有限期的土地使用权，依照《中华人民共和国城镇国有土地使用权出让和转让暂行条例》规定，支付的土地使用权出让金。出让模式如下：

(1) 明确国家是城市土地的唯一所有者，并分层次、有偿、有限期地出让、转让城市土地。

(2) 城市土地的出让和转让可采用协议、招标、公开拍卖等方式。

(3) 在有偿出让和转让土地时，政府对地价不作统一规定，但应坚持以下原则：

1）地价对目前的投资环境不产生大的影响；

2）地价与当地的社会经济承受能力相适应；

3）地价要考虑已投入的土地开发费用、土地市场供求关系、土地用途和使用年限。

(4) 关于政府有偿出让土地使用权的年限，各地可根据时间、区位等各种条件作不同的规定，一般可在30~99年之间。按照地面附属建筑物的折旧年限来看，以50年为宜。

(5) 土地有偿出让和转让，土地使用者和所有者要签约，明确使用者对土地享有的权利和对土地所有者应承担的义务。

1）有偿出让和转让使用权，要向土地受让者征收契税；

2）转让土地如有增值，要向转让者征收土地增值税；

3）在土地转让期间，国家要区别不同地段，不同用途向土地使用者收取土地占用费。

二、与项目建设有关的其他费用

（一）建设单位管理费

建设单位管理费是指建设项目从立项、筹建、建设、联合试运转、竣工验收交付使用及后评估等全过程管理所需费用。其内容包括：

(1) 建设单位开办费。指新建项目为保证筹建和建设工作正常进行所需办公设备、生活家具、用具、交通工具等购置费用。

(2) 建设单位经费。包括工作人员的基本工资、工资性补贴、职工福利费、劳动保护费、劳动保险费、办公费、差旅交通费、工会经费、职工教育经费、固定资产使用费、工具用具使用费、技术图书资料费、生产人员招募费、工程招标费、合同契约公证费、工程质量监督检测费、工程咨询费、法律顾问费、审计费、业务招待费、排污费、竣工交付使用清理及竣工验收费、后评估等费用。不包括应计入设备、材料预算价格的建设单位采购及保管设备材料所需的费用。

建设单位管理费按照单项工程费用之和（包括设备工器具购置费和建筑安装工程费）乘以建设单位管理费率计算。

（二）勘察设计费

勘察设计费是指为本建设项目提供项目建议书、可行性研究报告及设计文件等所需费用。内容包括：

(1) 编制项目建议书、可行性研究报告及投资估算、工程咨询、评价以及为编制上述文件所进行勘察、设计、研究试验等所需费用；

(2) 委托勘察、设计单位进行初步设计、施工图设计及概预算编制等所需费用；

(3) 在规定范围内由建设单位自行完成的勘察、设计工作所需费用。

（三）研究试验费

研究试验费是指为建设项目提供或验证设计参数、数据资料等所进行的必要的试验费用以及设计规定在施工中必须进行试验、验证所需的费用，包括自行或委托其他部门研究试验所需的人工费、材料费、试验设备及仪器设备使用费和支付的科技成果、先进技术的一次性技术转让费。

（四）建设单位临时设施费

建设单位临时设施费是指项目建设期间建设单位所需临时设施的搭设、维修、摊销费用或租赁费用。它包括临时宿舍、文化福利及公用事业房屋及构筑物、仓库、办公室、加工厂以及规定范围内的道路、水、电、管线等临时设施和小型临时设施。

（五）工程监理费

工程监理费是指建设单位委托工程监理单位对工程实施监理工作所需费用。其具体收费标准按建设部有关规定计算。

（六）工程保险费

工程保险费是指建设项目在建设期间根据需要实施工程保险所需的费用。包括以各种建筑工程及其在施工过程中的物料、机器设备为保险标的的建筑工程一切险，以安装工程中的各种机器、机械设备为保险标的的安装工程一切险，以及机器损坏保险费。

（七）供电贴费

供电贴费是指建设项目按照国家规定应交付的供电工程贴费、施工临时用电贴费，是解决电力建设资金不足的临时对策。供电贴费是用户申请用电时，由供电部门统一规划并负责建设的110KV以下各级电压、外部供电工程的建设、扩充、改建等费用的总称。供电贴费只能用于为增加或改善用户用电而必须新建、扩建和改善的电网建设以及有关的业务支出，由建设银行监督使用，不得挪作他用。

（八）施工迁移费

施工机构迁移费是指施工机构根据建设任务的需要，经有关部门决定成建制地（指公司或公司所属工程处、工区）由原驻地迁移到另一个地区的一次性搬迁费用。费用内容包括：职工及随同家属的差旅费、调迁期间的工资和施工机械、设备、工具、用具和周转性材料的搬运费。

（九）引进技术和进口设备其他费用

引进技术和进口设备其他费用，包括出国人员费用、国外工程技术人员来华费用、技术引进费、分期或延期付款利息、担保费以及进口设备检验鉴定费。

（十）工程承包费

工程承包费是指具有总承包条件的工程公司，对工程建设项目从开始建设至竣工投产全过程的总承包所需的管理费用。具体内容包括组织勘察设计、设备材料采购、非标设备设计制造与销售、施工招标、发包、工程预决算、项目管理、施工质量监督、隐蔽工程检查、验收和试车直至竣工投产的各种管理费用。

三、与未来企业生产经费有关的其他费用

（一）联合试运转费

联合试运转费是指新建企业或新增加生产工艺过程的扩建企业在竣工验收前，按照设计规定的工程质量标准，进行整个车间的负荷或无负荷联合试运转发生的费用支出大于试运转收入的亏损部分。费用内容包括：试运转所需的原料、燃料、油料和动力的费用，机械使用费用，低值易耗品及其他物品的购置费用和施工单位参加联合试运转人员的工资等。试运转收入包括运转产品销售和其他收入。不包括应由设备安装工程费项下开支的单台设备调试费用及试车费用。联合试运转费一般根据不同性质的项目按需要试运转车间的工艺设备购置费的百分比计算。

（二）生产准备费

生产准备费是指新建企业或新增生产能力的企业，为保证竣工交付使用进行必要的生产准备所发生的费用。费用内容包括：

(1) 生产人员培训费，包括自行培训、委托其他单位培训的人员的工资、工资性补贴、职工福利费、差旅交通费、学习资料费、学习费、劳动保护费等。

(2) 生产单位提前进厂参加施工、设备安装、调试等以及熟悉工艺流程及设备性能等人员的工资、工资性补贴、职工福利费、差旅交通费、劳动保护费等。

生产准备费一般根据需要培训和提前进厂人员的人数及培训时间按生产准备费指标进行估算。

应该指出，生产准备费在实际执行中是一笔在时间上、人数上、培训深度上很难划分的活口很大的支出，尤其要严格掌握。

（三）办公和生产家具购置费

办公和生产家具购置费是指为保证新建、改建、扩建项目初期正常生产、使用和管理所必需购置的办公和生活家具、用具的费用。改、扩建项目所需的办公和生活用具购置费、应低于新建项目。其范围包括办公室、会议室、资料档案室、阅览室、文娱室、食堂、浴室、理发室、单身宿舍和设计规定必须建设的托儿所、卫生所、招待所、中小学校等家具购置费。

四、预备费

按我国现行规定，包括基本预备费和涨价预备费。

(一) 基本预备费

基本预备费是指在初步设计及概算内难以预料的工程费用。费用内容包括：

(1) 在批准的初步设计范围内，技术设计、施工图设计及施工过程中所增加的工程费用；设计变更、局部地基处理等增加的费用。

(2) 一般自然灾害造成的损失和预防自然灾害所采取的措施费用。实行工程保险的工程项目费用应适当降低。

(3) 竣工验收时为鉴定工程质量对隐蔽工程进行必要的挖掘和修复费用。

(二) 涨价预备费

涨价预备费是指建设项目在建设期间内由于价格等变化引起工程造价变化的预测、预留费用。费用内容包括：人工、设备、材料、施工机械的价差费，建筑安装工程费及工程建设其他费用调整，利率、汇率调整等增加的费用。

五、专项费用

专项费用主要包括下列三项内容。

(一) 固定资产投资方向调节税

为了贯彻国家产业政策，控制投资规模，引导投资方向，调整投资结构，加强重点建设，促进国民经济持续稳定协调发展，对我国境内进行固定资产投资的单位和个人（不含中外合资经营企业、中外合作经营企业和外商独资企业）征收固定资产投资方向调节税(简称投资方向调节税)。

投资方向调节税根据国家产业政策和项目经济规模实行差别税率，税率分别为0%、5%、10%、15%、30%五个档次。各固定资产投资项目按其单位工程分别确定适用的税率。计税依据为固定资产投资项目实际完成的投资额，其中更新改造项目为建筑工程实际完成的投资额。投资方向调节税按固定资产投资项目的单位工程年度计划投资额预缴，年终按年度实际完成投资额结算，多退少补；项目竣工后按全部实际完成投资额进行清算，多退少补。

(二) 建设期贷款利息

建设期贷款利息包括向国内银行和其他非银行金融机构贷款、出口信贷、外国政府贷款、国际商业银行贷款以及在境内外发行的债券等在建设期间内应偿还的借款利息。建设期借款利息实行复利计算。

(三) 经营性项目铺底流动资金

经营项目铺底流动资金是指经营性建设项目为保证生产和经营正常进行，按规定应列入建设项目总资金的铺底流动资金。根据有关规定，铺底流动资金可按建设项目或投产时流动资金实际需要量的30%计算，列入总概算表，但不构成建设项目总造价（概算价值)。该资金在项目竣工投产后，计入生产流动资金。

第五节　建设项目总概算的编制

建设项目总概算是设计文件的重要组成部分，是确定整个建设项目从筹建到竣工交付使用所预计花费的全部费用的文件。它是根据各个单项工程综合概算及工程建设其他费用概算，按照主管部门规定的统一表格进行汇总编制而成的。

一、总概算文件的组成

总概算文件一般应包括：封面及目录、编制说明、总概算表、工程建设其他费用概算表、单项工程综合概算表、单位工程概算表、工程量计算表、分年度投资汇总表与分年度资金流量汇总表以及主要材料汇总表与工日数量表等。现将有关主要问题说明如下：

（一）封面、签署页及目标

封面、签署页格式如表 7-3 所示。

（二）编制总说明

编制总说明应包括下列内容：

(1) 工程概况。简要说明建设项目的地址、名称、特点、规模、建设周期等主要情况。工业建设项目还需说明主要生产产品的种类、生产能力以及厂外工程的主要情况等。

(2) 资金来源及投资方式。

(3) 编制依据及编制原则。说明编制概算时所依据的技术经济文件、设计文件、各类定额（包括补充定额）、材料预算价格、设备预算价格以及费用定额等。

(4) 编制方法。说明设计概算是采用概算定额法，还是采用概算指标法等。

(5) 投资分析。主要说明各项投资的比例以及与类似工程相比较，分析该工程投资高低原因，评估该工程设计是否经济合理、技术是否先进等情况。

封面、签署页格式　　　　**表 7-3**

建设项目设计概算文件
建设单位＿＿＿＿＿＿＿＿＿＿＿＿
建设项目名称＿＿＿＿＿＿＿＿＿＿
设计单位（或工程造价咨询单位）＿＿＿＿＿＿
编制单位＿＿＿＿＿＿＿＿＿＿＿＿
编制人（资格证号）＿＿＿＿＿＿＿
审核人（资格证号）＿＿＿＿＿＿＿
项目负责人＿＿＿＿＿＿＿＿＿＿＿
总工程师＿＿＿＿＿＿＿＿＿＿＿＿
单位负责人＿＿＿＿＿＿＿＿＿＿＿
年　　月　　日

(6) 主要设备和材料情况。说明主要机械设备、电气设备选型、造价情况及主要设备、主要材料（钢材、木材、水泥等）的数量和解决途径等。

(7) 其他有关需要说明的问题。

(三) 总概算表

总概算表应反映建设项目静态投资和动态投资两个部分。静态投资是按设计概算编制期价格、费率、利率、汇率等确定的投资；动态投资是指概算编制期到竣工验收前的工程和价格变化等多种因素所需的投资。总概算表中的费用名称主要由两部分组成。如表 7-6 所示。

1. 工程项目费用

这部分费用依据各单项工程的不同用途，分为主要生产工程项目、辅助生产工程项目、公用设施工程项目和生活福利工程项目等。以工业建设项目为例，其内容划分为：

(1) 主要生产工程项目，主要根据建设项目的性质和设计要求来确定，是指建成后能独立发挥效益的单项工程，如装配车间、铸造车间、锻工车间等。

(2) 辅助生产工程项目，是指维持正常生产、保证主要生产设备的维修而建设的单项工程。如机修车间、电修车间、木工车间等。

(3) 公用设施工程项目，是指为主要生产和辅助生产服务配套的有关供电及电讯工程、给排水工程、供气工程、总图运输工程等。其内容包括：

1) 给排水工程，如各类泵房、水塔、水池、污水处理及其外管道工程等；

2) 供电及电讯工程，如变电配电所、广播站、电话系统及其外线工程等；

3) 供暖、煤气工程，如锅炉房、供热站、煤气站及其外管道工程等；

4) 总图运输工程，如站台、码头、铁路专用线、厂区道路、运输车辆、围墙及大门等。

(4) 生活福利、文化教育及服务性工程项目，主要是指为生产与生活服务的工程项目。如住宅、办公楼、消防设施、食堂、浴室、卫生所、托儿所、学校、俱乐部等。

2. 工程建设其他费用

工程建设其他费用的内容详见本章第四节。

(四) 工程建设其他费用概算表

(五) 单项工程综合概算表和建筑安装单位工程概算表

(六) 工程量计算表和工、料数量汇总表

(七) 分年度投资汇总表和分年度资金流量汇总表

这两个表格的格式如表 7-4、表 7-5 所示。

二、设计概算编制实例

某造纸厂工业建设项目总概算是按工程所在地的现行概算定额和设备、材料市场价编制的，如表 7-6 所示。其他各种表格从略。

分年度投资汇总表

表 7-4

建设项目名称__________　　　　　　　　第　页　共　页

序号	主项号	工程项目或费用名称	总投资（万元）		分年度投资（万元）								备注
					第一年		第二年		第三年				
			总计	其中外币（币种）	总计	其中外币（币种）	总计	其中外币（币种）	总计	其中外币（币种）	总计	其中外币（币种）	

编制：　　　　　　　　校对：　　　　　　　　审核：

分年度资金流量汇总表

表 7-5

建设项目名称__________　　　　　　第　页　共　页

序号	主项号	工程项目或费用名称	资金总供应量（万元）		分年度资金供应流量（万元）								备注
					第一年		第二年		第三年				
			总计	其中外币（币种）	总计	其中外币（币种）	总计	其中外币（币种）	总计	其中外币（币种）	总计	其中外币（币种）	

编制：　　　　　　　　校对：　　　　　　　　审核：

某造纸厂工业建设项目总概算

建设项目：某造纸厂

表 7-6

序号	主项号	工程项目或费用名称	建设规模（t/年）	概算价值(万元)										技术经济指标		占总投资（%）	
				静态部分							动态部分		静、动态合计	静态指标（元/t）	动态指标（元/t）	静态部分	动态部分
				建筑工程费	设备购置费		安装工程费	其他	合计	其中外币（币种）	合计	其中外币（币种）					
					需安装设备	不需安装设备											
一		工程费用															
	1	主要生产工程	11550	350.48	1203.04	195.00	221.13		1969.65				1969.65				
	2	辅助生产工程		96.50	50.08	5.10	5.89		157.57				157.57				
	3	公用设施工程		1220.16	126.00	98.21	132.56		1576.93				1576.93				
		小　计		1667.14	1379.12	298.31	359.58		3704.15				3704.15	3207.06			

续表

序号	主项号	工程项目或费用名称	建设规模(t/年)	概算价值(万元)										技术经济指标		占总投资(%)	
				静态部分							动态部分		静、动态合计	静态指标(元/t)	动态指标(元/t)	静态部分	动态部分
				建筑工程费	设备购置费		安装工程费	其他	合计	其中外币(币种)	合计	其中外币(币种)					
					需安装设备	不需安装设备											
二		工程建设其他费用															
	1	土地征用费						127.28	127.28				127.28				
	2	勘察设计费						45.55	45.55				45.55				
	3	其他						268.57	268.57				268.57				
		小　计						441.40	441.40				441.40	382.16			
三		预备费															
	1	基本预备费						310.77	310.77				310.77	269.06			
	2	涨价预备费									364.60		364.60		315.67		
		小计						310.77	310.77		364.60		675.37				
四		投资方向调节税									40.00		40.00		34.63		
五		建设期贷款利息									31.70		31.70		27.45		
	合计		11550	1667.14	1379.12	298.31	359.58	752.17	4456.32		436.30		4892.62	3585.28	377.75	91.08	8.92

第六节　设计概算的审查

一、审查设计概算的意义

经批准的设计概算是控制和确定建设项目造价，编制固定资产计划，以及考核设计经济合理性的依据。设计概算偏高或偏低，不仅影响工程造价的控制，也会影响投资计划的真实性，影响投资资金的合理分配。所以，对建设项目的设计概算进行认真的审查有其重要意义。

(1) 审查设计概算，有利于合理分配投资资金、加强投资计划管理，有利于合理确定和有效控制工程造价。

(2) 审查设计概算，可以促进概算编制单位严格执行国家有关概算的编制规定和费用标准，从而提高概算的编制质量。

(3) 审查设计概算，有助于促进设计的技术先进性与经济合理性。概算中的技术经济指标，是概算的综合反映，与同类工程对比，便可看出它的先进与合理程度。

(4) 审查设计概算，有利于核定建设项目的投资规模，可以使建设项目总投资作到准确、完整，防止任意扩大投资规模或出现漏项，从而减少投资缺口，缩小概算与预算之间的差距，避免故意压低概算投资，搞钓鱼项目，最后导致实际造价大幅度地突破概算。

(5) 经审查的概算，为建设项目投资的落实提供了可靠的依据。打足投资，不留缺口，有利于提高建设项目的投资效益。

二、设计概算的审查内容

1. 审查设计概算的编制依据

审查的重点有：

(1) 审查编制依据的合法性。采用的各种概算编制依据必须经过国家和授权机关的批准，符合国家的编制规定，未经批准的不能采用。也不能强调情况特殊，擅自提高概算定额，指标或费用标准。

(2) 审查编制依据的时效性。各种依据，如定额、指标、价格、取费标准等，都应根据国家有关部门的现行规定进行，注意有无调整和新的规定，如有，应按新的调整方法和规定执行。

(3) 审查编制依据的适用范围。各种编制依据都有规定的适用范围，如各主管部门规定的各种专业定额及其取费标准，只适用于该部门的专业工程；各地区规定的各种定额及其取费标准，只适用于该地区范围内，特别是地区的材料预算价格区域性更强，如某市有该市区的材料预算价格，还有郊区内一个矿山的材料预算价格，在编制该矿区某工程概算时，应采用该矿区的材料预算价格。

2. 审查概算编制深度

(1) 审查编制说明。审核编制说明可以检查概算的编制方法、深度和编制依据等重大原则问题，若编制说明有差错，具体概算必有差错。

(2) 审查概算编制深度。一般大中型项目的设计概算，应有完整的编制说明和“三级概算”(即总概算表、单项工程综合概算表、单位工程概算表)，并按有关规定的深度进行编制。审查是否有符合规定的“三级概算”，各级概算的编制、核对、审核是否按规定签署，有无随意简化，有无把“三级概算”简化为“二级概算”，甚至“一级概算”。

(3) 审查概算的编制范围。审查概算编制范围及具体内容是否与主管部门批准的建设项目范围及具体工程内容一致；审查其他费用应列的项目是否符合规定，静态投资、动态投资和经营性项目铺底流动资金是否分别列出等。

3. 审查建设规模、标准

审查概算的投资规模、生产能力、设计标准、建设用地、建筑面积、主要设备、配套工程、设计定员等是否符合原批准可行性研究报告或立项批文的标准。如超过，投资可能增加，如概算总投资超过原批准投资估算 10%以上，应进一步审查超估算的原因。

4. 审查设备规格、数量和配置

工业建设项目设备投资比重大，一般占总投资 30%～50%，要认真审查。审查所选用的设备规格、台数是否与生产规模一致，材质、自动化程度有无提高标准，引进设备是否配套、合理，备用设备台数是否适当，消防、环保设备是否计算等等。还要重点审查设备价格是否合理、是否符合有关规定，如国产设备应按当时询价资料或有关部门发布的出厂价、信息价，引进设备应根据询报价或合同价编制概算。

5. 审查工程费

建筑安装工程投资是随工程量增加而增加，要认真审查。要根据初步设计图纸、概算定额及工程量计算规则、专业设备材料表、建构筑物和总图运输一览表进行审查，有无多算、重算、漏算。

6. 审查计价指标

审查建筑工程采用工程所在地区的计价定额、费用定额、价格指数和有关人工、材料、机械台班单价是否符合现行规定；审查安装工程所采用的专业部门或地区定额是否符合工程所在地区的市场价格水平，概算指标调整系数、主材价格、人工、机械台班和辅材调整系数是否按当时最新规定执行；审查引进设备安装费率或计取标准、部分行业专业设备安装费率是否按有关规定计算等。

7. 审查其他费用

工程建设其他费用投资约占项目总投资25%以上，必须认真逐项审查。审查费用项目是否按国家统一规定计列，具体费率或计取标准是否按国家、行业或有关部门规定计算，有无随意列项、有无多列、交叉计列和漏项等。

三、审查设计概算的方法

在进行设计概算审查时，为确保审查质量和提高审查效率，要选择合宜的审查方法，常用的方法有：

1. 查询核实法

查询核实法是对一些关键设备和设施、重要装置、引进工程图纸不全、难以核算的较大投资进行多方查询核对，逐项落实的方法。主要设备的市场价向设备供应部门或招标公司查询核实；重要生产装置、设施向同类企业（工程）查询了解；引进设备价格及有关费税向进出口公司调查落实；复杂的建筑安装工程向同类工程的建设、承包、施工单位征求意见；深度不够或不清楚的问题直接同原概算编制人员、设计者询问清楚。

2. 对比分析法

对比分析法是通过建设规模、标准与立项批文对比；工程数量与设计图纸对比，综合范围、内容与编制方法、规定对比；各项取费与规定标准对比，材料、人工单价与统一信息对比；引进投资与报价要求对比；技术经济指标与同类工程对比等等，容易发现设计概算存在的主要问题和偏差。对比分析法能较快较好地判别设计概算的偏差程度和准确性。

3. 主要问题复核法

复核法对审查中发现的主要问题，偏差大的工程进行复核，对重要、关键设备和生产装置或投资较大的项目进行复查。复核时应尽量按照编制规定或对照图纸进行详细核算，慎重、公正地纠正概算偏差。

4. 分类整理法

对审查中发现的问题和偏差，对照单项、单位工程的顺序目录，先按设备费、安装费、建筑费和工程建设其他费用分类整理。然后按照静态投资、动态投资和铺底流动资金三大类，汇总核增或核减的项目及其投资额。最后将具体审核数据，按照“原编概算”、

“审核结果”、“增减投资”、“增减幅度”四栏列表，并照原总概算表汇总顺序，将增减项目逐一列出，相应调整所属项目投资合计，再依次汇总审核后的总投资及增减投资额。

5. 联合会审法

联合会审前，可先采取多种形式审查，包括设计单位自审，主管、建设、承包单位初审，工程造价咨询公司评审，邀请同行专家预审，审批部门复核等，经层层审查把关后，由有关单位和专家进行会审。在会审大会上，由设计单位介绍概算编制情况及有关问题，各有关单位、专家汇报初审，预审意见。然后进行认真分析、讨论，结合对各专业技术方案的审查意见所产生的投资增减，逐一核实原概算出现的问题。经过充分协商，认真听取设计单位意见后，实事求是地处理、调整。对于差错较多、问题较大或不能满足要求的，责成按会审意见修改返工后，重新报批；对于无重大原则问题，深度基本满足要求，投资增减不多的，当场核定概算投资额，并提交审批部门复核后，正式下达审批概算。

第八章　施工预算和“两算”对比

施工预算是施工企业在单位工程开工之前编制的单位工程所需的人工、材料、施工机械台班消耗量和直接费标准，用于指导施工和进行企业内部经济核算。

第一节　施工预算的作用及编制依据

一、施工预算的作用

1. 编制施工作业计划的依据

施工作业计划是施工企业计划管理的中心环节，也是计划管理的基础和具体化。根据施工作业计划，或分部、分层、分段的工程量、劳动力和材料需要量等安排施工作业计划。

2. 施工队向班组签发施工任务单和限额领料单的依据

施工任务单是把施工作业计划贯彻落实到施工班组的计划文件，是记录班组完成任务情况和结算工人工资的凭证，也是考核施工中工料超用或节约情况，开展班组经济核算的基础。施工任务单和限额领料单，均要根据施工预算中的工程量、人工和材料消耗量等制定。

3. 计算计件工资和超额奖励、实行按劳分配的依据

施工预算所确定的工料消耗，是施工班组在施工过程中控制工料消耗的标准，对于节余部分的工料，即为施工班组计算超额奖和材料节约奖的依据。在施工中利用施工预算衡量工人的劳动成果，使工人的劳动成果与个人应得报酬联系起来，很好地体现了多劳多得的社会主义按劳分配的原则。

4. 保证降低成本的有利手段

计算施工预算的工程量、人工、材料数量时，一般都把降低成本技术措施的因素考虑在内。因此，在施工中只要严格按施工预算的工料消耗实行有计划地控制，保证技术和节约措施的实施，就能达到降低工程实际成本的目的。

5. 施工企业进行经济活动分析和“两算”对比的依据

施工企业开展经济活动分析，是提高和加强企业经营管理的有效手段。通过经济活动分析，可以找出企业管理中的薄弱环节和存在问题，提出加强和改进的具体办法，从而进一步提高企业的管理水平。

有了施工预算制度，施工企业的市场营销、计划、技术、供应、劳资与财务管理部门和施工项目经理部可以根据施工预算直接费及其实物耗用量，结合施工组织设计及其施工进度安排，准确地编制出该施工项目的年、季、月（或周、日）的劳动力、材料（包括周转材料）、构件、机具设备及资金的使用计划。因此，施工预算是编制施工作业计划、劳动力、材料及机具设备计划和施工进场计划的依据；是实行按劳分配、限额用工用料、下

达施工任务书的依据；是编制现场施工项目台帐，实行企业内部项目经营目标承包，进行施工项目成本全面管理与核算的重要依据；也是施工企业完善施工图预算与施工预算“两算”对比，进行经济活动分析和工程财务成本核算的基本依据。

二、施工预算的编制依据

(1) 施工图纸、设计说明书及有关标准图集。

(2) 经过批准后的施工图预算。施工图预算的造价，是确定建筑施工企业预计收入的依据；而施工预算确定的费用，则是建筑施工企业控制各项费用预计支出的依据。因此，在编制施工预算时，应把施工预算和施工图预算进行对比，使施工预算各方面消耗不超出施工图预算。另外，编制施工预算时，应尽量利用施工图预算的有关计算结果，这样可以节省时间，减少计算工作量，避免重复性的工作。

(3) 现行施工定额和补充定额或国家劳动定额、材料消耗定额、机械台班消耗定额及预算定额。施工定额是确定施工预算中人工、材料、机械台班需要量的依据。对于没有地区性施工定额的施工企业，在编制施工预算时，可采用混 合使用定额的方法。如人工部分采用全国建筑安装工程统一劳动定额和各地区的补充劳动定额；材料部分按照预算定额规定的用量（需调整损耗率）或按图纸及规定的计算方法加损耗率计算；至于机械使用方面，除一次性施工量较大的工程采用单一的专业化机械能较好地发挥机械效率之外，一般工程都很难发挥机械的应有效率，按定额台班计算与实际出入较大。因此，套用预算定额计算机械台班量，应根据实际情况加以调整，才能作为现场配备机具和使用量的参考。

(4) 批准后的施工组织设计或施工方案。编制施工预算时，要根据施工组织设计中规定的施工方法、施工机械、技术组织措施、现场平面布置、运输距离等因素，合理地选套定额和进行各方面的计算。

(5) 现行的地区人工工资标准、材料预算价格和机械台班价格、市场信息价格和其他有关费用标准等资料。

(6) 其他有关技术资料。编制施工预算时，还必须具备与之有关的一些技术资料。如建筑材料手册、预算工作手册、建筑施工机械手册等，可作为编制施工预算过程中选择材料性能、型号、规格和进行单位体积、重量换算的依据。

第二节　施工预算的内容

施工预算的内容，主要由编制说明和各种计算表格两大部分组成。

一、编制说明的内容

(1) 工程概况。工程名称、性质、规模、建设地点、建筑面积、层数、结构特征、装饰标准及施工期限等。

(2) 编制依据。采用的施工图纸名称和编号及有关标准图集、采用的施工定额及单位估价表、采用的单位工程施工组织设计或施工方案。

(3) 施工技术措施。机械化施工的部署、土方调配方法、新技术或代用材料的采用、质量及安全技术措施、施工中可能发生的问题及处理方法等。

(4) 本预算已考虑的问题。图纸会审记录中的修改及局部设计变更、施工中采取的降低成本措施和其他方面已考虑的问题等。

(5) 遗留项目和暂估项目有哪些，并说明原因及处理办法。

(6) 工程中尚存在及需待解决的其他问题。

二、表格部分的内容

(1) 工程量计算表和汇总表。工程量计算表与施工图预算相同。工程量汇总表见表8-1。

工程量汇总表 **表 8-1**

工程名称：

序号	定额编号	分项工程名称	单　位	工　程　量	备　　注

审核： 制表：

(2) 工料分析及工料分析汇总表，同施工图预算。

(3) 各种构配件加工明细表，见表 8-2 ~ 8-9。

钢筋混凝土预制构件加工表 **表 8-2**

工程名称：

序号	构件名称	构件编号	采用图集	单位	数量	混凝土强度等级	每一构件		混凝土总量	预算价值（元）		备注
							混凝土（m^3）	重量（t）		单价	合计	

审核： 制表：

(4) 周转材料需用量表见 8-10。

(5) 施工机具需用量表见 8-11。

(6) 施工预算表，同施工图预算。

7. 两算对比表见 8-12、表 8-13。

钢筋混凝土预制构件钢筋明细表 **表 8-3**

工程名称：

序号	构件名称	单位	数量	钢　筋　用　量　(kg)							备　注
				$\phi6$	$\phi8$	$\phi10$	…	…	…	合计	

审核： 制表：

钢筋混凝土预制构件预埋件明细表　　　　表 8-4

工程名称：

序号	构件名称	构件编号	采用图集	钢筋用量（kg）						备注
				L	[	…	…	…	合计	

审核：　　　　　　　　制表：

金属构件加工表　　　　表 8-5

工程名称：

序号	构件名称	构件编号	采用图集	技术要求	单位	数量	单重（kg）	总重（t）	预算价值（元）		备注
									单价	合计	

审核：　　　　　　　　制表：

金属构件加工材料明细表　　　　表 8-6

工程名称：

序号	构件名称	构件编号	单位	数量	钢材用量（kg）						备注
					[	L	…	…	…	合计	

审核：　　　　　　　　制表：

门　窗　加　工　表　　　　表 8-7

工程名称：

序号	名　　称	型　号	洞口尺寸	图　号	计划数量		预算价值（元）		备注
			宽×高		单位	数量	单价	合计	

审核：　　　　　　　　制表：

门窗五金明细表 表 8-8

工程名称：

序号	五金名称	规格	单位	数量	备注

审核： 制表：

木材加工明细表 表 8-9

工程名称：

序号	木材种类	规格	单位	数量	木材材积（m^3）	备注

审核： 制表：

周转材料需用量表 表 8-10

工程名称：

序号	材料名称	规格	单位	数量	体积或重量	备注

审核： 制表：

施工机具需用量表 表 8-11

工程名称：

序号	施工机具名称	型号规格	需用数量（台）	总需用台班数	使用期限

审核： 制表：

分部工程“两算”对比表 表 8-12

工程名称：

<table>
<tr><th rowspan="2">序号</th><th rowspan="2">分部工程名称</th><th colspan="3">直接费</th><th colspan="3">人工费</th><th colspan="3">材料费</th><th colspan="3">机械费</th><th rowspan="2">备注</th></tr>
<tr><th>施工图预算</th><th>施工预算</th><th>差额</th><th>施工图预算</th><th>施工预算</th><th>差额</th><th>施工图预算</th><th>施工预算</th><th>差额</th><th>施工图预算</th><th>施工预算</th><th>差额</th></tr>
<tr><td>1</td><td>土方工程</td><td></td><td></td><td></td><td></td><td></td><td></td><td></td><td></td><td></td><td></td><td></td><td></td><td></td></tr>
<tr><td>2</td><td>砖石工程</td><td></td><td></td><td></td><td></td><td></td><td></td><td></td><td></td><td></td><td></td><td></td><td></td><td></td></tr>
<tr><td>3</td><td>钢筋混凝土工程</td><td></td><td></td><td></td><td></td><td></td><td></td><td></td><td></td><td></td><td></td><td></td><td></td><td></td></tr>
<tr><td></td><td>…</td><td></td><td></td><td></td><td></td><td></td><td></td><td></td><td></td><td></td><td></td><td></td><td></td><td></td></tr>
</table>

审核： 制表：

单位工程"两算"对比表 表8-13

工程名称：

序号	项目名称	单位	施工图预算			施工预算			数量差			金额差		
			数量	单价（元）	合计（元）	数量	单价（元）	合计（元）	节约	超支	%	节约	超支	%
一	直接费	元												
	其中：													
	折合一级工	工日												
	材料费	元												
	机械费	元												
二	主要材料													
	钢　材	t												
	木　材	m^3												
	水　泥	t												
	玻　璃	m^2												
	沥　青	t												
	红　砖	千块												
	…													

审核： 制表：

第三节　施工预算的编制方法和步骤

一、施工预算的编制方法

施工预算是施工企业内部进行项目成本与经济核算的技术经济文件，其内容组成一般只包括直接费和必要时所涉及的部分管理费（如现场经费等）。因此在编制时：①注重直接费预算；②采用定额的水准应反映企业内的工、料、机平均先进的消耗水平，先进企业应接近于现场实际成本消耗水平；③施工预算细目的划分比施工图预算更细，并应与施工组织设计规定的施工方案、施工段（层）的划分、技术组织措施、施工顺序和施工进度计划、作业计划相适应；④施工预算与现场的实际施工应紧密联系，符合施工项目组织与现场管理的特征，更有利于项目成本的计划与控制及以项目为重点的经济活动分析与经济核算。施工预算的编制有实物法和实物金额法两种。

1. 实物法

实物法是一种只计算人工、材料和机械台班消耗数量的施工预算编制方法。它适宜采用只编有工料机耗用量，未列预算价值的施工定额。实物法是根据施工图、施工定额或劳动定额中的工程量计算规则计算工程量，然后套用定额，列表计算得出人工、材料和施工机械台班消耗量。它是目前多数施工企业所采用的一种编制方法。

2. 实物金额法

实物金额法是一种不仅要计算人工、材料和机械台班消耗数量；还要计算直接费及所含人工费、材料费和机械费的施工预算编制方法。用实物金额法编制施工预算有两种情况。

(1) 根据实物法所计算出的人工、材料和机械台班消耗数量，分别乘以当地工资标准和材料、机械台班预算单价，并汇总求得工程直接费及所含人工费、材料费和机械台班费。

(2) 根据施工定额的规定计算出工程量后，直接套用相应施工定额的单价，得出合价，再将各分项工程的合价相加，求得相应的单位工程直接费，以及所含人工费、材料费和机械台班费，并计算出工程所需的人工、材料和机械台班数量。

二、施工预算的编制步骤

1. 收集、熟悉和审查编制依据，进行施工条件分析

在编制施工预算之前，编制者要收集到全部依据资料，认真审查施工图纸及有关标准图集、施工组织设计和技术组织措施等资料，掌握施工定额、现场经费定额标准的内容及使用方法等基础资料，查看资料是否齐全，内容有无错误。熟悉和掌握施工现场情况，进行施工条件分析，特别应注意节约资源和提高劳动生产率措施的分析。

2. 划分分部分项工程，排列工程预算细目

根据已会审的施工图纸及设计说明的要求，并根据施工组织设计或施工方案中规定的施工方法、施工顺序、施工层、施工段及作业方式等，一般按照施工定额项目划分，并依照施工定额手册的项目顺序排列，有时为签发任务单方便，也可按施工方案确定的施工顺序或流水施工的分层分段排列，填入工程量计算表中。

施工预算项目的划分，与划分施工图预算工程细目相比有着不同的特点。施工预算划分分部工程一般不按预算定额的十三个分部工程划分和排列，而应按照建筑物或构筑物的结构部分和施工顺序划分其分部工程。例如，一幢砖混住宅建筑工程的分部工程，可按砖基础工程、主体结构工程、屋面工程、装饰工程和其他工程来划分和排列细目。分部子项的划分，一般按工作内容，比施工图预算所划子项更细，作业性更强。划分子项是以人工消耗定额、材料消耗定额和机械台班消耗定额为依据，同时还必须考虑到施工现场分层分段工序流水作业，工序作业的工、料、机数量统计，应满足限额用工、用料作业计划，达到控制现场施工作业消耗和实际成本的目的。因此，施工预算各分部分项工程子项的划分，应以施工定额分项名称及其规定的工作内容范围为依据，并考虑施工作业顺序。例如前述砖基础工程分部项中，其子项可划为挖土方、做垫层、砌砖基础、做防潮层和土方回填夯实、外运土等子项。又如钢筋混凝土条形基础，其子项一般可分为：挖土方、做垫层、扎钢筋、浇基础混凝土、砌砖基、做防潮层、土方回填夯实、外运土等。如果在基础土方施工中须支护土方时，还应增加土方支撑子项。再如在施工图预算中现浇钢筋混凝土框架分项是按柱、梁、板划分，而在施工预算子项中，还须将柱、梁、板细分为支模、扎筋、浇混凝土等分部分项子项。此外，一般建筑工程中的脚手架工程，在施工图预算中是

以建筑面积和综合脚手架定额项目为计算基数，脚手架工程划分为综合脚手架项目和室内天棚装饰工程的满堂脚手架项目两种；而在施工预算中，墙体脚手架是以墙体的投影面积和相应定额项目为计算基数，脚手架工程项目可划分为外架子、里架子和斜道工程、满堂架子、独立柱架子等分部分项子项。在其他分部工程中，同样有上述分项的特点。

施工预算分部分项工程的划分，仍可按施工图预算“先分部，后分项”的步骤进行，对预算工程细目的基本要求，与施工图预算划项排序相同，如划分项目的工程分项名称、定额号、内容、范围，必须与施工定额相应的规定一致，不能有漏项、错项、重项等。

3. 计算分项工程量

施工预算分项细目确定以后，便可着手计算各分项工程量。分项工程量计算表见表8-14。

施工预算工程量计算表 **表 8-14**

工程名称：

序号	分部（项）名称	部位与编号	单位	计算式	数量
一	人力土方工程				
1	挖地槽、三类土、上宽 1.5m 内		m^3	同施工图预算	21
2	地槽回填土		m^3	同施工图预算	11
3	房心就地回填土及打夯		m^3	同施工图预算	10
4	地坪原土打夯		m^2	同施工图预算	30
二	架子工程				
1	单排外架子（4 步）		m	按实搭步数延长来计算 [（5.24 + 1.5）+（7.24 + 1.5）] × 2 边 = 30.96	30.96
2	护身栏杆		m	同外架子长	30.96
3	里架子（工具式，1 步）		m	按架子中心延长米计算，4.76 × 2 层 = 9.52	9.52
4	卷扬机架		座		1

审核： 制表：

4. 套用定额，计算施工预算直接费

工程量计算之后，应确定和套用施工定额，计算施工预算直接费。一般在划分和确定分部分项工程细目时，已基本确定了应采用的定额分项，确定了计算直接费和进行工、料、机分析的基数。

计算施工预算工程直接费的程序和步骤，可按“先分项，后分部，再单位工程”的程序进行，并将其计算结果分别填写在施工预算表中，如表8-15。

施　工　预　算　表　　　　**表8-15**

工程名称：

<table>
<tr><th rowspan="3">序号</th><th rowspan="3">定额号</th><th rowspan="3">分部（项）名称</th><th rowspan="3">单　位</th><th rowspan="3">数　量</th><th colspan="5">预算价值（元）</th></tr>
<tr><th rowspan="2">单价</th><th rowspan="2">合计</th><th colspan="3">其中</th></tr>
<tr><th>人工</th><th>材料</th><th>机械</th></tr>
<tr><td>一</td><td></td><td></td><td></td><td></td><td></td><td></td><td></td><td></td><td></td></tr>
<tr><td>1</td><td></td><td></td><td></td><td></td><td></td><td></td><td></td><td></td><td></td></tr>
<tr><td>2</td><td></td><td></td><td></td><td></td><td></td><td></td><td></td><td></td><td></td></tr>
<tr><td></td><td>…</td><td></td><td></td><td></td><td></td><td></td><td></td><td></td><td></td></tr>
<tr><td></td><td colspan="6">人工、材料、机械费分项合计</td><td></td><td></td><td></td></tr>
<tr><td rowspan="2"></td><td colspan="2" rowspan="2">直接费</td><td colspan="4">小写</td><td colspan="3">大写</td></tr>
<tr><td colspan="4">合计</td><td colspan="3">合计</td></tr>
</table>

审核：　　　　　　　　　　　　　　　　　　　　　　　　制表：

5. 工料机分析与汇总

分析和计算各分部（项）的工、料、机耗用量，统计分部工程耗用量和单位工程耗用量。其具体程序与上述费用计算一样，按“先分项，后分部，再单位工程”的步骤进行。其计算式分别为：

某分部分项人工（或材料或机械台班）需用量 = 某分项人工（或材料或机械台班）定额用量 × 某分项工程量

某分部工程人工（或材料或机械台班）需用量 = $\sum$该分部分项人工（或材料或机械台班）需用量

单位工程人工（或材料或机械台班）需用量 = $\sum$分部人工（或材料或机械台班）需用量

工料机的分析、统计与汇总，可按施工预算细目分项，以各分项相应的工、料、机定额消耗量为依据，逐项进行。

6. 编写施工预算编制说明

按编制说明的内容，简单明了地将编制依据、考虑因素、存在问题和处理方法等加以说明，然后将编制说明和有关计算表格装订成册，组成施工预算文件。

施工预算编制步骤见图 8-1 所示。

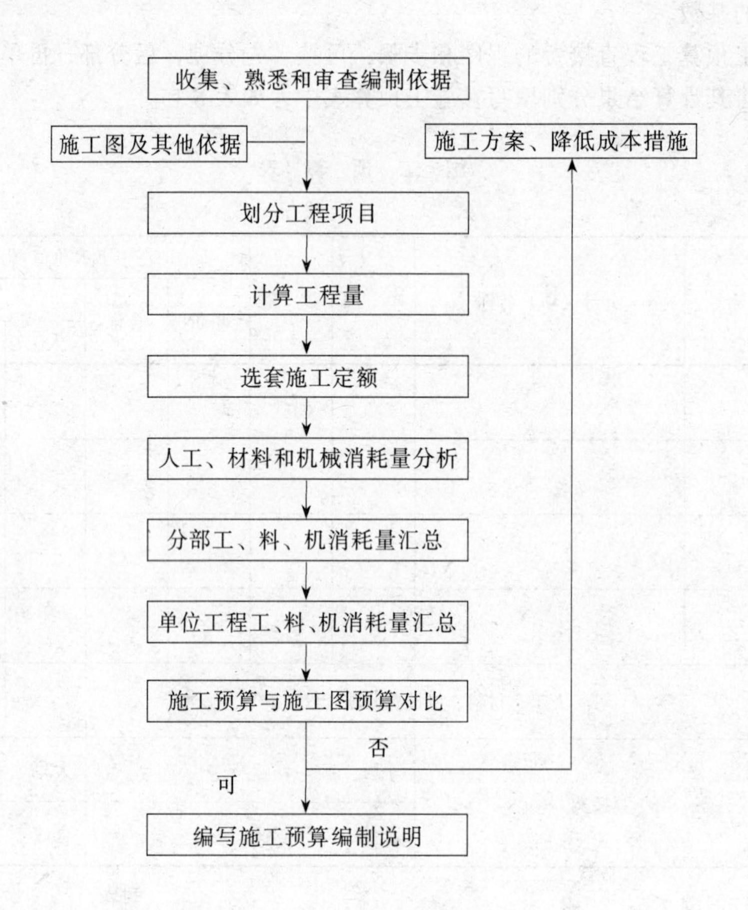

图 8-1　施工预算编制程序

三、编制施工预算应注意的问题

(1) 编制施工预算的主要目的，是有利于施工企业在现场施工中能有效地进行施工活动经济分析、项目成本控制与项目经济核算。因此，划分项目应与施工作业安排尽可能一致，采用定额应符合本企业接近平均先进的消耗水平，使其能够有效地降低实际成本。

(2) 当施工定额中只给出砌筑砂浆和混凝土标号，而没有给出原材料配比时，应按定额附录《砂浆配合比表》与《混凝土配合比表》的使用说明进行换算，求得原材料用量。

(3) 在人工分析中应包括其他用工，如各工种搭接和单位工程之间转移作业地点影响工效的用工，临时停电、停水，个别材料超运距及其他不能计算的直接用工等。

(4) 钢筋混凝土构件中的钢筋和铁件，应按施工图计算重量后，再另加损耗量进行计算，不得直接套用定额分析工料。如果钢筋、铁件实际用量与定额规定用量不一致时，应按定额《钢筋、铁件增减调整表》进行调整。

(5) 凡属在外单位加工的成品、半成品的工程项目（如钢筋混凝土构件、金属构件、木门窗等），可不进行工料分析。但在本企业附属加工厂、预制厂加工的构配件，可另行编制施工预算，与现场施工的项目区别开，以便基层施工单位进行施工管理和经济核算。

第四节 “两算”对比

施工预算和施工图预算对比（以下简称“两算”对比）是施工企业进行经济活动分析，提高企业管理水平的一种手段。通过“两算”对比，可以反映成本的预算期效果，找出工程施工中节约或超出的原因，以便进行调查研究，提出解决措施，保证工程预算成本能有效地控制工程计划成本，达到节约人工、材料和机械用量，降低成本和提高企业经济效益的目的。通过“两算”对比分析，还可使施工预算和施工图预算起到互审的作用。发现差异时，可及时找出原因，加以纠正。既可以保证符合国家的方针政策要求，防止多算或漏算，确保企业的合理收入；又可以使施工准备工作中的人工、材料和机械台班数量，做到准确无误，确保施工生产的顺利进行；还可以使企业领导和管理部门掌握收支情况，进而提高企业的核算水平和经济效益。

应当指出，目前一些施工企业用个别项目经验成本代替施工预算，并相应忽视了施工的有关基础工作，此类做法显然是错误的倾向。从本质上讲，施工图预算是国家（社会）根据社会平均先进的劳动消耗水平，对施工企业在生产过程中所消耗的劳动代价的价值补偿（即预算成本）。施工预算是施工企业内部为完成一个建筑产品的计划成本。显然，“两算”对比是施工企业为完成建筑产品可能得到的收入与计划支出的分析对比。通过“两算”对比分析，找到企业计划与社会平均先进水平的差异，做到“先算后做”，使胸中有数，从而控制实际成本的消耗。通过对各分项“费差”（即价格的差异）和“量差”（即工、料、机消耗数量的差异）的分析，可以找到主要问题及其主要的影响因素，采取防止超支的措施，尽可能地减少人工、材料和机具设备的消耗。对于进一步制订人工、材料（包括周转材料）、机械设备消耗和资金运用等计划，对于有效地主动控制实际成本消耗，促进施工项目经济效益的不断提高，不断改善施工企业与现场施工的经营管理等，都有着十分重要的意义。

一、“两算”对比的基本技术经济指标

“两算”对比分析，主要包括实物量对比和直接费金额对比两部分。

（一）分项实物量对比的基本指标

分项实物量对比，即将分部分项工程施工图预算的人工、材料和机械台班消耗量，与施工预算的人工、材料和机械台班消耗量加以对比，分析其节约或超出的原因。

1. 人工消耗节约或超出数量

节约或超出的工日数，应等于施工图预算工日数（折合成一级工的工日数）减去施工预算工日数（折合成一级工的工日数）。计算结果为正值时，表示计划工日节约数量；为负值时，表示其超出数量。

计划工日降低率是计划工日节约数占施工图预算工日数的百分比。

2. 材料消耗节约或超出数量

材料节约或超出数量，等于施工图预算某种材料消耗（总）量与施工预算某种材料消耗（总）量的差值。计算结果为正时，表示材料节约量；为负值时，表示其超出数量。

某种材料降低率是材料节约量占施工图预算材料消耗量的百分比。

3. 机械台班消耗节约或超出数量

同理，某种机械实际节约台班数占施工图预算机械台班数的百分比，即某种机械台班降低率。

（二）分项费用金额对比的基本指标

进行分部分项费用金额对比，是将施工图预算的人工费、材料费和机械费，与施工预算的人工费、材料费和机械费进行对比，分析其节约或超出的原因。

1. 人工费节约或超出额

人工费节约或超出额应等于施工图预算人工费减去施工预算人工费。计算结果为正时，表示计划人工费节约额；为负值时，表示其超出额。

人工费降低率是人工费节约额占施工图预算人工费的百分比。

2. 材料费节约或超出额

材料费节约或超出额应等于施工图预算材料费减去施工预算材料费。计算结果为正时，表示计划材料费节约额；为负值时，表示其超出额。

材料费降低率是计划材料费节约额占施工图预算材料费的百分比。

3. 机械费节约或超出额

机械费节约或超出额应等于施工图预算机械费减去施工预算机械费。计算结果为正时，表示计划机械费节约额；为负值时，表示其超出额。

机械费降低率是计划机械费节约额占施工图预算机械费的百分比。

对上述三项指标的分析与对比，一般简称“工、料、机”分析。

二、“两算”对比分析方法

“两算”对比分析方法是以上述技术经济指标为基础，对“两算”各分部分项工程项目和单位工程的“费差”、“量差”进行的逐项分析研究，或选择主要的项目或分部进行分析研究。此外，还可以通过企业已经掌握的有可比性的其他同类技术经济指标，进行辅助性的对比分析，其具体对比的内容有直接费、人工费、工日数、材料费、机械费、主要材料与机械台班用量，对于以上各项目的对比方法，是将施工图预算中的数额与施工预算数额进行比较，计算出节约或超出额，并求其降低率。

“两算”对比时，一般不进行间接费及其他各项费用的对比。必要时，为了掌握企业和现场间接费的支出，也可以企业间接费的支出水平为依据，进行某些间接费（或现场经费）项目的分析对比。这里应着重强调，为了充分发挥“两算”对比的作用，应提倡在“两算”对比的基础上，更加注重预算成本、施工预算成本（计划成本）和实际成本即“三项成本”的对比分析。

三、“两算”对比的内容

（一）人工费

施工预算的人工数量一般应低于施工图预算工日数的10%～15%，这是因为施工定额与预算定额考虑的因素不同所致。加材料场内水平运输距离，预算定额考虑的水平运距比施工定额大；另外，预算定额还增加了10%左右的人工幅度差。

两种预算所依据的人工定额，由于制定的基础不同，则两种定额考虑的人工平均等级就不一定完全一致。故“两算”的工日数并不是唯一可比性的依据，还应将施工预算中的人工等级折算成预算定额的平均等级，这样才能有可比性。

（二）材料费

由于材料消耗定额中的施工损耗、施工定额一般低于预算定额，而且施工定额还扣除了技术组织措施的材料节约量，所以施工定额的材料消耗量一般都低于预算定额。如果出现施工预算的材料消耗量大于施工图预算，应认真分析，根据实际情况调整施工预算。

（三）施工机械使用费

关于机械台班数量及机械费的“两算”对比，存在着一定的困难。施工预算是根据施工组织设计或施工方案规定的实际进场施工机械的种类、型号、数量、工期来计算机械台班数量及费用；而施工图预算是根据预算定额计算机械台班数量及费用（预算定额是根据施工生产需要与合理分配，综合考虑机械的类型和台班数量），这样同现场发生的情况不一定相符合。因此，施工机械不能进行台班数量对比，只能以“两算”中的机械费总和进行对比，分析节约或超支的原因。如果施工预算的机械费超出施工图预算的机械费，并且又无特殊原因时，就必须重新审查施工机械的配置方案，改变其中不合理的部分，或者重新制定机械配置方案，从而使机械费不发生超支现象。

（四）脚手架

施工图预算是根据不同层数按建筑面积计算综合脚手架费的，而施工预算是根据施工组织设计或施工方案规定的搭设方法和具体内容来计算脚手架费。因此，两者无法按实物量对比，只能用金额对比。

（五）其他直接费

其他直接费的“两算”对比，应采用金额进行对比。

第九章 工程竣工结算和竣工决算

第一节 工程竣工结算

一、工程结算及分类

工程结算是指在工程建设的经济活动中，由于劳务供应、建筑材料、设备及工器具的购买、工程价款的支付和资金划拨等经济往来而发生的以货币形式表现的工程经济文件。按其内容不同，可分为工程价款结算，设备及工器具购置结算，劳务供应结算，其他货币资金结算等。

二、工程价款结算

(一) 工程价款结算的重要意义

工程价款结算文件是对承包商的工程价款结算活动的书面反映，即对承包商在工程实施过程中，依据承包合同中关于付款条款的规定和已经完成的工程量，并按照规定程序向建设单位（业主）收取工程价款活动的反映。

工程价款结算工作在工程项目承包中占有重要地位，主要表现在：

1. 工程价款结算数额是反映工程进度的主要指标

在施工过程中，工程价款的结算依据之一是已完成的工程量，承包商完成的工程量越多，所应结算的工程价款就应越多，因而，根据累计已结算的工程价款占合同总价款的比例，能够近似地反映出工程的进度情况，有利于准确掌握工程进度。

2. 工程价款结算活动是加速资金周转的重要环节

承包商能够尽快尽早地结算收回工程价款，有利于偿还债务，也有利于资金的回笼，降低内部运营成本，通过加速资金周转，提高资金使用的有效性。

3. 工程价款结算文件是考核经济效益的重要依据

对于承包商来说，只有工程价款如数地结算，才意味着完成了"惊险一跳"，避免了经营风险，承包商也才能够获得相应的利润，进而达到良好的经济效益。

(二) 工程价款的主要结算方式

按现行规定，工程价款结算可以根据不同情况采取多种方式：

1. 按月结算

即实行旬末或月中预支，月终结算，竣工后清算的办法。跨年度竣工的工程，在年终进行工程盘点，办理年度结算。

2. 竣工后一次结算

建设项目或单项工程全部建筑安装工程建设期在12个月以内，或者工程承包合同价值在100万元以下的，可以实行工程价款每月月中预支，竣工后一次结算。

3. 分段结算

即当年开工，当年不能竣工的单项或单位工程按照工程形象进度，划分不同阶段进行结算。分段结算可以按月预支工程款。分段的划分标准由各部门或省、自治区、直辖市、计划单列出规定。

实行竣工后一次结算和分段结算的工程，当年结算的工程款与分年度的工作量一致，年终不另清算。

4. 目标结款方式

即将合同中的工程内容分解成不同的验收单元，当承包商完成单元工程内容并经业主（或其委托人）验收后，业主支付构成单元工程的工程价款。其实质是运用合同手段、财务手段对工程的完成进行主动控制。

5. 结算双方约定的其他结算方式

（三）工程价款结算的作用

（1）确定施工企业货币收入，补充资金消耗；

（2）统计施工企业完成生产计划的依据；

（3）确定工程实际成本的依据；

（4）是建设单位编制工程竣工决算的依据；

（5）是标志甲乙双方所承担的合同义务和经济责任的了结；

（6）是审计部门对竣工决算进行审计的依据。

（四）工程价款结算的内容

一般工程价款结算的内容主要包括：

（1）按工程承包合同或协议办理预付备料款；

（2）按工程承包合同确定的结算方式开列月（或阶段）施工作业计划和工程价款预支单，办理工程预支款；

（3）月末（或阶段完成）呈报工程月（或阶段）报表和工程价款结算单，办理已完工程价款结算；

（4）单位工程竣工时，编制单位工程竣工书，办理单位工程竣工结算；

（5）单项工程竣工时，办理单项工程结算。

三、工程竣工结算

（一）工程竣工结算的含义

工程竣工结算是指施工企业按照合同规定的内容全部完成所承包的工程，经验收质量合格，向发包单位进行的最终工程价款结算。

在实际工作中，当年开工、当年竣工的工程，只需办理一次性结算。跨年度的工程，在年终办理一次年终结算，将未完工程转到下一年度，此时竣工结算等于各年度结算的总和。

在竣工结算时，若因某些条件变化，使合同工程价款发生变化，则需按规定对合同价款进行调整。

办理工程价款竣工结算的一般公式为：

竣工结算工程价款 = 预算或合同价款 + 施工过程中预算或合同价款调整数额 − 预付及已结算工程价款。

(二) 工程竣工结算的主要作用

(1) 工程竣工结算是确定工程最终造价，施工单位与建设单位结清工程价款并完结经济合同责任的依据；

(2) 工程竣工结算为施工单位确定工程的最终收入，是进行经济核算和考核工程成本的依据；

(3) 工程竣工结算反映了建筑安装工作量和工程实物量的实际完成情况，是统计竣工率的依据；

(4) 工程竣工结算是建设单位落实投资完成额的依据，是结算工程价款和施工单位与建设单位从财务方面处理账务往来的依据；

(5) 工程竣工结算是建设单位编制竣工决算的基础资料。

(三) 工程竣工结算的编制原则

编制竣工结算是一项严肃而细致的工作，既要正确地贯彻执行国家或地方的有关规定，又要实事求是地核算施工企业完成的工程价值。因此，施工企业在编制竣工结算时，应遵循下列原则：

(1) 要对办理竣工结算的项目进行全面的清点（包括工程数量、工程质量等），这些内容都必须符合设计及验收规范要求。对于未完成或质量不合格的工程，不能结算。需要返工的，应返工修补合格后才能结算。

(2) 施工企业应对国家负责的态度，实事求是的精神，正确地确定工程最终造价，反对巧立名目，高估乱要的不正之风。

(3) 严格按照国家或地区的定额，取费标准，调价系数以及工程合同（或协议书）的要求，编制结算书。

(4) 编制竣工结算书应按编制程序和方法进行工作。

(四) 工程竣工结算的编制依据

编制工程竣工结算的依据主要有：

(1) 工程竣工报告和工程竣工验收单；

(2) 工程承包合同或施工协议书；

(3) 施工图预算及修正预算书；

(4) 设计变更通知书及现场施工变更签证；

(5) 合同中规定的预算定额，间接费定额，材料预算价格，构件、成品价格，以及国家或地区新颁发的有关规定；

(6) 其他有关技术资料及现场记录。

(五) 工程竣工结算的编制方法

工程竣工结算一般采用两种方式：

1. 预算结算方式

在审定的施工图预算基础上，凡承包合同和文件规定允许调整，在施工活动中发生的而原施工图预算未包括的工程项目或费用，依据原始资料的计算，经建设单位审核签认的，在原施工图预算上作出调整。

编制竣工结算的具体增减调整内容，一般有以下几个方面：

(1) 工程量量差

工程量量差，是指施工图预算所列分项工程量与实际完成的分项工程量不相符而需要增加或减少的工程量。造成这部分量差的原因一般是由于建设单位或施工单位提出的设计变更，施工中遇到需要处理的问题而引起的设计变更，施工图预算分项工程量不准确等。应当按合同的规定，根据建设单位与施工单位双方签证的现场记录进行调整。

(2) 价差

它是指由于材料代用发生的价格差额或材料实际价格与预算价格存在的价差。

在工程结算中，价差的调整范围、方法，应按当地主管部门颁布的有关规定办理，不允许调整材料差价的不得调整。陕西省现行规定地方材料和市场采购材料由施工单位按预算价格包干；建设单位供应材料按预算价格划拨给施工单位的，在工程结算时不调整材料价差，其价差由建设单位单独核算，在工程竣工决算时摊入工程成本；由施工单位采购国拨、部管材料价差，应按承包合同和现行文件规定办理。

(3) 费用调整

它是指由于工程量的增减，要相应地调整应取的各项费用。除规定价差调整系数可以计取间接费外，一般不调整间接费。

2. 包干承包结算方式

由于招投标承包制的推行，工程造价一次性包干、概算包干、施工图预算加系数包干、房屋建筑平方米造价包干等结算方式逐步代替了长期按预算结算的方式。包干承包结算方式，只需根据承包合同规定的“活口”，允许调整的进行调整，不允许调整的不得调整。这种结算方法，大大地简化了工程竣工结算手续。

四、按月结算建安工程价款的一般程序

我国现行建筑安装工程价款结算中，相当一部分是实行按月结算，这种结算办法是按分部分项工程，即以“假定建筑安装产品”为对象，按月结算（或预支），待工程竣工后再办理竣工结算，一次结清，找补余款。

按分部分项工程结算，便于建设单位和建设银行根据工程进展情况控制分期拨款额度，“干多少活，给多少钱”；也便于施工企业的施工消耗及时得到补偿，并同时实现利润，且能按月考核工程成本的执行情况。

对于这种结算方式的收支确认，国家财政部在 1999 年 1 月 1 日起实行的《企业会计准则——建造合同》中规定，应分期确认合同价款收入的实现，即：各月份终了，与发包单位进行已完工程价款结算时，确认为承包合同已完工部分的工程收入实现，本期收入额为月终结算的已完工程价款金额。

这种结算办法的一般程序如下：

1. 预付备料款

施工企业承包工程，一般都实行包干包料，这就需要有一定数量的备料周转金。在工程承包合同条款中，一般要明文规定发包单位（甲方）在开工前拨付给承包单位（乙方）一定限额的工程预付备料款。此预付款构成施工企业为该承包工程项目储备主要材料、结构件所需的流动资金。

(1) 预付备料款的限额

预付备料款限额由下列主要因素决定：主要材料（包括外购构件）占工程造价的比重、材料储备期、施工工期。

对于施工企业常年应备的备料款限额。可按下式计算：

$$备料款限额 = \frac{年度承包工程总值 \times 主要材料所占比重}{年度施工日历天数} \times 材料储备天数 \tag{9-1}$$

式中材料储备天数可近似按下式计算：

$$某材料储备天数 = \frac{经常储备量 + 安全储备量}{平均日需要量} \tag{9-2}$$

计算出各种材料的储备天数后，取其中最大值，作为工程预付备料款金额公式中的材料储备天数。

【例 9-1】 设某单位 6 号住宅楼施工图预算造价为 300 万元，计划工期为 320 天，预算价值中的材料费占 65%，材料储备期为 100 天，试计算甲方应向乙方付备料款的金额为多少？

【解】 甲方应向乙方预付备料款的金额为：

$$\frac{300 \times 0.65}{320} \times 100 = 60.94（万元）$$

在实际工作中，为简化计算，工程预付款限额可用工程总造价乘以预付备料款额度求得。即：

$$工程预付备料款限额 = 工程总造价 \times 工程预付款额度 \tag{9-3}$$

式中工程预付款额度，是根据各地区工程类别、施工工期以及供应条件来确定的。

一般建筑工程不应超过当年建筑工作量（包括水、电、暖）的 30%；安装工程按年安装工作量的 10%；材料占比重较多的安装工作按年计划产值的 15%左右拨付。

在实际工作中，备料款的数额，要根据各工程类型、合同工期、承包方式和供应体制等不同条件而定。例如，工业项目中钢结构和管道安装占比重较大的工程，其主要材料占比重比一般安装工程要高，因而备料款数额也要相应提高；工期短的工程比工期长的更高；材料由施工单位自购的比由建设单位供应主要材料的要高。但只包定额工日（不包材料定额，一切材料由建设单位供给）的，则可以不预付备料款。

（2）备料款的扣回

发包单位拨付给承包单位的备料款属于预支性质。当工程进展到一定阶段，需要储备的材料越来越少，建设单位应将工程预付款逐渐从工程进度款中扣回，并在工程竣工结算前全部收完。扣款的方法，是从未施工工程尚需的主要材料及构件的价值相当于备料款数额时起扣，从每次结算工程价款中，按材料比重抵扣工程价款，竣工前全部扣清。

为此，工程备料款的扣还应解决以下两个问题：

1）工程备料款的起扣造价

工程备料款的起扣造价是指工程备料款起扣时的工程造价，即工程进行到什么时候就应该开始起扣工程备料款。应当说当未完工程所需要的材料费，正好等于工程备料款时开始起扣。因此预付备料款起扣点的计算如下：

$$未施工工程主要材料及结构件价值 = 预付备料款 \tag{9-4}$$

因为：

$$未施工工程主要材料及结构件价值 = 未完工程造价 \times 主要材料费比重 \tag{9-5}$$

所以当：未完工程造价 × 主要材料费比重 = 预付备料款时，得

$$\text{未完工程造价} = \frac{\text{预付备料款}}{\text{主要材料费比重}} \tag{9-6}$$

此时，工程所需的主要材料，结构件储备资金，可全部由预付备料款供应，以后就可陆续扣回备料款。

$$\text{起扣造价} = \text{工程总造价} - \text{未完工程造价} \tag{9-7}$$

2）工程备料款的起扣时间

工程备料款的起扣时间是指工程备料款起扣时的工程进度。按下式计算：

$$\text{工程备料款的起扣进度} = \frac{\text{工程备料款的起扣造价}}{\text{工程总造价}} \times 100\% \tag{9-8}$$

确定了工程备料款起扣造价和起扣时间后，扣回数额的计算是指当已完工程超过开始扣回预付备料款的工程价值时，就要从每次结算工程价款中陆续扣回预付备料款。按分次累计扣回方式，每次应扣回的数额为：

第一次应扣回预付备料款 = （累计已完工程价值-起扣造价）× 主要材料费比重

以后各次应扣回预付备料款 = 每次结算的已完工程价值 × 主要材料费比重

在实际经济活动中，情况比较复杂，有些工程工期较短，就无需分期扣回。有些工程工期较长，如跨年度施工，当年预付备料款可以不扣或少扣，并于次年按应预付备料款调整，多还少补。具体情况具体分析。

2. 中间结算

施工企业在工程建设过程中，按逐月完成的分部分项工程数量计算各项费用，向建设单位办理中间结算手续。

现行的中间结算办法是，施工企业在旬末或月中旬向建设单位提出预支工程款帐单，预支一旬或半月的工程款，月终再提出工程款结算帐单和已完工程月报表，收取当月工程价款，并通过建设银行进行结算。按月进行结算，要对现场已施工完毕的工程逐一进行清点，资料提出后要交监理工程师和建设单位审查签证。为简化手续，多年来采用的办法是以施工企业提出的统计进度月报表为支取工程款的凭证，即通常所称的工程进度款。其支付步骤一般为：工程量测量与统计→提交已完工程量报告→工程师核实并确认→建设单位认可并审批→支付工程进度款。

按照有关规定，工程项目总造价中应预留出一定比例的尾留款作为质量保修费用（又称保留金），待工程项目保修期结束后最后拔付。尾留款的扣除，一般是当工程进度款拔付累计额达到该建安工程造价的一定比例（一般为95%～97%左右）时，停止支付，预留造价部分作为尾留款，在工程竣工办理竣工结算时最后拔款。

3. 竣工结算

竣工结算是一项建安工程的最终工程价款结算。在结算时，若因某些条件使合同工程价款发生变化，需按规定对合同价款实行调整。在实际工作中，当年开工、当年竣工的工程，只需办理一次性结算。跨年度工程，在年终办理一次年终结算，将未完工程转结到下一年度，此时竣工结算等于各年结算的总和。

工程竣工结算的审查是竣工结算阶段的一项重要工作。经审查核定的工程竣工结算是核定建设工程造价的依据，也是建设项目验收后编制竣工决算和核定新增固定资产价值的依据。审查内容包括核对合同条款、检查隐蔽验收记录、落实设计变更签证、按图核实工程数量、严格执行定额单价、注意各项费用计取、防止各种计算误差等方面。

【例 9-2】 某建筑工程承包合同总额为 600 万元，计划 2001 年上半年内完工，主要材料及结构件金额占工程造价的 62.5%，预付备料款额度为 25%，2001 年上半年各月实际完成施工产值如下表（单位：万元），预留合同总额的 5%作为保留金。求如何按月结算工程款。

二　月	三　月	四　月	五　月（竣工）
100	140	180	180

【解】 (1) 预付备料款 = 600 × 25% = 150（万元）。

(2) 求预付备料款的起扣造价。

即：开始扣回预付备料款时的工程价值 $= 600 - \dfrac{150}{62.5\%} = 600 - 240 = 360$

当累计结算工程款为 360 万元后，开始扣备料款。

(3) 二月完成产值 100 万元，结算 100 万。

(4) 三月完成产值 140 万元，结算 140 万，累计结算工程款 240 万元。

(5) 四月完成产值 180 万元，到四月份累计完成产值 420 万，超过了预付备料款的起扣造价。

四月份应扣回的预付备料款 = （420-360） × 62.5% = 37.5 万元

四月份结算工程款 = 180-37.5 = 142.5 万元，累计结算工程款 382.5 万元。

(6) 五月份完成产值 180 万元。应扣回预付备料款 = 180 × 62.5% = 112.5（万元）；应扣 5%的预留款 = 600 × 5% = 30（万元）。

五月份结算工程款 = 180-112.5-30 = 37.5（万元），累计结算工程款 420 万元，加上预付备料款 150 万元，共结算 570 万元。预留合同总额的 5%作保留金。

第二节　工程竣工决算

竣工决算是由建设单位编制的反映建设项目和投资效果的文件，是竣工验收报告的重要组成部分。所有竣工验收的项目应在办理手续之前，对所有建设项目的财产和物资进行认真清理，及时而准确地编报竣工决算，它对于总结分析建设过程的经验教训，提高工程造价管理水平和积累技术经济资料，为有关部门制定类似工程的建设计划与修订概预算定额指标提供资料和经验，都具有重要的意义。

一、工程竣工决算的含义

工程竣工决算是在建设项目或单项工程完工后，由建设单位财务及有关部门，以竣工结算等资料为基础，编制的反映整个建设项目从筹建到工程竣工验收投产全部实际支出费用的文件，包括建筑工程费用、安装工程费用、设备工器具购置费用和工程建设其他费用以及预备费和投资方向调节税支出费用等。

二、工程竣工决算的作用

工程竣工后，及时编制工程竣工决算，主要有以下几方面作用：

1. 全面反映竣工项目的实际建设情况和财务情况

竣工决算反映竣工项目的实际建设规模、建设时间和建设成本，以及办理验收交接手续时的全部财务情况。

2. 有利于节约基建投资

及时编制竣工决算，办理新增固定资产移交转账手续，是缩短建设周期，节约基建投资的重要因素。

3. 有利于经济核算

及时编制竣工决算，办理交付手续，生产企业可从正确地计算已经投入使用的固定资产折旧费，合理计算产品成本，促进企业的经营管理。

4. 考核竣工项目设计概算的执行情况

竣工决算用概算进行比较，可以反映设计概算的执行情况。通过对比分析，可以肯定成绩，总结经验教训，为今后修订概算定额、改进设计、推广先进技术，制定基本建设计划，努力降低建设成本，提高投资效果提供了参考资料。

三、工程竣工决算的内容

按照国家财政部印发的财基字［1998］4号关于《基本建设财务管理若干规定》的通知，国家计委颁布的计建设［1990］1215号关于《建设项目（工程）竣工验收办法》和原国家建委发施字［1982］50号关于《编制基本建设工程竣工图的几项暂行规定》，竣工决算的内容包括竣工财务决算说明书，竣工财务决算报表、工程竣工图和工程造价对比分析四个部分，前两个部分又称之为建设项目竣工财务决算，是竣工决算的核心内容和重要组成部分。

竣工决算分大、中型建设项目和小型建设项目进行编制。大中型建设项目竣工决算报表一般包括竣工工程概况表、竣工财务决算表、建设项目交付使用财产总表及明细表，建设项目建成交付使用后投资效益表等。而小型项目竣工决算报表则由竣工决算总表和交付使用财产明细表所组成。

四、工程竣工决算的编制依据

(1) 经批准的可行性研究报告及其投资估算书；

(2) 经批准的初步设计或扩大初步设计及其概算或修正概算书；

(3) 经批准的施工图设计及其施工图预算书；

(4) 设计交底或图纸会审会议纪要；

(5) 招投标的标底、承包合同、工程结算资料；

(6) 施工记录或施工签证单及其他施工中发生的费用记录，如索赔报告与记录、停（交）工报告等；

(7) 竣工图及各种竣工验收资料；

(8) 历年基建资料、历年财务决算及批复文件；

(9) 设备、材料调价文件和调价记录；

(10) 有关财务核算制度、办法和其他有关资料、文件等。

五、工程竣工决算的编制方法

根据已审定的与施工单位竣工结算等原始资料，对原概预算进行调整，属于增加固定资产价值的其他投资，如建设单位管理费、研究试验费、土地征用及拆迁补偿费等，应分摊于受益工程，随同受益工程交付使用的同时，一并计入新增固定资产价值。

竣工决算的编制步骤如下：

(1) 收集、整理、分析原始资料；

(2) 工程对照，核实工程变动情况，重新核实各单位工程、单项工程造价；

(3) 经审定的待摊投资、其他投资，待核销基建支出和非经营项目的转出投资，按有关规定要求严格划分和核定后，分别计入相应的基建支出（占用）栏目内；

(4) 编制竣工财务决算说明书，力求内容全面，简明扼要，文字流畅，说明问题；

(5) 认真填报竣工财务决算报表；

(6) 认真作好工程造价对比分析；

(7) 清理、装订好竣工图；

(8) 按国家规定上报审批，存档。

六、工程竣工结算与竣工决算的关系

建设项目的竣工决算是以竣工结算为基础进行编制的。它是在整个建设项目竣工结算的基础上，加上从筹建开始到工程全部竣工，有关工程建设的其他工程和费用支出，便构成了建设项目的竣工决算。二者的区别在于以下几个方面：

(1) 编制单位不同

竣工结算是由施工单位编制，竣工决算是由建设单位编制。

(2) 编制范围不同

竣工结算主要是针对单位工程编制的，单位工程竣工后便可以进行编制，而竣工决算是针对建设项目编制的，必须在整个建设项目全部竣工后才可以进行编制。

(3) 编制作用不同

竣工结算是建设单位与施工单位结算工程价款的依据，是核实施工企业生产成果、考核工程成本的依据，是施工企业确定经营活动最终收入的依据，是建设单位编制建设项目竣工决算的依据。而竣工决算是建设单位考核基本建设基本效果的依据，是正确确定固定资产价值和正确计算固定资产折旧费的依据，同时，也是建设项目竣工验收委员会或验收小组对建设项目进行验收交付使用的依据。

附 录

《建筑工程定额与概预算》自学考试大纲

（含考核目标）

陕西省高等教育自学考试指导委员会制订

I. 课程性质，设置目的和要求

（一）课程的性质与设置目的

《建筑工程定额与概预算》是房屋建筑工程专业（专科）的一门主要专业课，是对基本建设过程进行现代化科学管理的基础。它是一门研究建筑产品生产过程中产品数量和资源消耗量之间的关系及建筑产品合理价格的学科。

设置本课程的目的是使学生掌握建筑工程定额与概预算的基本知识、基本原理、基本方法，具有编制补充定额和编制概预算的能力，为将来从事编审概预算报价、估价等工作打下基础。

（二）本课程的基本要求

通过本课程的学习要求学生：

(1) 掌握建筑工程预算定额指标的基本原理和制定方法；了解施工定额、基础定额、概算定额、概算指标的基本原理和指定方法。

(2) 掌握各类定额的应用，并具有编制补充预算定额的能力。

(3) 掌握施工图预算的编制方法，具备编制一般土建工程施工图预算的能力；了解设计概算、施工预算的编制方法。

本课程政策性、实践性强，学习时既要结合本地区制定的现行定额及有关政策性文件，还要注意联系实际，并保证及时完成习题和作业。

（三）本课程与相关课程的联系

本课程是一门综合性很强的应用学科，它要综合运用建筑材料、建筑结构、房屋建筑学、建筑施工等学科的知识来解决编制概预算中的有关问题。此外，本课程和我国现行的造价管理政策以及人工、建材价格的变化有密切的关系，因此，必须随时掌握有关信息，以利于工程造价的动态管理。

Ⅱ. 课程内容与考核目标

绪　论

（一）考核知识点

（1）本课程研究对象、任务及主要内容。

（2）建筑工程定额与概预算在基本建设中的地位与作用。

（3）工程造价管理的概念、内容与造价管理体制。

（二）自学要求

了解本课程研究对象、任务及主要内容。

了解建筑工程定额与概预算在基本建设中的地位与作用。

了解工程造价管理的概念、内容与造价管理体制。

本章的重点是：工程造价管理的概念、内容与造价管理体制。

（三）考核要求

不考核。

第一篇　建筑工程定额原理

（一）考核知识点

1. 建筑工程定额概论

1.1 建筑工程定额的概念及作用

1.2 建筑工程定额分类

2. 施工定额

2.1 施工定额的概念及作用

2.2 劳动定额的概念、作用及其制定方法

2.3 材料消耗定额的概念、作用及其编制方法

2.4 机械台班消耗定额的概念、作用及其编制方法

3. 预算定额

3.1 预算定额的概念及作用

3.2 定额手册的构成及应用

3.3 定额指标的概念及其确定

3.4 单位估价表的编制

4. 概算定额与概算指标

4.1 建筑工程概算定额

4.2 工程概算指标

4.3 概算指标参考资料

(二) 自学要求

掌握建筑工程定额的概念及作用；了解建筑工程定额分类。

掌握施工定额的概念及作用；熟悉劳动定额、材料消耗定额、机械台班消耗定额的概念及作用；了解施工定额的编制方法。

掌握预算定额的概念及作用；熟悉预算定额与基础定额手册的构成及应用，预算定额（包括基础定额）中人工、机械台班、材料消耗指标的概念及其确定，以及日工资标准、材料预算价格、施工机械台班预算价格的概念及其确定；掌握单位估价表的编制。

了解概算定额与概算指标的概念、作用及其内容。

本章的重点是：预算定额中人工、机械台班、材料消耗指标的确定及各类预算价格的确定，定额表的使用。

(三) 考核要求

1. 建筑工程定额概述

要求达到领会层次。

1.1 正确理解建筑工程定额的概念和作用。

1.2 了解建筑工程定额分类。

2. 施工定额

要求达到简单应用层次。

2.1 熟记施工定额的概念和作用。

2.2 记住劳动定额的概念和作用，了解劳动定额的编制方法。

2.3 记住材料消耗定额的概念和作用，了解材料消耗定额的编制方法。

2.4 了解机械台班消耗定额的概念、作用及其编制方法。

3. 预算定额

要求达到综合应用层次

3.1 熟记预算定额的概念及作用。

3.2 知道定额手册的构成及应用。

3.3 知道定额指标的概念，了解的定额指标的确定方法。

3.4 知道单位估价表的编制方法。

4. 概算定额与概算指标

要求达到简单应用层次。

4.1 记住建筑工程概算定额的基本概念。

4.2 知道工程概算指标的概念和应用。

4.3 知道概算指标的有些参考资料。

第二篇　建筑安装工程概预算

(一) 考核知识点

1. 建筑安装工程概预算概念

1.1 概述

1.2 基本建设项目的划分

1.3 概预算编制概述

1.4 工程结算和竣工决算

2. 建设工程费用

2.1 建设工程费用的组成及计算程序

2.2 直接费

2.3 间接费和其他费用

2.4 建筑安装工程费用项目划分

2.5 建设工程其他费用

2.6 预备费

3. 建筑工程施工图预算的编制

3.1 概述

3.2 建筑工程量计算

3.3 直接费计算及工料分析

3.4 建筑工程施工图预算实例

4. 设计概算的编制

4.1 概述

4.2 单位工程概算的编制

4.3 单项工程综合概算的编制

4.4 总概算书的编制

5. 施工预算和“两算”对比

5.1 施工预算的概念及作用

5.2 施工预算编制依据和编制内容

5.3 施工预算编制方法和步骤

5.4 “两算”对比

5.5 土建工程施工预算编制实例

6. 概预算的审查

6.1 概述

6.2 设计概算的审查

6.3 建筑工程施工预算图预算的审查

6.4 标底的审查

(二) 自学要求

了解基本建设项目的划分。理解建筑安装工程概预算分类。

熟练掌握建筑安装工程费用的构成，各项工程费用的概念、内容及其计算，建筑安装工程概预算分类。

熟练掌握建筑工程施工图预算的编制程序，一般土建工程施工图预算的编制方法（包括工程量计算、工程造价计算和工料分析）。

了解设计概算的作用及分类，其他工程和费用概算，设计概算的审查；熟练掌握单位工程概算，建设项目总概算的编制，单位工程综合概算的编制。

熟练掌握施工预算的概念、作用与编制方法，竣工结算和竣工决算的概念。

本篇的重点是：一般土建工程施工图预算的编制。

（三）考核要求

1. 建筑安装工程概预算概念

要求达到领会层次。

1.1 了解基本建设的概念，建筑安装工程的主要内容。

1.2 正确掌握基本建设项目的划分。

1.3 记住概预算的分类，了解概预算的编制程序。

1.4 记住工程结算的分类，正确掌握工程价款结算办法；记住竣工决算的概念。

2. 建设工程费用

要求达到领会层次。

2.1 熟记建设工程费用的组成及计算程序。

2.2 记住直接费的组成及其各项费用的计算。

2.3 记住间接费的概念、组成及其各项费用的计算，记住其他费用的组成及各项费用的计算。

2.4 了解建筑安装工程费用项目划分的规定。

2.5 知道建设工程其他费用。

2.6 知道预备费的概念、内容。

3. 建筑工程施工图预算的编制

要求达到综合应用层次。

3.1 熟记施工图预算的概念、作用、编制依据及编制的程序和方法。

3.2 熟记工程量的概念及其正确计算的意义，计算工程量的注意事项；掌握工程量计算的顺序、用统筹法计算工程量的方法；掌握建筑面积计算规则，土石方工程量计算规则，桩基础工程量计算规则，脚手架工程量计算规则，砖石工程量计算规则，混凝土及钢筋混凝土工程量计算规则，金属结构工程量计算规则，木结构工程量计算规则，楼地面工程量计算规则，装饰工程量计算规则，构筑物工程量计算规则。

3.3 熟记定额直接费及工料分析的概念和作用，了解其他直接费、超层、超高施工增加费。

3.4 深刻理解建筑工程施工图预算实例。

4. 设计概算的编制

要求达到简单应用的层次。

4.1 熟记设计概算的含义及作用，了解编制设计概算的准备工作，编制的依据。

4.2 记住单位工程概算书的含义，知道一般土建工程设计概算的编制。

4.3 记住综合概算书的含义，知道综合概算编制说明和综合概算表。

4.4 记住建设项目总概算书的含义，了解编制说明和总概算表。

5. 施工预算和“两算”对比

要求达到领会层次。

5.1 熟记施工预算的概念及作用。

5.2 记住施工预算的编制依据和编制内容。

5.3 记住施工预算的编制方法和编制步骤。

5.4 熟记“两算”对比的概念、方法，知道“两算”对比的一般说明。

5.5 了解土建工程施工预算编制实例。

6. 概预算的审查

要求达到领会层次。

6.1 了解概预算审查的重要意义，概预算的审批程序，概预算的定案工作。

6.2 知道设计概预算审查的主要内容和审查的一般方法。

6.3 记住建筑工程施工图预算的主要方法。

6.4 知道工程标底的依据审查，熟记工程标底的审查方法和审查内容。

Ⅲ. 有关说明与实施要求

(一) 关于“课程内容与考核目标”中有关提法的说明

本大纲各章提出的“自学要求”中，对概念和理论要求的提法是“了解”、“理解”、“深刻理解”；对技能要求的提法是“掌握”、“熟练掌握”。为使考生进一步把握“考核要求”，大纲在“考核要求”中，提出了四个能力层次要求：“识记”、“领会”、“简单应用”、“综合应用”。四个能力层次是递进等级关系，后者必须建立在前者的基础上，即大纲中所提到的能力层次是指最高的层次，其含义是：

“识记”：能知道有关的名词、概念和知识的意义，并能正确认识和表达。

“领会”：在识记的基础上，能全面把握基本概念、基本原理，能掌握有关概念和原理的区别与联系。

“简单应用”：在领会的基础上，能用学过的一、二个知识点，分析和解决简单问题。

“综合应用”：在简单应用的基础上，能用学过的多个知识点，综合分析和解决较为复杂的问题。

(二) 关于自学教材与主要参考书

1. 必读书

(1)《建筑工程定额与概预算》，赵平主编，北京，中国建筑工业出版社，2001。

(2) 中华人民共和国建设部《全国统一建筑工程预算工程量计算规则》土建工程，GJDcz－101－95，中国计划出版社，1995。

2. 参考书

(1)《建筑工程定额与预算》（第一版），张守健主编，北京，中国建筑工业出版社，1996。

(2) 中华人民共和国建设部《全国统一建筑工程基础定额》土建，GJD－10－95，中国计划出版社。

(3) 陕西省《建筑工程综合概预算定额》，陕西省建设厅，1999。

(4) 陕西省《建筑工程、安装工程、仿古园林工程及装饰工程费用定额》，陕西省建设厅，1999。

(三) 自学方法指导

学习本课程是应注意以下几个问题：

1. 自学时，在开始阅读教材之前先仔细阅读本考试大纲的有关章节，以提高自学的目的性和效率。

2. 本课程由二大部分组成，第一篇为建筑安装工程定额原理，第二篇为建筑安装工程概预算。预算定额是建筑安装工程定额原理部分的重点。一般土建工程施工图预算的编制是建筑安装工程概预算部分的重点。

3. 本课程是一门综合性和实践性很强的专业课。要求自学者在逐章学习掌握定额与概预算基本原理与基本方法的基础上，找一、二个小型工程的施工图，结合现行的定额进行编制施工图预算的实际操作，这样才能达到本课程的基本要求。

本课程按教学计划规定为4学分。

(四) 对社会助学要求

参加社会助学的教师应根据全国高等教育自学考试的特点，在教学和辅导时注意：

1. 认真研究本自学考试大纲，以大纲为依据，以指定的自学教材为基础进行辅导。主要参考书只用于学习的参考，其超出大纲的内容考核时不作要求。

2. 注意指导考生掌握本课程的基本知识、理论和方法。本课程由二部分组成，应注意引导考生改进学习方法，针对各篇、各章特点进行学习。

3. 加强培养考生的实际操作能力。

附

建筑工程定额与概预算试题（样题）

一、填空题（占10%）

定额时间是指__________，工人为完成一定产品所必须消耗的工作时间。

二、双项选择题（占10%）

1. 社会主义定额的特性有四个方面：定额的法令性、群众性、______、______。

(1) 定额的相对稳定性　　(2) 定额的先进性

(3) 定额的通用性　　(4) 定额的普遍性

(5) 定额的针对性

三、单项选择题（占10%）

1. 建筑安装工程其它直接费是以______为计费基数。

①人工费　　②材料费

③直接费　　④现场经费

四、简答题（占40%）

何谓“两算”对比？“两算”对比的主要目的是什么？

五、计算题（占30%）

试计算每1m3，1砖外墙用砖量和砂浆量的理论计算值。已知砖损耗率为1%，砂浆损耗率为1%。